Hunde

Rassen · Erziehung · Haltung · Pflege

Alle FCI-Rassen
in Wort und Bild

NIKOL
VERLAG

Hunde

Rassen · Erziehung · Haltung · Pflege

Alle FCI-Rassen in Wort und Bild

Dominik Kieselbach
Phototeam Roberto

Petra Caspelherr
Elke Peper

Marcus Degen
Jochen Eberhardt
Dr. Wilfried Peper

Bildnachweis

Alle Fotos ***Phototeam Roberto***,

unter Mithilfe der im folgenden aufgelisteten Fotografen

Manuela Bartel (51)

Bernd Brinkmann (87, 88, 119, 125, 248, 249, 263, 283, 284, 285, 294, 295, 320, 326, 327, 331, 332, 333, 334, 336, 338, 342, 248, 249)

Familie Dross (154)

Isabelle Francais (14, 37, 39, 53, 80,81, 89, 94, 99, 129, 134, 141, 157, 172, 173, 179, 180, 184, 190, 199, 200, 201, 204, 208, 214, 219, 220, 222, 225, 233, 234, 239, 247, 251, 253, 254, 256, 257, 272, 274, 284, 291, 294, 297, 302, 307, 309, 311, 312, 337, 343)

Paula Heikkinnen-Lehkonen (53, 66, 86, 128, 140, 153, 159, 160, 161, 162, 163, 167, 168, 206, 209, 214, 221, 226, 231, 233, 239, 241, 243, 247, 265)

Susanne Hinzen (87)

Alice van Kempen (135, 136)

Tihomir Kovaćevic (211)

Östereichischer Kynologenverband ÖKV (222, 227)

Société Central Canine SCC (201, 205, 216)

Milivoje Urošević (76, 101, 210, 211, 221, 223, 253)

E. H. Wartze (241)

Genehmigte Lizenzausgabe für
Nikol Verlagsgesellschaft mbH & Co. KG, Hamburg 2009

Covergestaltung: Thomas Jarzina, Holzkirchen
Titelabbildung: animals-digital; istockphoto.com
Printed in Slovenia
ISBN: 978-3-86820-020-1
www.nikol-verlag.de

Inhalt

Einteilung der FCI Rassen in Gruppen und Sektionen

Ein Wort zum Geleit

Hunde sind und bleiben wertvolle Helfer des Menschen und eine wesentliche Bereicherung des familiären Alltags. Auch zunehmende Naturentfremdung und verschärfte rechtliche Rahmenbedingungen für das Halten von Hunden in modernen Wohlstandsgesellschaften werden daran nichts ändern.

Verantwortungsvolle, artgerechte Hundehaltung erfordert indessen – heute mehr denn je – verantwortungsbewusste und informierte Hundehalter. Sie müssen sich sorgfältig darüber sachkundig machen, welche Verhaltensweisen einen Hund der Rasse, die Ihnen besonders gefällt, kennzeichnen. Denn gerade die rassetypischen Verhaltensweisen eines Hundes sind es, die darüber entscheiden, ob er in das soziale Umfeld seines Halters passt oder nicht. Mehr noch als Größe, Stärke oder Fellstruktur eines Hundes bestimmen seine über viele Generationen vererbten und gefestigten Verhaltenseigenschaften die Bedingungen, die erfüllt sein müssen, um diesen Hund wirklich artgerecht zu halten und die Mensch-Hund-Beziehung nicht scheitern zu lassen. Dies geht nämlich immer zu Lasten des Hundes, „des einzigen Freundes, den man sich kaufen kann".

Der vorliegende MiniAtlas leistet Beachtliches, um in dieser Hinsicht Fehler zu vermeiden. So sind es vor allem die sachkundigen Ausführungen über die Entwicklung einer Rasse und ihren ursprünglichen Verwendungszweck – etwa als Jagd-, Wach-, Schutz-, Hüte- oder Schlittenhund – die dieses Werk als Hilfe für eine verantwortungsbewusste Entscheidung über das künftige Mitglied des Familienrudels so wertvoll machen.

Die Absicherung der endgültigen Entscheidung sollte indessen noch durch eingehende Lektüre rassespezifischer Fachliteratur und das tatsächliche Kennenlernen der Rasse auf einer Zuchtschau erfolgen.

So bleibt zu wünschen, dass dieser Atlas möglichst vielen Hundeinteressenten und-liebhabern hilft, den Hund zu finden, mit dem sie glücklich werden, weil der über seine Halter glücklich sein kann.

Dortmund im April 2003
Dr. Wilfried Peper

Der lange Weg zum Rassehund

Seit über 14 000 Jahren ist der Hund Gefährte und Helfer des Menschen. Einige Genetiker gehen inzwischen sogar von einer erheblich längeren Mensch-Hund-Beziehung aus: Die US-Forscher C. Vilá und R. Wayne sehen nach umfangreichen Erbgutvergleichen die Geburtsstunde des Hundes bereits vor 135 000 Jahren. Und seit 1999 in der Höhle von Chauvetder eindeutige ca. 25 000 Jahre alte Abdrucke einer Hundepfote gefunden wurden, darf die eingangs genannte Zeitspanne für das Zusammenleben des Menschen mit seinem ältesten vierbeinigen Freund getrost als Untergrenze gelten.

Gleichwohl muss die Geschichte des Hundes nicht neu geschrieben werden. Alle Genstudien belegen, dass alle Hunderassen eindeutig und ausschließlich vom Wolf abstammen – Kojote und Schakal waren an der Entstehung des *Canis familiaris* nicht beteiligt.

Unstreitig ist auch, dass Mutation (die spontane, vererbbare Veränderung des Genoms) und Selektion (die gezielte Vermehrung erwünschter Eigenschaften) schon sehr früh zu einer beachtlichen Formenvielfalt der Wolfsabkömmlinge führten, deren äußeres Erscheinungsbild anfangs noch unschwer Rückschlüsse auf den jeweiligen Verwendungszweck zuließ.

Bereits im dritten Jahrtausend vor unserer Zeitrechnung wurden im alten Mesopotamien höchst unterschiedliche Hundeschläge gehalten: Riesige doggenähnliche Hunde mit mächtigen, massigen Köpfen als Kriegshunde und für die Löwenjagd, windhundartige für die Hetzjagd und spitzartige als Wachhunde. Die Felsbilder und Grabmalereien des alten Ägypten zeigen vornehmlich hochläufige, windhundartige Hunde mit Stehohren und geringelten Ruten – Hunde, wie sie noch heute im Mittelmeerraum

anzutreffen sind. Im Mittleren Reich traten dann – neben Abbildungen von windhundartigen Caniden mit Hängeohren – auch Darstellungen niederläufiger Hunde hinzu, die besonders geeignet waren, lästige Nager zu vernichten.

Bis ins 19. Jahrhundert belegen Hundedarstellungen aus allen Kulturen eine augenfällige – wenn auch noch leicht überschaubare – Zunahme der Formenvielfalt des Haushundes. Dieser liegt erkennbar keine natürliche Selektion zugrunde, die nun einmal auf das Überleben der Arten in einer sich wandelnden Umwelt als „freier Wildbahn" abzielt. Es war vielmehr der selektierende Eingriff des Menschen, der Hunde für ein immer breiter werdendes Spektrum von Verwendungszwecken züchtete:

Als Schutz-, Wach-, Hüte-, Treib- oder Schlittenhunde, zu kultischen Zwecken oder als Nahrungsmittel, als Schoß- und Gesellschaftshunde, für Hundekämpfe, vor allem aber als Jagdhunde für verschiedenste Wildarten, zur Jagd in der Meute, unter der Erde oder zur Wasserarbeit.

Besonders kreative Züchter von Jagd- und Schoßhunden waren dabei offenbar im höfischen Milieu des Mittelalters zu finden.

So ist es kein Wunder, dass von den im frühen 19. Jahrhundert existierenden Hundeschlägen – von denen einige durchaus schon als Rassen und nicht nur als Vorläufer unserer modernen Hunderassen anzusehen sind – viele hinsichtlich Größe, Stärke, Kopfform oder Haarstruktur kaum noch die Abstammung vom Wolf erahnen ließen.

Die eigentliche Rassehundezucht begann schließlich in der zweiten Hälfte des 19. Jahrhunderts mit der Durchführung von Zuchtschauen, dem Führen von Zuchtbüchern und dem Festlegen von Rassestandards. Vorreiter dieser – an der Pferdezucht orientierten – Entwicklung war England; Deutschland folgte nur wenig später. Hatte ein Hund bis dahin lediglich die körperlichen Voraussetzungen und das Verhalten aufweisen müssen, die seine Eignung für einen bestimmten Verwendungszweck ausmachten, so musste er von nun an, um als Rassehund zu gelten, den in einem Rassestandard beschriebenen Körper- und Wesensmerkmalen entsprechen und über einen Abstammungsnachweis verfügen.

Diese Entwicklung führte zum einen zu verstärkter Selektion, um dem beschriebenen Idealbild einer Rasse möglichst nahezukommen, zum anderen stieg die Zahl der Hunderassen rapide, denn Idealbilder neuer Rassen lassen sich – nicht zuletzt angesichts der genetischen Ausgangslage – trefflich in neuen Rassestandards niederlegen und züchterisch umsetzen.

Eine solche Entwicklung hat selbstverständlich auch ihren Preis: Genomverengung bei vielen Rassen, Übertreibung von rassetypischen Merkmalen („Übertypisierung") und damit letztlich gesundheitliche Risiken für etliche der über 340 bis heute von der FCI anerkannten Hunderassen.

Diese Gefahren wurden in der FCI nicht nur erkannt, sie werden von einigen Mitgliedern, insbesondere vom Verband für das Deutsche Hundewesen (VDH) durch geeignete Vorgaben für die Zucht, die Interpretation von Rassestandards, das Bewerten und das Halten von Rassehunden auch wirksam bekämpft.

Die Zahl der FCI-anerkannten Hunderassen wird auch in Zukunft weiter wachsen.

Gleichzeitig sind einige Rassen vom Aussterben bedroht. Es handelt sich dabei in der Regel um extrem spezialisierte Arbeitsrassen von begrenzter regionaler Verbreitung, deren ursprünglicher Verwendungszweck entfallen ist. Etliche Rassen, denen der Verwendungszweck abhanden kam oder kommen wird, werden aufgrund ihres überaus attraktiven Erscheinungsbildes sicherlich überleben.

Deren Liebhaber sollten jedoch wissen, dass kein Wolfsnachfahre seine über Dutzende von Generationen planvoller Zucht herausgebildeten, auf Tauglichkeit für einen bestimmten Verwendungszweck gerichteten Wesensmerkmale von einer auf die andere Generation ablegt oder verliert, nur weil dieser Verwendungszweck – aus welchen Gründen auch immer – entfallen ist. Hier sind auch und gerade die Züchter gefordert, darauf zu achten, dass ihre Zuchtprodukte in die „richtigen Hände“ gelangen.

Ein Hund passt nur dann zu seinem Halter, wenn der ihm auch die Haltungsbedingungen bieten kann, die seinen rassetypischen Bedürfnissen entsprechen.

Die Gliederung und Handhabung des MiniAtlas Hunde

Der MiniAtlas der FCI-Hunderassen folgt in seiner Gliederung streng der Einteilung der FCI in folgende zehn Rassegruppen:

Gruppe 1
Hüte- und Treibhunde

Gruppe 2
Pinscher und Schnauzer, Molosser, Schweizer Sennenhunde und andere Rassen

Gruppe 3
Terrier

Gruppe 4
Dachshunde

Gruppe 5
Spitze und Hunde vom Urtyp

Gruppe 6
Laufhunde, Schweißhunde und verwandte Rassen

Gruppe 7
Vorstehhunde

Gruppe 8
Apportierhunde, Stöberhunde, Wasserhunde

Gruppe 9
Gesellschafts- und Begleithunde

Gruppe 10
Windhunde

Die Einteilung der über 340 anerkannten Hunderassen in diese zehn Rassegruppen erfolgte nach den Kriterien der Ähnlichkeit des äußeren Erscheinungsbildes (Morphologie) und des ursprünglichen Verwendungszwecks.
Innerhalb der Gruppen teilt die FCI die Rassen in verschiedene Sektionen auf. Diese Sektionen können geografische Einheiten bilden, beispielsweise in der Gruppe 2 die Sektion 3 Schweizer Sennenhunde, oder sie sind Untergliederungen nach einem speziellen Verwendungszweck, als Beispiel sei die Gruppe 8 Sektion 1 Apportierhunde genannt. Sie können aber auch eine weitergehende morphologische Unterteilung angeben, so in der Gruppe 3 die Sektion 2 Niederläufige Terrier. Innerhalb der einzelnen Sektionen sind die Rassen nach ihren Ursprungsländern sortiert. Die Reihenfolge der Rassen eines Landes gliedert sich alphabetisch.
Um Ihren Hund in unserem MiniAtlas zu finden, stehen Ihnen verschiedene Möglichkeiten zur Wahl. Zum einen können Sie den Namen der Rasse bequem im alphabetischen Register am Ende des Buches nachschlagen. Hier finden Sie neben dem offiziellen Rassenamen des Mutterlandes auch jeweils die FCI-anerkannte deutsche Übersetzung, soweit sie existiert, und gegebenenfalls weitere Synonyme.
Ist Ihnen der Name der gesuchten Rasse entfallen, Sie wissen aber, zu welcher Gruppe sie gehört, so schlagen Sie die Gruppenübersicht der FCI im Inhaltsverzeichnis auf. Vielleicht erinnern Sie sich an den Namen beim Durchlesen, oder Sie erkennen die Rasse am Bild wieder und blättern die zu der jeweiligen Gruppe gehörenden Seiten durch. Die Einteilung nach FCI-Gruppen bietet Ihnen zudem den Vorteil, dass verwandte Rassen meist Seite an Seite abgebildet sind, was Ihnen einen direkten Vergleich der Rassen ermöglicht. Selbst wenn Sie weder den Rassenamen noch die Gruppenzugehörigkeit des Hundes kennen, den Sie suchen, können Sie schon durch ein schnelles Durchblättern den Bereich, in dem Sie genauer suchen müssen, eingrenzen.
Ihnen das Auffinden der gesuchten Rasse im Rahmen der FCI-Nomenklatur so einfach wie möglich zu machen, sowie informative Texte und Bilder zu allen FCI-Rassen zu bieten, war unser Ziel. Dies hoffen wir auch durch das umfangreiche Register erreicht zu haben. Wir wünschen Ihnen viel Spaß beim Lesen und Appetit auf vertiefende Lektüre.

Einleitung FCI-Gruppe 1

Hüte- und Treibhunde (ausgenommen Schweizer Sennenhunde)

In der FCI-Gruppe 1 finden wir zum Großteil Hunde, die ursprünglich einem gemeinsamen Verwendungszweck nachgingen: Sie schützten, hüteten und trieben die Herde. Diese Hunde waren die Helfer des Hirten und sind heute nicht nur als Treib- und Hütehunde, sondern auch als Schäfer- und Hirtenhunde bekannt. Ihre Aufgaben haben sich im Laufe der Jahrhunderte gewandelt. Früher brauchte der Mensch einen Hund, der die Herde – und nicht zuletzt den Menschen selbst – vor allem nachts vor den Angriffen wilder Tiere verteidigte. Wölfe und Bären waren noch bis ins 18. Jahrhundert in Europa häufig anzutreffen und eine ernstzunehmende Gefahr. Die Hunde mussten entsprechend furchtlos, kräftig, aggressiv und unabhängig sein. Sie waren in der Regel weiß, damit der Hirte sie in der Dunkelheit gut von angreifenden Bären und Wölfen unterscheiden konnte. Ihr Fell schützte sie vor der Witterung, denn sie verbrachten ihr gesamtes Leben mit der Herde unter freiem Himmel. Häufig wurden schon die Welpen in der Herde aufgezogen. Typische Beispiele sind der Südrussische Owtcharka, der ungarische Kuvasz oder auch der italienische Bergamasker. Ähnliche Rassen finden wir auch in der FCI-Gruppe 2 unter den Berghunden wieder. Die Haltung dieser dominanten, ungebundenen und immer verteidigungsbereiten Hunde erfordert viel Hundeverstand und eine konsequente Erziehung. Als mit der Zeit die Herden immer größer wurden, brauchte der Hirte zusätzlich einen Gefährten, der ihm beim Treiben und Zusammenhalten der Tiere half. Auf den Schutz größerer Hunde konnte er nicht verzichten, so dass häufig mehrere Hunde mitgeführt wurden: Einige trieben und hüteten die Herde, während andere des Nachts auf die Tiere aufpassten. Als die Bedrohung der Herden durch wilde Tiere immer geringer wurde, spätestens anfang des 19. Jahrhunderts waren Bären und Wölfe auch im kontinentalen Europa fast ausgestorben, verloren die großen Herdenschutzhunde an Bedeutung. Alleskönner waren gefragt, Hunde, die die Herde über lange Strecken begleiteten, sie auf der Weide zusammenhielten und im Ernstfall sogar vor angreifenden Räubern schützten. Eine Arbeitsteilung, die die FCI mit der Einteilung in Hütehunde und Treibhunde vornimmt, gab es nur selten. Die Hunde mussten intelligent sein, auf ihren Führer hören und sich ihm unterordnen. Es darf somit nicht verwundern, dass wir mit dem Belgischen und dem Deutschen Schäferhund zwei der beliebtesten Gebrauchshund-Rassen in dieser Gruppe finden. Aber auch andere Hütehunde begeistern den modernen Hundefreund, wenn er einen Begleiter für den Hundesport sucht. Der Border Collie beispielsweise ist ein wahrer Meister des Agility Parcours. Und wer hat nicht beim Collie sofort die intelligente Lassie vor Augen, die den Ruf des besten Freundes des Menschen für alle Hunde untermauerte. Immer beliebter werden heute mittelgroße, langhaarige Rassen wie der polnische PON oder der englische Bearded Collie. Wer sich für solch eine Rasse der Gruppe 1 entscheidet, der nimmt einen Hund bei sich auf, der beschäftigt werden muss. Müßiggang ist nichts für diese Rassen, die Beschäftigung gewohnt sind. Wer aber bereit ist, die notwendige Zeit zu investieren, der findet unter diesen intelligenten, sportlichen Hunden sicher den geeigneten Partner.

Als Exoten dieser Gruppe stellen die beiden Wolfshund-Rassen besondere Anforderungen an ihren Halter.

Der Australian Kelpie wurde für das Hüten großer Schafherden in den Weiten Australiens gezüchtet. Seine Vorfahren, kurzhaarige Collies, kamen um 1870 mit der schottischen Züchterfamilie Rutherford nach Australien. Durch die Einzüchtung anderer vor allem europäischer Hütehunde erreichte man die geforderten Eigenschaften. Ob dabei auch der einheimische Dingo zu den Ahnen gehörte, ist unklar. Dass Rutherford´sche Zuchtlinien bis heute rein erhalten blieben, ist unwahrscheinlich. Die Einzüchtungen führten zu verschiedenen Schlägen, von denen die gänzlich schwarzen, Barb genannten Hunde am bekanntesten wurden. Heute werden die verschiedenen bekannten Schläge als eine Rasse anerkannt. Den Namen erhielt die Rasse übrigens von einer Hündin, die von Ihrem Besitzer Kelpie genannt wurde, was aus dem Gälischen übersetzt so viel wie „Geist des Wassers" heißt.

Charakter: Kelpies sind sehr intelligente Hunde, die es gewohnt sind, eigenverantwortlich zu handeln. Dennoch zeigen sie sich ihrem Halter gegenüber sehr anhänglich und unterordnungsbereit. Ihr Arbeitswille ist groß und sollen sie nicht auf dumme Gedanken kommen, müssen diese Hunde ausreichend beschäftigt werden. So eignet sich der temperamentvolle Kelpie nur bedingt als Stadthund, er ist auf dem Land besser aufgehoben.

Erziehung: Der intelligente Kelpie lernt leicht, doch seine Eigenständigkeit und sein Dickkopf machen eine konsequente Erziehung unbedingt erforderlich.

FCI-Gruppe 1

1

Australian Kelpie

Ursprungsland
Australien

Widerristhöhe
Rüde: 46 bis 51 cm
Hündin: 43 bis 48 cm

Farbe
Schwarz, black and tan, rot, rot-lohfarben, schokoladenbraun, rauchblau

Haarkleid
Dicht, glatt anliegend, flach und hart, kurz von 2 bis 3 cm Länge

FCI-Gruppe 1

Australian Shepherd

Ursprungsland
USA

Widerristhöhe
Rüde: 51 bis 58 cm
Hündin: 46 bis 53 cm

Farbe
Blue-merle, rot-merle, schwarz,
alle Farben möglich mit weißen Flecken oder lohfarbenen Abzeichen

Haarkleid
Gerade und wellig, mittlere Länge und Textur

Der Name dieser Rasse mag etwas verwirren, denn der Australian Shepherd kommt aus Amerika. Die Hunde sind eine bunte Mischung verschiedenster Schäferhundschläge, die teils europäische Einwanderer mit nach Amerika brachten oder die aus Australien als Begleiter importierter Schafherden die Neue Welt erreichten. Aufmerksamkeit unter den Schafzüchtern erreichten sie durch ihre gute Arbeitsleistung. Die Hunde wurden auf den Märkten ebenso gehandelt wie die Schafe. Verbreitet wurden sie ebenfalls durch Westernreiter. Auf Rodeos erregte der Variete-Künstler Jay Sisler mit seinen „Aussies" das Aufsehen der Farmer und Reiter, die deren außergewöhnlichen Eigenschaften erkannten. Seine Hunde zeugten viele Nachkommen und das Erscheinungsbild des Australian Shepherd wurde einheitlicher. In der Rasse ist eine angeborene Stummelrute verbreitet, die in ihrer Länge variiert.

Charakter: Aussies sind menschen- und tierfreundliche Hunde. Sie sind bei Reitern beliebt, da sie keine Scheu vor Pferden zeigen und ruhig nebenher laufen. Sein Hütetrieb ist stark ausgebildet, zum Streunen neigen die Hunde nicht. Sie müssen ausreichend beschäftigt werden, eignen sich dann auch hervorragend für die Stadt und als Familienhunde, die auch kleinen Kindern gegenüber sehr geduldig sind.

Erziehung: Die Hunde sind leicht erziehbar und eignen sich für weiterführende Ausbildungen. Hundesport bietet eine hervorragende Möglichkeit, dem Bewegungsdrang der Rasse gerecht zu werden.

Der Ursprung des in Deutschland recht unbekannten Schipperke ist oft Anlass zur Diskussion. In seiner Erscheinung an einen Spitz erinnert, scheint er eher die gleichen Ahnen wie der Belgische Schäferhund zu haben. So gab es in Belgien einen Leuvenaar genannten Hund, der frühen Beschreibungen nach dem heutigen Schipperke sehr ähneln musste. Gegen die Abstammung von nordischen Hunden spricht auch, dass die Rute des Schipperkes, wenn sie nicht fehlt, meist lang hinunterhängt und sich selten über dem Rücken ringelt. Beliebt war der Schipperke in Belgien bereits im 17. Jahrhundert. Damals vor allem bei kleineren Handwerkern, vornehmlich Schustern. Über die Grenzen bekannt wurde er vor allem als Begleiter der Kanalschiffer, die die raubzeugscharfen und wachsamen Hunde gerne auf ihren Schiffen mitführten. Der nationale Durchbruch kam, als die belgische Königin 1885 auf einer Ausstellung den siegenden Schipperke erwarb. International erlangte der Schipperke bis heute keine große Beachtung und auch in Belgien ist er nach dem Zweiten Weltkrieg selten geworden.

Charakter: Schipperkes sind sehr wachsame und neugierige Hunde mit einem eigenen Kopf. Die kleinen Hunde sind sehr agil und bewegungsfreudig. Sie sind gute Familienhunde und eignen sich aufgrund ihrer Größe auch für eine Stadtwohnung, wenn sie genügend Auslauf bekommen.

Erziehung: Eine konsequente Erziehung dieser neugierigen Hunde ist notwendig.

FCI-Gruppe 1

1

Schipperke

Anderer Name
Schifferspitz

Ursprungsland
Belgien

Widerristhöhe
Rüde: 32 bis 36 cm
Hündin: 32 bis 36 cm

Farbe
Schwarz

Haarkleid
Reichlich, dicht und pflegeleicht

FCI-Gruppe 1

Belgischer Schäferhund

Ursprungsland
Belgien

Anderer Name
Chien de Berger Belge

Widerristhöhe
Rüde: 60 bis 66 cm
Hündin: 56 bis 62 cm

Farbe
Groenendael: Schwarz
Laekenois: Falb
Malinois und Tervueren:
Falb, schwarze Maske

Haarkleid
Groenendael und Tervuren:
Langhaar, am Kopf kurz
Malinois:
Kurz, am Kopf glatt
Laekenois:
Lang, rauhaar, spröde

Gegen Ende des 19. Jahrhunderts machte sich der belgische Professor Reul daran, eine Großzahl der heimischen Schäferhunde zu katalogisieren und Typen herauszuarbeiten. Diese Arbeit war die Grundlage für die heute anerkannten vier Schläge des Belgischen Schäferhundes, die sich, wie bereits Prof. Reul feststellte, nur in ihrer Fellbeschaffenheit unterschieden. Zur Reinzucht der Typen durften künftige Paarungen nur innerhalb der einzelnen Schläge erfolgen. Eine Lockerung dieser Regelung, die auch die Paarungen zwischen den Fellvarietäten erlaubte, war nach den beiden Weltkriegen vonnöten, als sich die Zuchtbasis dramatisch verengte. Erst nach 1973 wurde diese Praxis wieder verboten. Tatsächlich unterscheiden sich die Schläge auch heute nur in ihrem Fell, der Körperbau ist identisch, so auch der Standard. Im Vergleich zu anderen Schäferhunden wirkt der Belgische insgesamt recht zierlich. Die größte Verbreitung hat der Malinois gefunden, der Lakenois ist die seltenste Varietät.

Charakter: Die Belgier zeigen alle Eigenschaften, die man von einem Gebrauchshund erwartet. Sie sind lernfreudig, unterordnungsbereit, menschenbezogen und arbeitsfreudig. Sie sind ideale Begleit- und Familienhunde.

Erziehung: Ihre Intelligenz und Unterordnungsbereitschaft machen diese Hunde leicht erziehbar. Besondere Qualitäten werden dem Malinois bei Gebrauchshundeprüfungen nachgesagt. Diese Rasse eignet sich für viele weiterführende Ausbildungen.

Groenendael

Tervuren

Lakenois

FCI-Gruppe 1

Tschechoslowakischer Wolfshund

Ursprungsland
Slowakei

Anderer Name
Ceskoslovensky Vlcak

Widerristhöhe
Rüde: mind. 65 cm
Hündin: mind. 60 cm

Farbe
Gelbgrau bis silbergrau

Haarkleid
Kurz, gerade und dicht anliegend

Derzeit sind zwei Rassen von der FCI anerkannt, die auf Kreuzungen zwischen Deutschen Schäferhunden und Wölfen beruhen. Neben dem Tschechoslowakischen Wolfshund ist dies noch der niederländische Saarloos Wolfhond. Über den Sinn solcher Kreuzungen wird viel diskutiert. Im Fall dieser heute als Ceskoslovensky Vlcak bekannten Rasse fand die erste Paarungen 1955 aus wissenschaftlichem Interesse statt. Der Biologe Karel Hartl wollte erforschen, welche Merkmale des Wolfes sich dominant vererben werden. Die wissenschaftlichen Beobachtungen deckten sich mit denen, die auch Saarloos bei seiner Hobby-Zucht machte. So zeigten die Nachkommen typisches Wolfsverhalten, indem sie sich scheu, aggressiv und nicht unterordnungsbereit zeigten. Als Gebrauchshunde eigneten sie sich somit kaum. Auf der anderen Seite waren die Hunde sehr ausdauernd, instinktsicher, hatten eine ausgesprochen gute Nase und bellten kaum. Auch äußerlich waren sie dem Wolf ähnlicher. Nach Abschluss der wissenschaftlichen Arbeiten fanden sich engagierte Züchter und die Rasse wurde 1999 endgültig von der FCI anerkannt.

Charakter: Die Hunde sind Fremden gegenüber scheu, ordnen sich nicht gern unter, sind sehr intelligent und lernen schnell.

Erziehung: Die Erziehung ist nicht einfach. Die Hunde zeigen keinen blinden Gehorsam und brauchen eine feste Hand, eine feste Rudelstruktur. Sehr ausdauernd und für sportliche Menschen geeignet, die das Interesse haben, sich ausgiebig mit der Rasse zu beschäftigen.

Der Hrvatski Ovcar ist auch in seiner Heimat Kroatien eine seltene Hunderasse, die bei den Züchtern niemals großen Zuspruch fand. Dabei ist der Kroatische Schäferhund ein sehr liebenswerter Hund, der mit seiner mittleren Größe gut in unsere Gesellschaft passt. Die Ähnlickeit zum ungarischen Mudi ist nicht zu übersehen. Ebenso wie die großen Hütehunde wurden auch die gebrauchstüchtigen Schäferhunde zwischen den Schäfern gehandelt oder zu Paarungen zusammengebracht. Da ist es nur logisch, dass sich die beiden Rassen sehr ähneln. Man kann mit einiger Berechtigung davon ausgehen, dass es sich sogar um die gleiche Rasse handelt. Schließlich unterscheidet sich der Hrvatski Ovcar nur durch sein etwas längeres Fell und die manchmal angeborene Stummelrute vom Mudi. Als Herdenschutzhunde, die die Schafe verteidigten, wohingegen der kleine Schäferhund sie hütete, standen ihm der Sarplaninac und der diesem sehr ähnliche Kraski Ovcar zur Seite.

Charakter: Der Kroatische Schäferhund vereint viele der positiven Eigenschaften in sich, die man gemeinhin von einem Schäferhund erwartet. So ist er intelligent, zeigt sich wachsam und ist von freundlichem Wesen. Er ist unterordnungsbereit und fügt sich problemlos in seine Familie ein.

Erziehung: Wie es für einen Schäferhund typisch ist , lässt sich die Rasse gut erziehen und ist für die unterschiedlichsten Ausbildungen geeignet. Auch für jede Art von Hundesport ist der Kroatische Schäferhund zu begeistern

FCI-Gruppe 1

1

Kroatischer Schäferhund

Ursprungsland
Kroatien

Anderer Name
Hrvatski Ovcar

Widerristhöhe
Rüde: 40 bis 50 cm
Hündin: 40 bis 50 cm

Farbe
Schwarz

Haarkleid
Weich, gewellt bis lockig

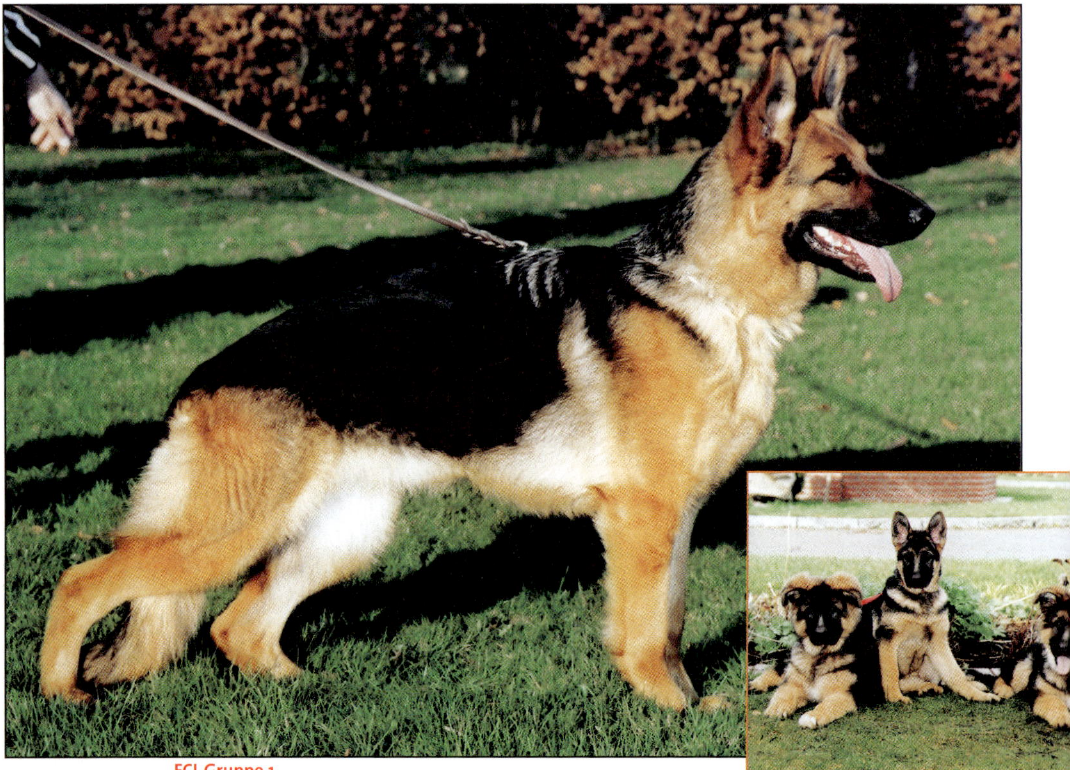

FCI-Gruppe 1

Deutscher Schäferhund

Ursprungsland
Deutschland

Andere Namen
German Shepherd Dog

Widerristhöhe
Rüde: 60 bis 65 cm
Hündin: 55 bis 60 cm

Farbe
Schwarz, schwarz mit rotbraunen, gelben bis hellgrauen Abzeichen, wolfsgrau

Haarkleid
Stockhaar mit Unterwolle, Deckhaar dicht, harsch und fest anliegend

Der Deutsche Schäferhund ist einer der vielseitigsten Gebrauchshunde und beliebtesten Familienhunde überhaupt. Dem bereits 1899 gegründeten Schäferhund Verein (SV) ist es in überraschend kurzer Zeit gelungen, aus der Vielzahl der deutschen Schäferhunde einen Typ zu isolieren und reinrassig zu züchten. Dies ist nicht nur auf auf das große Engagement der ersten Züchter und den Einsatz des bekanntesten Förderers Max von Stephanitz zurückzuführen, sondern sicher auch auf die strikte Zuchtüberwachung, die eine merkliche Typ-Reduzierung nach sich zog, obwohl immer betont wurde, die Rasse werde nicht auf das Äußere gezüchtet. Es gab früher neben dem stockhaarigen auch zottige und langhaarige Schäferhunde, ebenso umfasste das ursprüngliche Farbspektrum mindestens noch blue-merle und weiße Hunde. Deutsche Schäferhunde finden heute Verwendung als Schutz- und Begleithunde, als Blinden- oder Spürhunde. In Kanada dürfen beim dortigen Kennel Club auch weiße Hunde registriert werden, die die FCI erst kürzlich als Schweizer Schäferhunde anerkannte.

Charakter: Rassetypische Hunde sind ausgeglichen, wesensfest, intelligent und wachsam. Fremden gegenüber vorsichtig, der Familie gegenüber liebevoll und treu. Sie sind zuverlässig und ebenso Familien- wie Schutz- und Wachhunde.

Erziehung: Jede Ausbildung ist mit diesem Hund möglich. Eine konsequente Grunderziehung öffnet den Weg zur Schutzhund-Ausbildung oder zum Hundesport.

Der Ca de Bestiar hat seinen Ursprung auf den Balearen. Vermutlich gibt es diese Hunde dort bereits seit vielen hundert Jahren. Historische Berichte oder Abbildungen dieser vielseitigen Schäferhund-Rasse, die von den Bauern als Arbeitshunde gehalten wurde, gibt es leider kaum. Die Ahnen bilden vermutlich Hunde, welche die Inseln vom europäischen Festland aus erreichten. Der Mallorca Schäferhund, so sein deutscher Name, hütet selbst in seiner Heimat seit Beginn des 20. Jahrhunderts keine Herden mehr. Seine Wachsamkeit und seine Treue zur Familie machten ihn zu einem beliebten Wachhund. So findet man diesen ungeschliffenen Wächter noch heute auf den Balearen, auch nicht zuletzt der spanische Bürgerkrieg zu einem spürbaren Rückgang der Population geführt haben. Eine große Verbreitung hat der Ca de Bestiar weltweit nicht gefunden. Seine Toleranz gegenüber Hitze hat ihn jedoch bis nach Südamerika verschlagen. Die von der FCI noch aufgeführte langhaarige Varietät muss als ausgestorben gelten.

Charakter: Der Ca de Bestiar ist ein intelligenter Hund, der schnell und aufgeschlossen lernt. Er besitzt einen guten Schutztrieb, ist Fremden gegenüber reserviert aber nicht aggressiv.

Erziehung: Eine gute Sozialisation und Erziehung sind wichtig, soll der Hund später nicht zu sehr auf seine Familie bezogen leben. Er eignet sich für viele Ausbildungen, auch zum Schutzhund, und ist ausgesprochen sportlich.

FCI-Gruppe 1

1

Ca de Bestiar

Ursprungsland
Spanien

Anderer Name
Mallorca Schäferhund, Perro de Pastor Mallorquin

Widerristhöhe
Rüde: 66 bis 73 cm
Hündin: 62 bis 68 cm

Farbe
Schwarz, weiß nur auf Brust und Pfoten gestattet

Haarkleid
Kurzhaar: bis 3 cm
Langhaar: bis 7 cm

Gos d'Atura Català

Ursprungsland
Spanien

Anderer Name
Katalanischer Schäferhund, Perro de Pastor Catalan

Widerristhöhe
Rüde: 47 bis 55 cm
Hündin: 45 bis 53 cm

Farbe
Braun, sandfarben, grau, schwarz mit hellen Abzeichen oder weiß

Haarkleid
Lang und harsch

Die Heimat des Gos d'Atura ist Katalonien, eine Region im Nordosten Spaniens, die im Südosten an das Mittelmeer und im Norden an die Pyrenäen grenzt. Bekannt ist die Hauptstadt Barcelona. Der Gos d'Atura ist der typische Schäferhund dieser Region. Er hütet und treibt die Herden, vor allem Schafe, auch heute noch. Wie bei vielen Gebrauchshunden folgte die Zuchtauswahl stets der Eignung und nicht der Schönheit der Hunde. Nur wenige Schäfer unterstützten die Zuchtpläne, ihr Interesse an schönen Hunden war gering. Der erste Standard wurde bereits 1929 durch die FCI anerkannt, doch bis in die 1970er war das Überleben der Rasse unsicher, da immer mehr Aufgaben eines Schäferhundes wegfielen und sich nur wenige Züchter für die Hunde interessierten. Doch in den letzten Jahren ging es bergauf für diesen Schäferhund, dessen kurzhaarige Variante, der Gos d'Atura Cerda, nicht mehr im Standard erwähnt wird. Er ist eng mit anderen europäischen Schäferhunden verwandt.

Charakter: Die aufgeweckte, immer nach Beschäftigung suchende Art dieser Hunde lässt sie schnell nervös wirken, sie sind gewöhnungsbedürftig. Die Rasse ist intelligent und menschenbezogen.

Erziehung: Eine liebevolle, konsequente Erziehung ist notwendig. Die Hunde müssen beschäftigt werden, dann sind sie gute Familienhunde. Sie eignen sich auch zur Ausbildung zum Schutzhund.

Pflege: Das lange Fell muss täglich einmal durchgebürstet werden, um Verfilzungen zu vermeiden.

Der Berger de Beauce ist ein großer, kräftiger Schäferhund. Er ist neben dem Berger de Brie der bekannteste französische Schäferhund. Erst gegen Ende des 19. Jahrhunderts wurden die beiden Rassen getrennt voneinander gezüchtet. Auch ihre Namen erhielten sie erst zu diesem Zeitpunkt. Die Einsatzgebiete des Beauceron waren vielfältig. Er erfüllte die Aufgaben eines reinen Schäferhundes ebenso wie die des Schutzhundes, wurde im Polizeidienst ausgebildet und diente Frankreich während der Weltkriege. Trotzdem hat es der Beauceron aber nie zu der Verbreitung gebracht wie etwa der Belgische oder der Deutsche Schäferhund.

Charakter: Der Berger de Beauce ist ein von Natur aus sehr wachsam mit ausgeprägtem Schutztrieb. Er gehört nicht in unerfahrene Hände und ist sicher nicht der geeignete Hund für Menschen, die einen Hund zum Kuscheln oder Verwöhnen suchen. Er braucht vielmehr einen Menschen, der ihn mit fester aber liebevoller Hand erzieht. Sehen Sie sich dieser Aufgabe gewachsen, ist er ein hervorragender Familienhund.

Erziehung: Eine konsequente Erziehung ist bei diesem großen, kräftigen Hund unbedingt notwendig. Der Beauceron kann bei schlechter Erziehung vor allem Fremden gegenüber seine ganze Schärfe auf unangenehme Weise offenbaren. Diese Rasse eignet sich für die verschiedensten Ausbildungen. Sie werden als Blindenführhunde, Schutzhunde oder Spürhunde ausgebildet.

FCI-Gruppe 1

1

Berger de Beauce

Ursprungsland
Frankreich

Anderer Name
Beauceron,
Red Stocking

Widerristhöhe
Rüde: 65 bis 70 cm
Hündin: 61 bis 68 cm

Farbe
Bikolour:
schwarz und lohfarben
Harlekin:
Grau, schwarz und loh
(tricolour)

Haarkleid
Kräftig, dick und anliegend von 3 bis 4 cm Länge

FCI-Gruppe 1

Berger de Brie

Ursprungsland
Frankreich

Anderer Name
Briard

Widerristhöhe
Rüde: 62 bis 68 cm
Hündin: 56 bis 64 cm

Farbe
Alle einfarbigen Haarkleider sind zugelassen, außer weiß, braun, mahagoni und bicolour

Haarkleid
Lang, leicht gewellt und spröde

Als in Frankreich 1896 die Zucht der einheimischen Schäferhunde vorangetrieben wurde, erhielten die langhaarigen Hunde den Namen Berger de Brie. Sie waren vor allem schwarz mit wolligem oder ziegenartigem Fell. Seine genaue Herkunft ist ungeklärt, doch gab es diesen Schäferhund-Typ schon viele Jahrzehnte in Frankreich. Im Gegensatz zum Berger de Beauce, der kurzhaarigen Variante, hat die Bekanntheit und Beliebtheit des Briard in Frankreich und anderen Ländern schnell zugenommen. Seine Einsatzmöglichkeiten waren und sind zahlreich. Er half den Franzosen während der Weltkriege an der Front, wurde als Schutz- und Spürhund ausgebildet. Dennoch ist er heute vor allem Familienhund; weiterführende Ausbildungen werden mit dem Beauceron gemacht.

Charakter: Man sagt dem Briard eine vielschichtige Persönlichkeit nach. Er kann freundlich und lebhaft sein, aber auch widerspenstig und zurückhaltend. Lassen Sie sich von seinem kuscheligen Äußeren nicht täuschen. Darunter verbirgt sich ein kräftiger Hund, der einen starken Schutztrieb hat.

Erziehung: Briards brauchen eine konsequente Erziehung und eine führende Hand. Sie eignen sich für die verschiedensten Ausbildungen, auch für die zum Schutzhund. Da der Briard ein sehr beliebter Familienhund geworden ist, sieht man ihn häufiger beim Hundesport. Ausreichende Beschäftigung ist für diese Hunde sehr wichtig.

Pflege: Das Haar ist nicht so fein, wie es zuerst wirkt. Es sollte dennoch täglich gebürstet werden.

Der Berger de Picardie ist heute der unbekannteste französische Schäferhund, obwohl er vom Typ her der ursprünglichste ist. Manche Kynologen versuchen deshalb auch, eine Ahnenreihe bis zu den Hunden der Kelten aufzustellen. Überall in Europa waren Schäferhunde dieses Typs verbreitet, manche lokalen Schläge wurden zu Rassehunden, andere verschwanden nahezu spurlos wieder. Der Picard selbst wurde erst 1925 vom Französischen Schäferhunde-Klub als Rasse anerkannt. Seit jeher steht der Picard im Schatten des Beauceron und des Briard. In einem Atemzug wird er oft mit dem Berger des Pyrénées genannt, dessen langhaariger Varietät er recht ähnlich sieht. Die beiden Weltkriege engten die Zuchtbasis dieser seltenen Rasse sehr ein, dennoch scheint durch den engagierten Einsatz einiger Züchter ihr Fortbestehen heute gesichert. Über die ursprüngliche Verwendung des Picards ist recht wenig bekannt, doch kann man davon ausgehen, dass er vor allem zum Hüten eingesetzt wurde.

Charakter: In der Familie ist der Picard ein treuer und angenehmer Hund, der auch mit Kindern freundlich umgeht. Fremden begegnet er mit Vorsicht, aber niemals aggressiv.

Erziehung: Dieser ausgesprochen umgängliche Hund ist leicht zu erziehen und braucht nicht die Strenge, die seine Brüder Briard oder Beauceron fordern. Er braucht viel Bewegung und zeigt Freude am Laufen. Er ist für die verschiedensten Sportarten geeignet.

FCI-Gruppe 1

1

Berger de Picardie

Ursprungsland
Frankreich

Anderer Name
Picard, Berger Picard

Widerristhöhe
Rüde: 60 bis 65 cm
Hündin: 55 bis 60 cm

Farbe
Grau, grau-schwarz, grau-blau,grau-rot, hell- oder dunkelfauve, keine großen weißen Abzeichen

Haarkleid
Hart, mittellang (5 bis 6 cm), harsch, weder gewellt noch glatt

FCI-Gruppe 1

Langhaariger Pyrenäen-schäferhund

1

Anderer Name
Berger de Pyrénées à museau normal

Ursprungsland
Frankreich

Widerristhöhe
Rüde: 40 bis 48 cm
Hündin: 38 bis 46 cm

Farbe
Dunkles falb, grau und harlekin

Haarkleid
Lang und mäßig gewellt, zotthaarig, zwei Varietäten, von denen eine deutlich weniger Unterwolle zeigt

Mit dem Berger des Pyrénées museau normal wird neben dem Berger des Pyrénées à face rase ein zweiter Schlag der alten Schäferhunde der Pyrenäen als Rassehund gezüchtet. Obwohl der im Gesicht kurzhaarige Pyrenäe als erster gezüchtet wurde, ist die langhaarige Rasse heute verbreiteter. Insgesamt sind sie die kleineren Hunde, die auf weniger Körpergröße mehr Energie unterbringen. Heute werden zwei Varietäten innerhalb dieser Rasse unterschieden, von denen eine deutlich weniger Unterwolle zeigt.

Charakter: Charakterlich stehen sich die beiden Berger des Pyrénées sehr nahe. In der langhaarigen Rasse fließt wahrscheinlich mehr Blut der ursprünglichen Hütehunde, somit gelten die Hunde als noch selbstständiger, haben ihren eigenen Kopf. Sie sind liebevoll zu ihrer Familie, doch können sie, gerade nach schlechter Sozialisation, Fremden sehr misstrauisch gegenübertreten.

Erziehung: Eine konsequente Erziehung ist Pflicht. Diese selbstständige, intelligente und arbeitsfreudige Rasse nutzt ansonsten schnell ihre Freiräume aus. Auch verlangen die Hunde nach Beschäftigung. Können Sie sich nicht ausreichend um Ihren Hund kümmern, wird er aufsässig. Um seine Energien abladen zu können, sollten Sie ihn regelmäßig zum Hundesport anleiten.

Pflege: Auch die Pflege der langhaarigen Varietät ist nicht so aufwändig, wie bei anderen Rassen. Gelegentliches Bürsten genügt.

Die Pyrenäenschäferhunde sind eine sehr alte Gruppe von Hunden, die seit Jahrhunderten die verschiedensten Tiere hüteten, am häufigsten aber sicher Schafherden. Die Auswahl der Hunde zur Weiterzucht orientierte sich ausschließlich an deren Gebrauchseignung. Die Entstehung verschiedener Lokalschläge muss auf Isolation und die daraus resultierende Inzucht zurückgeführt werden. So bildeten die Hunde, die als Zuchtbais für den Berger des Pyrénées dienten, eine recht gemischte Gruppe, aus der es bestimmte Typen zu selektieren gab. Eine der beiden zur Zeit von der FCI anerkannten Rassen ist der Berger des Pyrénées a face rase. Sein Gesichtshaar ist kurz und anliegend. Es gibt zur Zeit zwei Varietäten, von denen der Piemont auch am Körper eine glatte, kurze Behaarung zeigt. Beide Varietäten können in Würfen langhaariger Pyrenäen-Schäferhunde fallen, was jedoch nur selten vorkommt.

Charakter: Die Hunde sind intelligent, selbstständig und Fremden gegenüber misstrauisch. Bei konsequenter Erziehung gute Familienhunde, die aber beschäftigt werden müssen.

Erziehung: Der Piemont gilt als der leichter erziehbare Hund, seine Unterordnungsbereitschaft ist spürbar stärker ausgebildet. Dennoch sind beide Varietäten keine Hunde, die eine lasche Erziehung tolerieren. Sie brauchen eine Aufgabe und klare Regeln. Eine Ausbildung zum Suchhund ist möglich, zum Hundesport sind sie durch ihren Arbeitseifer prädestiniert.

FCI-Gruppe 1

1

Pyrenäen-schäferhund

Ursprungsland
Frankreich

Anderer Name
Berger de Pyrénées à face rase

Widerristhöhe
Rüde: 46 bis 54 cm
Hündin: 46 bis 52 cm

Farbe
Schwarz-harlekin, falb in verschiedenen Tönungen, gestromt

Haarkleid
Glatt und weich, mit einer Länge von 4 bis 7 cm, im Gesicht kurz behaart, eine der zwei Varietäten (Piemont gennant) zeigt auch am Körper eine kürzere Behaarung

FCI-Gruppe 1

Bearded Collie

Ursprungsland
Großbritannien

Anderer Name
Beardie, Beardy

Widerristhöhe
Rüde: 53 bis 56 cm
Hündin: 51 bis 53 cm

Farbe
Schiefergrau, rötlich rehfarben, schwarz, blau, alle Töne von grau, braun und sandfarben, mit oder ohne weiße Abzeichen

Haarkleid
Lang, glatt und borstig

Der Bearded Collie ist ein alter schottischer Hütehund. Der Name legt eine Verwandschaft zum Collie nahe, die heute aber angezweifelt wird. Der Beardie erinnert in seiner Erscheinung eher an einen kleinen Bobtail oder einen Polnischen Niederungshütehund. Ob er mit einer dieser Rassen verwandt ist, konnte bisher nicht geklärt werden, liegt aber beim Bobtail nahe. Nach dem Zweiten Weltkrieg fast ausgestorben, verdankt die Rasse ihren kometenhaften Aufstieg der englischen Züchterin Mrs. G. O. Willison, die dem Charme dieser zotteligen Hunde erlag. Der Bearded Collie ist weltweit zu einem beliebten Familienhund geworden, der zu seiner ursprünglichen Aufgabe, dem Hüten von Schafen, auch in seiner Heimat kaum mehr eingesetzt wird.

Charakter: Nicht zuletzt seinem ausgesrochen fröhlichen, offenen und zu jedem freundlichen Wesen verdankt dieser lebhafte Hund seine große Beliebtheit. Seinen zeitweisen Dickkopf muss man ebenso zu nehmen wissen wie seine teils lautstarke Art. Auch wenn der Bearded in letzter Zeit sehr in Mode gekommen ist, ist er kein Hund für jedermann.

Erziehung: Beardies sind sehr lebhafte Hunde, die unterhalten werden wollen und Auslauf benötigen, sonst werden sie schnell übellaunig. Werden sie liebevoll und konsequent erzogen, sind sie ideale Familienhunde.

Pflege: Der Pflegeaufwand beim langhaarigen Beardie ist nicht unerheblich, denn tägliches Bürsten ist Pflicht.

Der Ursprung des Border Collies liegt vermutlich in dem *borders* genannten Grenzland zwischen England und Schottland. Hier wurden ab dem 16. Jahrhundert, als die Schafzucht noch sehr verbreitet war, vermutlich aus heimischen Collies Hütehunde gezüchtet. Die Zuchtauswahl erfolgte rein nach Gebrauchsaspekten, dennoch zeigen sich die Hunde heute auch in ihrer Erscheinung sehr einheitlich. Vor allem in England und Amerika werden viele Border Collies nicht in den offiziellen Rassehunde-Verbänden, sondern bei Gebrauchshund-Vereinen registriert. Die Arbeitsleistung hat hier noch immer den höchsten Stellenwert. Ihre Arbeitsweise ist einzigartig, man muss es gesehen haben. Die Hunde, häufig arbeiten mindestens zwei im Team, hüten und treiben die Herde völlig ohne zu bellen. Dabei bewegen sie sich in geduckter Haltung und fixieren die Herde, die aus Schafen, aber auch aus Gänsen oder Rindern bestehen kann, mit den Augen. Dies tun sie so eindringlich, dass die Herde scheinbar hypnotisiert folgt.

Charakter: Die intelligenten Border Collies sind sensible, unterordnungsbereite und vor allem arbeitsbesessene Hunde. Gerade der Arbeitswille macht sie zu keinem einfachen Hund, denn sie müssen unbedingt beschäftigt werden!

Erziehung: Die Erziehung muss sehr einfühlsam sein. Die Hunde reagieren sehr sensibel auf die Befehle ihres Halters. Ungeduld und Härte sind fehl am Platz. Borders eignen sich für alle Ausbildungen, sie sind aber keine Schutzhunde!

FCI-Gruppe 1

1

Border Collie

Ursprungsland
Großbritannien

Anderer Name
Working Sheepdog

Widerristhöhe
Rüde: 50 bis 55 cm
Hündin: 47 bis 52 cm

Farbe
Vielfältig, schwarz mit weißen Abzeichen, niemals vorherrschend weiß

Haarkleid
Stockhaar oder Langhaar, dichtes Deckhaar und mittlere Textur

FCI-Gruppe 1

Collie

Ursprungsland
Großbritannien

Widerristhöhe
Rüde: 56 bis 61 cm
Hündin: 51 bis 56 cm

Farbe
Zobelfarben, tricolour, blue-merle

Haarkleid
Langhaar:
Gerade, hart und dicht
Kurzhaar:
Flach anliegend, harte Textur

Über den Ursprung dieser sehr alten schottischen Schäferhunde ist recht wenig bekannt. Sowohl isländische Hunde als auch verschiedene Schäferhundrassen vom europäischen Kontinent stehen als Ahnen zur Diskussion. Collies, deren Name sich wahrscheinlich von der Schafrasse Coalley ableitet, die sie hüteten, waren und sind die unersetzbaren Gehilfen der schottischen Schäfer. Der moderne langhaarige Collie erinnert in seinem Äußeren nur noch schwach an seine arbeitenden Vorfahren. Er erregte, anders als der Border Collie, zu Beginn der Hundezucht schnell das Interesse der Züchter und die Schönheitszucht vor allem der langhaarigen Variante wurde voran getrieben. Ob und welche Hunderassen zur Verfeinerung des Collies eingekreuzt wurden, ist nicht ganz klar, denn die ersten Züchter ließen sich nicht in die Karten gucken. Vielleicht stammt der schmale Kopf vom Barsoi und das dichte, längere Fell von mehrfarbigen Settern.

Charakter: Rassetypische Collies sind intelligent, wesensfest und gesundheitlich robust. Die Zeiten als Modehund haben der Rasse nachhaltig geschadet. Ängstliche Hunde sind keine Ausnahme. Diese treuen Hunde sind sehr menschenbezogen und anhänglich.

Erziehung: Die Erziehung ist unproblematisch. Die Hunde sind unterordnungsbereit und haben einen für Schäferhunde nicht übermäßig ausgeprägten Schutztrieb.

Pflege: Das Fell der langhaarigen Collies benötigt tägliches Bürsten, um nicht zu verfilzen.

Der Shetland Sheepdog, kurz Sheltie genannt, sieht aus wie ein kleiner Langhaar Collie. Diese Beschreibung wird den kleinen Hunden aber weder gerecht noch ist sie rassegeschichtlich korrekt. Der Sheltie ist ein richtiger Hunde-Mix, kein Ergebnis selektiver Zucht mit kleinen Collies, obwohl langhaarige Collies nachweislich anfangs eingekreuzt wurden. Doch den Sheltie gab es schon Jahrhunderte lang auf den Shetlands, einem Archipel knapp 200 Kilometer nördlich vor Schottlands Küste, der aus mehr als hundert Inseln besteht, von denen aber nur eine Handvoll bewohnt sind. Die Inseln sind felsig, man findet nur wenig Vegetation. Die Farmer züchteten kleine Pferde und, was vielen weniger bekannt ist, auch kleine Schafe und Rinder. Diese wurden von kleinen Hunden gehütet, die vor allem von nordischen Seefahrer-Völkern auf die Inseln gebracht wurden. Große Hunde brauchte man auf den Shetlands nicht. Es gab keine Raubtiere abzuwehren. Die kleinen Nutztiere konnten von kleinen Hunden gehütet werden, die günstig in der Haltung waren.

Charakter: Die kleinen Hunde sind erstaunlich robust, sportlich, sehr anschmiegsam, lieben ihren Halter und Kinder über alles. Ein toller Familienhund mit dem starken Willen, Ihnen zu gefallen, der allerdings viel bellt.

Erziehung: Shelties sind intelligent und lernen schnell. Gut sozialisiert treten sie Fremden offen gegenüber. Ihr Wille zu gefallen macht die Erziehung leicht. Ein idealer Hund für aktive Menschen.

FCI-Gruppe 1

1

Shetland Sheepdog

Ursprungsland
Großbritannien

Anderer Name
Sheltie, Shetland Collie

Widerristhöhe
Rüde: 36 bis 40 cm
Hündin: 34 bis 38 cm

Farbe
Zobel, blue-merle, tricolour: Schwarz, weiß mit lohfarbenen Abzeichen

Haarkleid
Lang, gerade und hart

FCI-Gruppe 1

Old English Sheepdog

Ursprungsland
Großbritannien

Anderer Name
Bobtail

Widerristhöhe
Rüde: mind. 61 cm
Hündin: mind. 56 cm

Farbe
Schattierung von grau, „grizzle", braun oder blau; Kopf, Hals, Vorhand und Unterbauch weiß

Haarkleid
Reichlich, zottelig, harsch und nicht gewellt

Über die Herkunft des Old English Sheepdog, der als Bobtail besser bekannt ist, wird viel spekuliert. Die Ähnlichkeit dieses vor allem im Südwesten Englands beheimateten Hütehundes mit verschiedenen kontinentalen Schäferhundrassen ist ebenso unverkennbar wie die mit dem schottischen Bearded Collie. Ob er mit letzterem einen gemeinsamen Ahnen hat, wird diskutiert. Sicher ist, dass es diesen Hundeschlag schon lange auf der britischen Insel gibt. Die imposanten, kräftigen Hunde wurden zum Schutz der Schafsherden eingesetzt. Als die natürlichen Feinde der Schafe wie Wölfe und Bären immer seltener wurden und schließlich ausstarben, fanden diese Hunde im Herdentreiben ihre neue Aufgabe. Ihr auffälliges Äußeres machte sie früh für Züchter interessant. Die namengebende Stummelrute ist kein Rassemerkmal, nur manchen Hunden ist sie angeboren.

Charakter: Unter der dichten Wolle steckt ein lebhafter, selbstbewusster, kräftiger Hund, der wachsam jedoch nicht aggressiv ist. Er kann geduldig mit Kindern umgehen, ist ein guter Familienhund.

Erziehung: Eine konsequente Erziehung ist wichtig, denn die dominanten Hunde können zuweilen recht eigensinnig sein. Der Halter muss die Rangfolge unmissverständlich festlegen, sonst kann der Bobtail ein recht komplizierter Hund werden!

Pflege: Viele Käufer eines Bobtail-Welpen unterschätzen die extrem aufwändige Fellpflege. Tägliches gründliches Bürsten ist Pflicht!

Der Welsh Corgi ist heute in zwei Rassen anerkannt. Für den Laien sind sie kaum zu unterscheiden. So mutet es fast bizarr an, dass nicht wenige Kynolgen versuchen, beiden Rassen eine gänzlich unterschiedliche Geschichte und einen verschiedenen Ursprung zuzuschreiben. Da die genaue Herkunft beider Rassen unbekannt ist, kann keiner Theorie widersprochen werden. Eine Verwandtschaft mit dem sehr ähnlichen schwedischen Vallhund ist für beide Rassen anzunehmen. Die Heimat des bei den Bauern vielfältig eingesetzten Hundes liegt in Cardiganshire, einer der westlichsten Grafschaften von Wales. Die Hunde trieben und hüteten das Vieh. Ihr Mut und die Geschicklichkeit, mit der sie dem Vieh in die Fersen zwickten und anschließend den Hufttritten auswichen, prädestinierte sie dabei für die Arbeit mit Rinderherden. Nebenbei waren die Hunde raubzeugscharf und halfen auch bei der Jagd auf Kleinwild und Vögel. Der Welsh Corgi Cardigan ist nicht so bekannt wie der Pembroke, obwohl die Rassen bis in die 1930er Jahre auch miteinander gekreuzt wurden. Erst 1934 wurden sie getrennt. Der erste Wurf wurde in Deutschland 1974 registriert.

Charakter: Der Welsh Corgi Cardigan ist ein mutiger Hund, der sich vom Wesen her selbstbewusst wie ein großer präsentiert. Die Hunde sind anpassungsfähig und sehr gut als Familienhunde geeignet.

Erziehung: Eine konsequente Erziehung ist unerlässlich. Die kurzläufigen Hunde eignen sich nur sehr bedingt für den Hundesport.

FCI-Gruppe 1

1

Welsh Corgi Cardigan

Ursprungsland
Großbritannien

Widerristhöhe
Rüde: etwa 30 cm
Hündin: etwa 30 cm

Farbe
Alle Farben mit oder ohne weiße Flecken, weiß nicht dominierend

Haarkleid
Kurz, gerade, hart und pflegeleicht

FCI-Gruppe 1

Welsh Corgi Pembroke

Ursprungsland
Großbritannien

Widerristhöhe
Rüde: 25 bis 30 cm
Hündin: 25 bis 30 cm

Farbe
Rot, falb mit Rußstich, black and tan,mit oder ohne weiße Abzeichen

Haarkleid
Gerade, kurz oder von mittlerer Länge

Auf die Ähnlichkeit des Pembroke mit dem Cardigan wurde schon hingewiesen. Auffälligstes Unterscheidungsmerkmal ist die beim Pembroke manchmal angeborene Stummelrute. Der Pembroke erfüllte bei den walisischen Bauern die gleichen Aufgaben, wie der etwas größere Cardigan. Er hütete und trieb vor allem Rinder, galt als guter Raubzeugvernichter und half bei der Jagd. Auch der Pembroke treibt das Vieh, indem er es in die Fersen zwickt und den Tritten der Rinder anschließend geschickt ausweicht. Das Interesse der Züchter am Pembroke war lange Zeit ebenso gering wie am Cardigan. Das änderte sich jedoch schnell, nachdem die Rasse 1936 Einzug in das Englische Königshaus hielt. Plötzlich konnte man mit den kleinen, robusten Hunden ein Geschäft machen. Die Popularität des Pembroke erreichte der Cardigan trotz des fast identischen Aussehens und des nahezu gleichen Wesens nie. Der Pembroke gilt als der etwas zurückhaltendere Hund. Noch heute ist er der Lieblingshund der englischen Prominenz.

Charakter: Der Pembroke ist eigentlich ein großer Hund, zumindest was seinen selbstbewussten Charakter betrifft. Die Hunde sind wachsam, sehr umgänglich und kinderlieb. Dennoch müssen sie konsequent erzogen werden. Sie eignen sich hervorragend als Familienhunde auch für ältere Menschen.

Erziehung: Konsequent erzogen ist der Pembroke eine wahre Freude für alle. Er findet auch außerhalb der Familie Freunde. Lange Spaziergänge oder Hundesport sind nichts für die kurzläufigen Hunde.

Schafe hütende Hunde vom Typ des heutigen Bergamasker sind in Norditalien schon seit Jahrhunderten bekannt. Ihren Namen, der korrekt Cane da Pastore Bergamasco lautet, verdankt die Rasse ihrem ersten Züchter, der aus der Stadt Bergamo nahe Mailand kam. Die Hunde waren die Begleiter der Wanderhirten und zeichneten sich sowohl durch ihre Vielseitigkeit als auch durch ihr markantes Äußeres aus. Ein Bergamasker hütete die Herde, trieb sie voran und beschützte sie auch vor Wölfen und Bären. Sein dichtes, verfilztes Haarkleid schützte ihn nicht nur vor schlechter Witterung, es gab ihm auch Schutz vor den Attacken wilder Tiere. So festigte sich ein einheitliches Bild dieser Hunde, ohne dass dieses einem bestimmten Schönheitsideal unterstellt war. Ausschlaggebend war einzig und allein ihre Gebrauchseignung. Man sieht die Rasse trotz ihres interessanten Äußeren nur selten.

Charakter: In den richtigen Händen entwickelt dieser intelligente, aber auch dickköpfige Hund alle positiven Eigenschaften wie seine große Ruhe, Ausgeglichenheit, Menschen- und Tierliebe.

Erziehung: Die Erziehung dieses typischen Schäferhundes muss konsequent aber einfühlsam sein. Sie müssen Herr dieses sensiblen Dickkopfes werden, ohne seine Seele zu verletzen. Die Sozialisation ist sehr wichtig, sonst wird dieser Hund Fremden gegenüber argwöhnisch bleiben.

Pflege: Das Haar verfilzt von selbst und wird nur von Hand regelmäßig in Form gezupft.

FCI-Gruppe 1

1

Bergamasker

Ursprungsland
Italien

Anderer Name
Cane da Pastore, Bergamasco

Widerristhöhe
Rüde: 58 bis 62 cm
Hündin: 55 bis 58 cm

Farbe
Einheitliches grau oder grau gefleckt und schwarz

Haarkleid
Sehr lang, harsch, seitlich als Fransen, Schnüren oder Platten herabhängend

FCI-Gruppe 1

Maremmen-Abruzzen-Schäferhund

Ursprungsland
Italien

Anderer Name
Cane da pastore Maremmano-Abruzzese

Widerristhöhe
Rüde: 65 bis 73 cm
Hündin: 60 bis 68 cm

Farbe
Weiß, elfenbeinfarbige, orange oder zitronenfarbige Nuancen gestattet

Haarkleid
Harsch und lang

Die Heimat des Cane da Pastore Maremmano-Abruzzese liegt in der Maremma, einem etwa 130 Kilmeter langen Küstenstreifen an der Mittelmeerküste Mittelitaliens, und in den Abruzzen. Ursprünglich unterteilte man die Rasse in zwei lokale Schläge, den Maremmen- und den Abruzzen-Schäferhund. Dabei war der Hund der Maremmen kompakter gebaut, der Schäferhund der Abruzzen war etwas schlanker. Nach einem gemeinsamen Standard wird die Rasse erst seit 1958 gerichtet. Die genaue Herkunft der Hunde liegt wie bei allen großen, weißen Hirtenhunden Europas im Unklaren. Recht sicher erscheint jedoch, dass die Ahnen um 1000 n.Chr. aus dem asiatischen Raum kamen. Ob allerdings eine direkte Verbindung zum Do-Khyi gezogen werden kann, ist fragwürdig. Der Maremmano ist ein klassischer Hirtenhund, der bei der Schafherde lebte und diese gegen Wölfe, Bären und Diebe verteidigte. Der einzige Mensch, zu dem er Kontakt hatte und den er akzeptierte, war sein Schäfer. Die Rasse gewinnt weltweit an Popularität.

Charakter: Die Hunde sind selbstständig, aber nicht verschlossen, menschenbezogen mit natürlichem Schutztrieb. Sie brauchen ihren Freiraum, aber relativ wenig Bewegung, ein eigenes Revier, das sie gegen Fremde verteidigen. Sie sind gute Familienhunde, die auch Kinder akzeptieren.

Erziehung: Eine gute Sozialisation ist bei einem so großen Hund mit Schutztrieb unerlässlich. Die Hunde sind dann unkompliziert, vertragen aber keine Härte.

Gemeinsam mit dem Kuvasz gehört der Komondor zu den großen Herden-Schutzhunden Ungarns. Hunde vom Typ des großen, weißen, schützenden Herdenhundes sind schon lange bekannt und weit im europäischen und asiatischen Raum verbreitet. So fällt es zwar leicht zu behaupten, der Komondor lässt sich auf sehr alte Ahnen zurückführen, doch hat man Probleme, diese genauer zu benennen. Ob nun die Magyaren bereits im 9. Jahrhundert Hunde in das Gebiet Ungarns mitbrachten oder dies erst im 13. Jahrhundert durch die Kumanen geschah, wird nur schwer zu belegen sein. Sicher ist, dass die Hirten große Schutzhunde seit tausenden von Jahren bei ihren Herden hielten. Der Komondor steht dem Kuvasz verwandtschaftlich sehr nahe. Wahrscheinlich haben sie die gleichen Ahnen und entwickelten sich erst durch striktere Zuchtprogramme auseinander.

Charakter: Der Komondor ist ein schwieriger Hund. Seine Reizschwelle ist nicht besonders hoch, für Kinder hat er wenig Verständnis. Der dominante Hund ist von Natur aus scharf, Fremden gegenüber unzugänglich, ein Ein-Mann-Hund.

Erziehung: Die Erziehung ist nicht einfach, muss konsequent die Rangfolge verdeutlichen und eine ausgesprochen gute Sozialisation beinhalten. Der Komondor ist kein Familienhund der ersten Wahl. Er braucht recht viel Bewegung.

Pflege: Die Pflege ist sehr aufwändig! Das verfilzte Fell muss zwar nicht gebürstet werden und haart kaum, aber die Schnüre müssen regelmäßig getrennt werden.

FCI-Gruppe 1

1

Komondor

Ursprungsland
Ungarn

Widerristhöhe
Rüde: ca. 80 cm
Hündin: ca. 70 cm

Farbe
Elfenbeinfarben

Haarkleid
Lang, buschig, harsch und hängt in Schnüren herab

FCI-Gruppe 1

Kuvasz

Ursprungsland
Ungarn

Widerristhöhe
Rüde: 71 bis 75 cm
Hündin: 66 bis 70 cm

Farbe
Weiß, elfenbeinfarben gestattet

Haarkleid
Lang, gewellt und kräftig

Wie beim Komondor ist auch beim Kuvasz nicht bekannt, wann die ersten Hunde dieses Typs in das Gebiet Ungarns kamen. Unbestritten ist die Ursprünglichkeit großer, heller Hunde, die schon seit tausenden von Jahren ihre Aufgabe, den Schutz der Herden vor Wölfen, Bären und natürlich Dieben erfüllten. Schon die Sumerer kannten vor über 5000 Jahren diesen Hundetyp. Eine Verbindung zum Do-Khyi, der Tibetischen Dogge, wird immer wieder diskutiert. Ob der Ursprung wirklich im asiatischen Raum liegt, klären auch neue Untersuchungen nicht eindeutig. Eine enge Verwandtschaft zu anderen Hirtenhunden ist offensichtlich, auch wenn sie sich heute teils stark durch ihre Fellstruktur unterscheiden. Die Reinzucht begann erst langsam zu Beginn des 20. Jahrhunderts. Anfangs herrschte noch Unklarheit um den Namen, denn häufig bezeichnete man den Kuvasz als Komondor.

Charakter: Die Reizschwelle des Kuvasz ist höher als die des Komondor, doch kann man ihn nicht als kinderfreundlichen Hund bezeichnen. Die Hunde sind dominant, Fremden gegenüber sehr misstrauisch. Sie verteidigen Familie und Territorium bedingungslos.

Erziehung: Eine gute Sozialisation ist sehr wichtig. Die Hunde sind aber alles andere als einfach! Sie müssen konsequent erzogen werden, dabei müssen Sie Ihre dominante Stellung klar verdeutlichen. Die Hunde brauchen viel Bewegung. Am besten werden sie dort gehalten, wo sie ihren ausgeprägten Schutz- und Wachtrieb ausleben dürfen.

Der Mudi ist für viele sicher der unbekannteste ungarische Hütehund. Der mit seiner Schnurbehaarung wesentlich auffälligere Puli lässt diese Rasse eindeutig in seinem Schatten stehen. Erst Anfang des 20. Jahrhunderts wurde der etwas unscheinbare Hund bei einer Bestandsaufnahme der ungarischen Schäferhundrassen als Rasse wahrgenommen. Im Jahr 1936 wurde der Mudi dann anerkannt. Auffällig ist seine große Ähnlichkeit zum Kroatischen Schäferhund, dem Hrvatski Ovcar. Allein sein Fell ist etwas kürzer als das des kroatischen Bruders. Selbst in ihren Wesenszügen ähneln sich die beiden Rassen sehr und kaum jemand wird ernsthaft bestreiten wollen, dass es sich eigentlich um die gleichen Hunde handelt. Über Jahrhunderte wurden die Schäferhunde nach ihrer Verwendung gezüchtet, so dass gute Hunde ausgetauscht, verkauft und verpaart wurden. Eine regionale Vermischung ist somit nur natürlich und auch bei diesen beiden Hunden wahrscheinlich. Der Mudi ist heute nicht nur ein guter Hütehund, sondern auch als Wachhund geeignet.

Charakter: Mudis sind wachsam, ausgesprochen lernbegeistert und mobil. Sie brauchen eine Aufgabe und wollen immer etwas tun. Dabei ist der Hund sehr anspruchslos, unterordnungsbereit und auch mit Kindern sehr umgänglich. Ein idealer Familienhund auch in der Stadt.

Erziehung: Die Erziehung ist problemlos. Der Mudi eignet sich für die verschiedensten Sportarten und er läuft gern.

FCI-Gruppe 1

1

Mudi

Ursprungsland
Ungarn

Widerristhöhe
Rüde: 35 bis 47 cm
Hündin: 35 bis 47 cm

Farbe
Schwarz, schwarz-weiß, selten weiß

Haarkleid
Dick, gewellt, glänzend, 5 bis 7 cm lang

FCI-Gruppe 1

Puli

Ursprungsland
Ungarn

Widerristhöhe
Rüde: 40 bis 44 cm
Hündin: 37 bis 41 cm

Farbe
Schwarz,weiß und grau

Haarkleid
Schnürenform, markante Büschel,langes, welliges Haar, das zu Verfilzungen neigt

Der Puli ist neben dem Pumi der bekannteste Hüte- und Treibhund Ungarns. Kuvasz und Komondor beschützten die Herden, Puli und Pumi hielten sie zusammen und trieben sie, wohin es der Schäfer verlangte. Der Puli hat, zumindest in seiner ursprünglichen Form, insgesamt hochläufiger und ohne die heute geforderte Puszta-Behaarung, eine auffallende Ähnlichkeit mit dem frühen Tibet Terrier. Eine Verwandschaft ist nicht bewiesen, aber auch nicht unmöglich, gerade wenn man bedenkt, dass viele Kynologen in den asiatischen Rassen die Ahnen unserer europäischen Hunde sehen. Erst zu Beginn des 20. Jahrhunderts wurden Puli und Pumi nach getrennten Standards gezüchtet. Eine größere Variante des Puli, die bis 60 Zentimeter Schulterhöhe erreichte, wurde zwischen den beiden Weltkriegen gezüchtet und vor allem im Polizeidienst eingesetzt.

Charakter: Pulis sind ausgesprochen fröhliche, freundliche und lebhafte Hunde. Sie binden sich eng an ihren Besitzer, sind Fremden gegenüber dennoch offen und haben keine Probleme im Umgang mit Kindern. Die wachsamen Pulis sind ideale Familienhunde!

Erziehung: Auch wenn Pulis recht klein sind, eignen sie sich dennoch sehr gut als Schutz- und Wachhunde. Die Erziehung ist unkompliziert, starkes Bellen sollte von Beginn an unterbunden werden!

Pflege: Mit zwei Jahren ist die Puszta-Behaarung voll ausgewachsen. Das Fell darf nicht gebürstet werden, sonst verliert sich die natürliche Anlage zur Schnürenbildung!

Der Pumi ist eng mit dem heute vor allem durch die Rassehundezucht wesentlich bekannteren Puli verwandt. Die ursprünglichen Aufgaben eines Treib- und Hütehundes erfüllt er jedoch mindestens ebenso gut. Ihm wird auf diesem Gebiet sogar eine noch größere Geschicklichkeit nachgesagt. Dabei muss man natürlich berücksichtigen, dass es zu Zeiten der reinen Gebrauchs- bwz. Leistungszucht keine Auswahl nach Äußerlichkeiten gab, soweit diese dem Verwendungszweck der Hunde nicht entgegenstanden. So waren sich Puli und Pumi über Jahrhunderte wesentlich ähnlicher, als dies heute zu Zeiten der Rassezucht nach festgelegtem Standard der Fall ist. Man vermutet, dass der Pumi sein Äußeres der Einzucht von stehohrigen Schäferhunden aus Deutschland und Frankreich verdankt. Namentlich wird der Briard häufiger genannt. Ebenso vermutet man, dass auch englische Terrier, namentlich Fox Terrier, ihr Blut einbrachten. Dafür spricht zumindest die dem Puli gegenüber höhere Schärfe. Auch neigt der Pumi stärker zum ständigen Bellen.

Charakter: Der Pumi ist ein verspielter, munterer Hund, der viel Spaß macht. Er ist etwas schärfer als der Puli, und wenn man böse sein möchte, kann man ihn sogar als Kläffer bezeichnen.

Erziehung: Die Erziehung ist einfach, die Hunde ordnen sich zwar nicht bedingungslos unter, ihr hoher Spieltrieb kommt unseren modernen Erziehungsmethoden aber sehr entgegen.

Pflege: Das Haar neigt nicht wie beim Puli zum Verfilzen!

FCI-Gruppe 1

1

Pumi

Ursprungsland
Ungarn

Widerristhöhe
Rüde: 35 bis 44 cm
Hündin: 35 bis 44 cm

Farbe
Grau, schwarz, weiß und rötlichbraun

Haarkleid
Kurz gelockt, keine Schnüre bildend

FCI-Gruppe 1

Holländischer Schäferhund

Ursprungsland
Niederlande

Anderer Name
Hollandse Herdershond

Widerristhöhe
Rüde: 57 bis 62 cm
Hündin: 55 bis 60 cm

Farbe
Kurz-und Langhaar: Dunkelbraun oder grau mit heller Stromung
Rauhaar: Blaugrau, pfeffer und salz, gold oder silber gestromt

Haarkleid
Kurzhaar, Langhaar und Rauhaar

Die Rasse erinnert mit ihren drei Fell-Varietäten auffallend an den Belgischen Schäferhund. Dies kommt natürlich nicht von ungefähr, schaut man sich die eng verwobene Geschichte dieser Nachbarländer an. Der Holländer konnte jedoch nie aus dem Schatten seiner belgischen und schon gar nicht aus dem seines deutschen Bruders treten. Dies lag vor allem daran, dass deren Zucht von Anfang an konsequenter voran getrieben wurde. Dabei steht der Holländische Schäferhund in seiner Gebrauchsfähigkeit den anderen Schäferhunden in nichts nach. Anfang der 20. Jahrhunderts versuchten die Züchter, ihre Rasse durch die Fellfärbung deutlicher von anderen Schäferhunden abzugrenzen. So wurden nur gestromte Hunde zur Zucht gelassen. Der gewünschte Erfolg blieb jedoch aus. Die Anerkennung der Rasse durch die FCI ließ bis 1960 auf sich warten, obgleich der erste Klub bereits 1898 gegründet wurde. Dies spiegelt recht deutlich die bis ins späte 20. Jahrhundert anhaltenden Probleme wider. Der Holländische Schäferhund wird noch heute zum Hüten eingesetzt und ist auch beim Militär und der Polizei sehr beliebt.

Charakter: Der Holländische Schäferhund ist ein sehr aktiver, sportlicher Hund. Er zeigt naturgemäß einen starken Schutztrieb, der ihn Fremden gegenüber zugleich etwas unzugänglich macht. Seine Familie aber liebt er über alles.

Erziehung: Eine konsequente Erziehung ist notwendig. Die Hunde sind aber unterordnungsbereit und gehorchen leicht.

FCI-Gruppe 1

Saarloos Wolfhond

Ursprungsland
Niederlande

Widerristhöhe
Rüde: 65 bis 75 cm
Hündin: 60 bis 70 cm

Farbe
Hell bis dunkel schattiertes schwarz, grau, braun, hell cremefarbig bis weiß

Haarkleid
Fest, Stockhaar

Der Saarloos Wolfhond wurde nach seinem höchst engagierten Züchter Leendert Saarlos benannt. Der naturbegeisterte Saarloos kreuzte zwischen den Jahren 1930 bis 1966 Deutsche Schäferhunde und Wölfe miteinander. Sein Ziel war es, eine robuste Hunderasse zu entwickeln„ die frei von allen degenerativen Erscheinungen der Rassehunde war. Seiner Meinung nach ließe sich so vor allem eine Resistenz gegen die Staupe erzielen. Bei den Nachkommen seiner Kreuzungen zeigte sich leider, dass diese zu viele Wolfseigenschaften in sich trugen. Die Hunde waren scheu, nicht unterordnungsbereit und zur Ausbildung ungeeignet. Als auch noch Saarloos' Zuchtwölfin einer Virusinfektion erlag, musste er auch mit dem Mythos der natürlichen Immunität brechen. Rückkreuzungen mit dem Schäferhund und eine neue Wölfin sollten die Zucht voranbringen. Doch zeigten auch diese Hunde viel Wolfsblut. Seinen Wunschhund hat Saarloos bis zu seinem Tod 1969 nicht gezüchtet. Danach ist die Rasse fast völlig verschwunden. Einige Züchter fanden am wolfsähnlichen Äußeren Gefallen. 1975 wurde die Rasse durch die FCI anerkannt.

Charakter: Die Rasse zeigt typische Wolfseigenschaften. Die Hunde sind zurückhaltend, sehr rudelbezogen, dickköpfig und nicht unterordnungsbereit. Bei Bedrohung reagieren sie schreckhaft und aggressiv bissig. Kein Hund für Anfänger, sondern für Liebhaber.

Erziehung: Die Hunde sollten mindestens zu zweit gehalten werden. Sie sind eigensinnig, eignen sich nicht als Wach- oder Schutzhund.

Die ursprüngliche Heimat des Schapendoes ist die Heidelandschaft der Niederlande, wo er als Hüte- und Treibhund der unersetzbare Helfer des Schäfers war. Seine Ähnlichkeit mit dem PON, dem Bearded Collie und anderen Hütehunden ist unverkennbar. Regional ist ein enger Zusammenhang der Rasse mit dem in Deutschland sehr unbekannten und nicht als Rasse anerkannten Schafpudel zu sehen. Auch beim Schapendoes kann der Rasseursprung nicht genau geklärt werden. Die Hunde trugen immer ihr unauffälliges Haarkleid, wurden auch deshalb so gut wie nie auf Gemälden dargestellt noch fanden sie Einzug in die Häuser des wohlhabenden Adels. Dass es den Schapendoes schon lange, mindestens einige hundert Jahre, im Gebiet der Niederlande gibt, wissen alte Schäfer zu berichten. Um die Hunde vor dem Aussterben zu bewahren, nachdem ihre Hüteleistungen in der modernen Schafzucht nicht mehr gebraucht wurden, rief ihr bekanntester Förderer Toepoel in den 1940er Jahren ein Zuchtprogramm ins Leben, das 1971 zur Anerkennung durch die FCI führte.

Charakter: Die Hunde sind fröhlich, lebhaft und immer zum Spielen aufgelegt. Sie lieben die Nähe zum Menschen und besonders zu Kindern. Sie sind selbstbewusst und intelligent, ideale Familienhunde!

Erziehung: Die Erziehung ist einfach, die Hunde lernen schnell. Die bewegungsfreudige Rasse eignet sich sehr gut für den Hundesport.

Pflege: Im ersten Jahr sollte das Fell gegen Verfilzung täglich, später wöchentlich gekämmt werden.

FCI-Gruppe 1

1

Schapendoes

Ursprungsland
Niederlande

Anderer Name
Niederländischer Schafspudel

Widerristhöhe
Rüde: 43 bis 50 cm
Hündin: 40 bis 47 cm

Farbe
Alle Farben zulässig

Haarkleid
Lang, dünn,hart, trocken, leicht gewellt

FCI-Gruppe 1

Polski Owczarek Nizinny

Ursprungsland
Polen

Anderer Name
PON, Polnischer Niederungshütehund

Widerristhöhe
Rüde: 45 bis 50 cm
Hündin: 42 bis 47 cm

Farbe
Alle Farben und Schecken erlaubt (außer Merlefaktor)

Haarkleid
Harsch, dicht und dick

Der Polski Owczarek Nizinny, der meist einfach PON genannt wird, verkörpert den klassischen Typ des zotthaarigen Hüte- und Treibhundes, den wir auch vom Bearded Collie, dem Tibet Terrier und dem Schapendoes kennen, um hier nur die bekanntesten zu nennen. Die Heimat des PON sind die weiten Ebenen Polens. Dort hütete dieser mittelgroße Hund, vermutlich erst nachdem Wolf und Bär keine Bedrohung mehr für die Herden darstellten, selbstständig die Schafherden. Die Herkunft des PON ist weitgehend unbekannt, ebenso seine verwandtschaftlichen Beziehungen zu ihm ähnlichen Rassen. Manche Autoren sehen im Tibet Terrier einen nahen Verwandten oder sehen den PON selbst als Ahnen des Bearded Collie an, beweisbar sind diese Linien aber nicht. Erste Bemühungen einer planmäßigen Zucht in den 1930ern wurden durch den Zweiter Weltkrieg jäh beendet. Als große Züchterin der Rasse in der Nachkriegszeit gilt Frau Dr. Danuta Hryniewicz. Die FCI erkannte den PON 1963 als Rasse an.

Charakter: Der PON ist ein sehr angenehmer, ausgeglichener Hund. Er geht offen auf andere Hunde zu, ist fremden Menschen gegenüber aber zunächst verschlossen. Die Rasse ist lernfreudig und begeistert beim Spiel. Sie lieben ihre Familie und leben gerne mit ihrem Menschen zusammen. Sie sind sehr kinderfreundlich.

Erziehung: Den natürlichen Spieltrieb ausnutzend einfach zu erziehen, sehr guter Familienhund.

Pflege: Das Fell regelmäßig einmal wöchentlich auskämmen.

Die Heimat des Polski Owczarek Podhalanski ist die Podhale im Süden Polens. Diese gebirgige Landschaft grenzt an die nördlichen Karparten, der natürlichen Grenze zwischen Slowenien und Polen. Mit der Hohen Tatra, von der die Rasse ihren deutschen Namen Tatra-Schäferhund erhalten hat, besitzt sie die höchsten Erhebungen dieser Gegend. Auf saftigen Wiesen dieser Region lassen die Schäfer, ihrer Abstammung nach Goralen, seit jeher ihre Herden weiden. Die Hunde beschützten die Herde, übernahmen aber auch Aufgaben in den Dörfern, zogen beispielsweise die Karren der Händler. Die Hunde sind von typischer Hirtenhund-Erscheinung: groß, kräftig und weiß. Vom slowenischen Slovensky Cuvac oder dem ungarischen Kuvasz ist er praktisch nicht zu unterscheiden. Trotzdem erkennt die FCI alle drei Rassen an, den Tatrahund im Jahr 1967 unter seinem heutigen Rassenamen. Bis dahin hieß er Goralenhund.

Charakter: Die Hunde sind sehr menschenbezogen, allerdings keineswegs zur Unterordnung bereit. Auch bei guter Sozialisation bleiben sie oft auf nur einen Menschen fixiert. Sie sind dominant vor allem gegenüber anderen Hunden, haben aber eine hohe Reizschwelle. Ihre Familie zu beschützen, liegt ihnen im Blut, dabei gehen sie aber nicht grundlos bis zum Äußersten, es bleibt meistens beim Drohen.

Erziehung: Die Erziehung muss sehr konsequent und liebevoll geschehen, eine gute Sozialisation ist sehr wichtig, dann kommt er auch gut mit anderen Hunden klar.

FCI-Gruppe 1

1

Polski Owczarek Podhalanski

Ursprungsland
Polen

Anderer Name
Tatra-Schäferhund, Tatrahund, Podhalaner

Widerristhöhe
Rüde: 65 bis 70 cm
Hündin: 60 bis 65 cm

Farbe
Einheitlich weiß

Haarkleid
Pflegeleicht, lang, dicht, gerade oder leicht gewellt und hart

FCI-Gruppe 1

1

Cao da Serra de Aires

Ursprungsland
Portugal

Anderer Name
Portugiesischer Schäferhund

Widerristhöhe
Rüde: 45 bis 55 cm
Hündin: 42 bis 52 cm

Farbe
Gelb, braun, grau, lohfarben und wolfsgrau, schwarz mit rotbraunen Abzeichen

Haarkleid
Lang, glatt oder ein wenig wellig

Der Cao da Serra de Aires stammt aus den südlichen Gebieten Portugals. Sein ursprüngliches Verbreitungsgebiet lässt sich im Norden durch den Fluss Tejo, der sich ungefähr auf der Höhe Lissabons befindet, und im Süden durch die Kalkfelsen der Algarve abgrenzen. Hier dienten diese zottigen Hunde den Schäfern als Hüte- und Treibhunde. Seine Ähnlichkeit mit anderen europäischen Hütehunden ist unverkennbar und ein gemeinsamer Ursprung ist wahrscheinlich. Zumindest mit den Schäfern des benachbarten Spaniens fand ein reger Austausch geeigneter Hunde statt. Der spanische Gos d'Atura sieht ihm zum Verwechseln ähnlich. Vermutlich wurden die Hunde zusammen mit den Schafen von Schäfer zu Schäfer und somit von Land zu Land weitergegeben. In Portugal ist die Rasse sehr bekannt und findet immer mehr Liebhaber. Außerhalb des Landes ist sie recht unbekannt.

Charakter: Ein angeborenes Misstrauen gegenüber Fremden ist für diese anspruchslose Schäferhund-Rasse ebenso typisch wie die Liebe zur eigenen Familie und deren Freunden. Der Cao da Serra de Aires ist ein arbeitswilliger Hund, der unbedingt beschäftigt werden muss, sonst wird er destruktiv.

Erziehung: Eine konsequente Erziehung mit eindeutiger Klärung Ihres Führungsanspruches ist notwendig. Der Portugiesische Schäferhund eignet sich auch sehr gut für viele moderne Sportarten.

Pflege: Das Fell bedarf regelmäßiger Pflege, gründliches Bürsten ist Pflicht, sonst verfilzt es schnell.

Der Slovensky Cuvac gehört zu dem Typ von Hirtenhunden, den man im gesamten Europa in einer sehr ähnlichen, um nicht zu sagen einheitlichen Erscheinung findet. Die großen, weißen Beschützer der Schafherden existieren dort schon seit Jahrhunderten und ihr genauer Ursprung wird wohl nie geklärt werden. Es ist aber mehr als wahrscheinlich, dass sie alle gleichen Ursprungs sind. Man könnte zumindest den Slovensky Cuvac, den Polski Owczarek Podhalanski und den ungarischen Kuvasz mit guter Berechtigung als eine Rasse sehen, da sich die Hunde nur durch ihre Herkunft und minimale, in der Praxis oft nicht existierende Unterschiede im Äußeren unterscheiden. Entsprechend umstritten war die Idee der Slowaken auch, als sie nach dem Ersten Weltkrieg begannen, ihren eigenen Hirtenhund zu züchten. Die Ungarn sahen in ihm einen regionalen Schlag ihres Kuvasz, der schon seit Ende des 19. Jahrhunderts reingezüchtet wurde. Wie sinnvoll die Aufteilung eines Hunde-Typs auch sein mag, dessen Herkunft und Geschichte nahezu identisch ist, der Slovensky Cuvac wurde 1965 von der FCI anerkannt.

Charakter: Dem Cuvac sind die typischen Hirtenhund-Eigenschaften wie Misstrauen gegenüber Fremden, Liebe zur eigenen Familie, Selbstbewusstsein und Dickköpfigkeit eigen.

Erziehung: Die Hunde brauchen eine konsequente Erziehung und eine ausgezeichnete Sozialisation. Sie sind als Familienhunde dann nicht ungeeignet. Für einen Hund ihrer Größe sind sie sehr aktiv.

FCI-Gruppe 1

1

Slovensky Cuvac

Ursprungsland
Slowakei

Widerristhöhe
Rüde: 60 bis 70 cm
Hündin: 55 bis 65 cm

Farbe
Weiß

Haarkleid
5 bis 10 cm lang, harsch, leicht gewellt und pflegeleicht

FCI-Gruppe 1

Südrussischer Owtcharka

Ursprungsland
Russland

Widerristhöhe
Rüde: mind. 65 cm
Hündin: mind. 62 cm

Farbe
Weiß, weiß mit oder ohne gelbliche, graue oder hellrötliche Flecken

Haarkleid
Lang, dicht, buschig, etwas gekräuselt und pflegeintensiv

Der Südrussische Owtcharka ist ein weiterer Hirtenhund des großen, zotthaarigen, weißen Typs, den wir fast überall in Europa finden können. Und wie bei seinen engen Verwandten Komondor und Anderen kann auch bei ihm über die genaue Herkunft nur spekuliert werden. Die Theorie, dass alle großen Hirtenschutzhunde von Hunden aus Asien abstammen, ist nicht sehr plausibel. Viel eher entstand der Owtcharka autochton in seiner Heimat, dem südlichen Teil der europäischen Ukraine und entwickelte sich dort zu einem großen, kräftigen Hirtenhund, der die Herden vor Wölfen und Bären gut zu schützen wusste. Eine Vermischung mit anderen einheimischen Hunden wie die der Tartaren ist anzunehmen. Mit dem Import von spanischen Merino-Schafen kamen wahrscheinlich auch spanische Hütehunde in die Ukraine und vermischten sich mit dem Owtcharka. Kenner dieser seltenen Rasse heben hervor, dass die Hunde im Vergleich zu anderen Hirtenhunden schneller, wendiger, aktiver, noch schutzbereiter und etwas schärfer wären.

Charakter: Die Hunde sind schwierig, sehr selbstbewusst, Fremden gegenüber misstrauisch, wachsam, scharf und angriffsbereit. Sehr gute Schutzhunde, doch nichts für Anfänger und kein Stadthunde.

Erziehung: Sehr konsequent mit sehr guter Sozialisation, sonst können die Hunde recht gefährlich werden. Bei vorzüglicher Erziehung aber sehr liebevoll.

Pflege: Das lange Haar muss regelmäßig gebürstet werden.

Schon in den Anfängen kam Weiß als alte Hirtenhundfarbe auch beim Deutschen Schäferhund vor. Die Anlage für die Fellfarbe Weiß war recht verbreitet – sogar der berühmte Horand von Grafrath, die Nummer 1 im SV-Zuchtbuch, hatte einen weißen Großvater! Weiß wurde zu jener Zeit akzeptiert, und sogar von den Habsburgern und den Hohenzollern wurden weiße Schäferhunde gezüchtet. 1913 wurde der erste Weiße Schäferhund, ein Enkel von Horand, in das Zuchtbuch des SV eingetragen. Nach dem 2. Weltkrieg stieß Weiß bei den SV-Züchtern auf scharfe Ablehnung; man machte es fälschlicherweise für alle Defekte in der Rasse verantwortlich. 1913 wurde der „German Shepherd Dog Club of America“ gegründet, in dem erfolgreich von Beginn an auch Weiße Schäferhunde gezüchtet wurden. 1968 folgte der AKC der Forderung des SV, Weiß als Fehlfarbe nicht mehr zu registrieren; lediglich der Canadian KC widersetzte sich. Dennoch wurden in ganz Nordamerika Weiße Schäferhunde reingezüchtet, und Anfang der 1970er Jahre kamen die ersten nach Europa in die Schweiz, wo sie seit 1991 anerkannt sind. Heute sind sie in ganz Europa anzutreffen.

Charakter: Weiße Schäferhunde sind temperamentvoll, ausgeglichen und wachsam; einige sind etwas zurückhaltend gegenüber Fremden, aber keinesfalls ängstlich oder aggressiv – gute Familienhunde, die viel Beschäftigung brauchen.

Erziehung: Sie ist problemlos, da diese Hunde leichtführig und intelligent sind.

FCI-Gruppe 1

1

Weißer Schweizer Schäferhund

Ursprungsland
Schweiz

Widerristhöhe
Rüde: 60 bis 66 cm
Hündin: 55 bis 61 cm

Farbe
Weiß

Haarkleid
Mittellanges, dichtes, gut anliegendes Stockhaar oder Langstockhaar; reichliche Unterwolle überdeckt von kräftigen, geraden Grannen

FCI-Gruppe 1

1

Australian Cattle Dog

Ursprungsland
Australien

Anderer Name
Australischer Treibhund, Australian Heeler

Widerristhöhe
Rüde: 46 bis 51 cm
Hündin: 43 bis 48 cm

Farbe
Blau, mit oder ohne schwarze Flecken, rot-belton

Haarkleid
Kurzes Stockhaar, glatt, gerade und gut anliegend, wetterbeständig und pflegeleicht

Der Australian Cattle Dog ist einer der besten Viehtreiber Australiens. Die Viehzucht, wie man sie in Australien betreiben konnte, nachdem der Kontinent weitflächig besiedelt wurde, stellte Hund und Farmer vor Probleme, denen die Treib- und Hütehunde Europas kaum gerecht wurden. Die Rinder verwilderten auf den riesigen Weideflächen, die Wege zu den Viehmärkten waren endlos. Europäische Hüte- und Treibhunde gingen die friedlichen Rinder ihrer Heimat von vorne und meist bellend an. Die verwilderten Rinder Australiens trieben sie so aber nicht zusammen, sondern verschreckten die panischen Tiere in alle Winde. Auch waren die europäischen Hunde den Strapazen nicht gewachsen, die das Hüten einer Herde auf den riesigen Weideflächen mit sich brachte. Die Hitze tat ihr Übriges. Der Australian Cattle Dog wurde Ende des 19. Jahrhunderts diesen Anforderungen entsprechend gezüchtet. Europäische blue merle Kurzhaar Collies wurden mit dem einheimischen, hitzefesten Dingo gekreuzt. Die Einkreuzung des Dalma- tiners nahm den Hunden die Scheu vor Pferden, die des Kelpie verbesserte die Hüteleistung.

Charakter: Die intelligenten Hunde sind selbstbewusst und mutig. Sie sind Fremden gegenüber reserviert, aber nie aggressiv.

Erziehung: Der Cattle Dog ist lernfreudig, braucht aber eine feste Hand. Regeln müssen aufgestellt werden. Die Hunde sind nicht unbedingt einfach in der Erziehung, eignen sich aber für engagierte, sportliche Menschen.

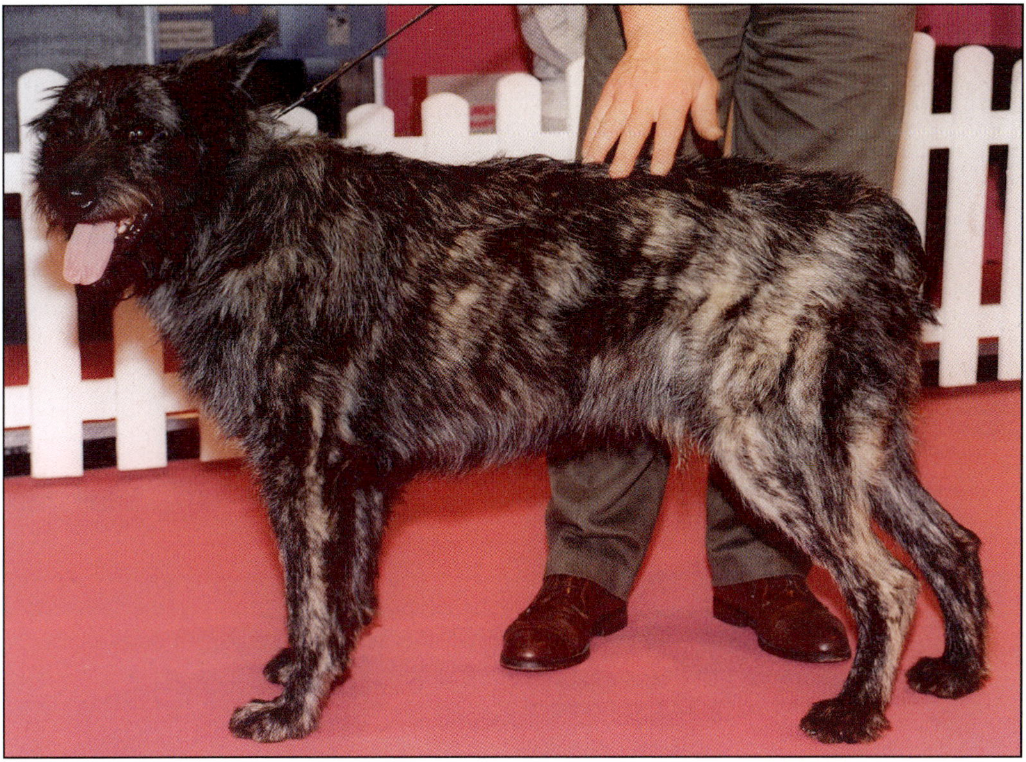

Der Bouvier des Ardennes ist eine sehr seltene Rasse, die ihr Überleben einigen wenigen engagierten Züchtern verdankt. Vor allem die letzten Jahre brachten einen Aufschwung in die Zucht einer Rasse, die schon beinahe als ausgestorben galt. Doch konnten in der Abgeschiedenheit der belgischen Ardennen immer wieder typvolle Hunde der Zucht zugeführt werden, die selbstverständlich keinen Stammbaum besaßen. Auf den ersten Blick hat der Bouvier des Ardennes eine gewisse Ähnlichkeit mit dem französischen Berger de Picardie. Nicht zu übersehen ist seine Verwandtschaft auch zum Bouvier des Flandres, besonders mit Hunden des alten Typs, die noch nicht die Mächtigkeit heutiger Ausstellungshunde besaßen, sondern eher an große Schnauzer, ebenfalls des ursprünglichen Typs, erinnerten. Die Hunde erfüllten im Prinzip die gleichen Aufgaben wie der Bouvier des Flandres. Sie waren Allzweckhunde, die vor allem das Vieh trieben, aber auch als Wachhunde eingesetzt auf Haus und Hof aufpassten. Ihre Arbeit erforderte Selbständigkeit und Wetterfestigkeit. Auch heute noch ist die Rasse sehr selten, auf Ausstellungen eine echte Rarität.

Charakter: Diese ursprünglichen Hunde sind sehr derb, misstrauisch allen Fremden gegenüber, recht scharf und selbständig, wachsam und treu zu ihrem Halter.

Erziehung: Eine feste Hand und eine frühe Sozialisation können aus dem Hund einen freundlichen Begleiter machen. Sehr gute Wach- und Schutzhunde, als Familienhund nur bedingt zu empfehlen.

FCI-Gruppe 1

1

Bouvier des Ardennes

Ursprungsland
Belgien

Widerristhöhe
Mittelgroß < 60 cm, groß > 60 cm

Farbe
Alle Farben

Haarkleid
Rau, struppig und pflegeleicht

FCI-Gruppe 1

Bouvier des Flandres

Ursprungsland
Frankreich/Belgien

Anderer Name
Flämischer Treibhund, Flanderntreibhund

Widerristhöhe
Rüde: 62 bis 68 cm
Hündin: 59 bis 65 cm

Farbe
Falbfarben bis schwarz, grau, braun, pfeffer- und salzfarben

Haarkleid
Mittellang (6 cm), ruppig, trocken, matt und leicht borstig

Flandern ist der nördliche Teil des politisch zweigeteilten Belgiens. Den Süden nennt man Wallonien. Flandern zieht sich entlang der Nordseeküste von den Niederlanden bis Frankreich, reicht aber auch weit ins Landesinnere. Diese flache Landschaft, vor allem der Teil zwischen der Nordseeküste und dem Fluss Lys ist die ursprüngliche Heimat des Bouvier des Flandres, einem belgisch-französischen Gebrauchshund, der schon immer zu den verschiedensten Aufgaben eingesetzt wurde. Über seinen Ursprung ist wenig bekannt, er war schon immer in dieser Region zu Hause. Zu Beginn des 20. Jahrhunderts wurde ein erster Standard aufgestellt und die planvolle Zucht begonnen, doch der Erste Weltkrieg beendete die Zuchtbemühungen. Viele Hunde kamen im direkten Kriegseinsatz um. Sie wurden als Zug-, Sanitäts- und Meldehunde sehr geschätzt. Nur mühsam konnte die Zucht fortgesetzt werden, andere Bouvier-Schläge verschwanden jedoch vollständig. Der Bouvier des Flandres wurde 1965 von der FCI anerkannt. 1982 folgte seine Anerkennung als achte Dienst- und Gebrauchshunderasse.

Charakter: Bouviers sind wachsam, schnell dominant, Fremden gegenüber misstrauisch. Die selbstbewussten, intelligenten Hunde sind nicht aggressiv. Zu ihrer Familie und Kindern sind sie liebevoll.

Erziehung: Die Hunde sind nicht einfach. Schnell dickköpfig müssen sie konsequent erzogen und früh sozialisiert werden. Dann sind sie gute Schutz-, Wach- und Familienhunde, die sich auch für aktive, sportliche Menschen eignen.

Über die Geschichte der vielen in letzter Zeit von der FCI anerkannten Lokalschläge kann nur, meist ungenügend, spekuliert werden. Der Cao de Fila de San Miguel ist heute ein beliebter Schutz- und Wachhund. Er stammt vermutlich von antiken Kampfhunden ab, die durch die seefahrenden Spanier auch auf die Inseln vor Portugals Atlantik-Küste gelangten. Dort, auf den Azoren, hielten sich bis heute recht unverfälschte Bestände dieser Hunde. Einige engagierte Züchter nahmen sich ihrer an und versuchen, diesen alten Schlag durch überlegte Zucht vom Aussterben zu bewahren. Neben der äußerlichen Erhaltung der Rasse liegt es vor allem in der Verantwortung der Züchter solch wehrhafter, scharfer Hunde, deren soziales Wesen in den Vordergrund zu stellen. Die Ahnen des Cao de Fila de San Miguel gehörten noch zu der Art Hunde, die im Krieg ihren Einsatz fanden und an die gänzlich andere Anforderungen gestellt wurden, als dies heute selbst von einem Wach- oder Schutzhund erwartet wird.

Charakter: Er ist ein ausgezeichneter Wach- und Schutzhund, der sich im Ernstfall bedingungslos für seinen Herrn einsetzt, ansonsten aber nicht aggressiv wird. Er ist wachsam, intelligent, gelehrig, robust und sehr ausdauernd. Fremden gegenüber misstrauisch aber nicht grundlos aggressiv.

Erziehung: Er braucht eine sehr konsequente Erziehung, die ihn freundlich aber mit Bestimmtheit lenkt. Die frühe Sozialisation mit anderen Tieren und Menschen ist dabei sehr wichtig.

FCI-Gruppe 1

1

Cao Fila de Sao Miguel

Ursprungsland
Portugal/Azoren

Anderer Name
Saint Miguel Cattle Dog

Widerristhöhe
Rüde: 50 bis 60 cm
Hündin: 48 bis 58 cm

Farbe
gestromt, mit und ohne weiße Abzeichen

Haarkleid
Kurz, weich, dicht und rauhaarig

Einleitung FCI-Gruppe 2

Pinscher und Schnauzer, Molossoide, Schweizer Sennenhunde und andere Rassen

Eine Überschrift für die FCI-Gruppe 2 zu finden, fällt nicht leicht. Zu unterschiedlich sind die Rassen, die sie zusammenfasst. So ist die Unterteilung in mittlerweile vier Sektionen nur berechtigt.

Pinscher und Schnauzer

Die namentliche und züchterische Trennung zwischen Schnauzern und Pinschern besteht erst seit dem Ende des 19. bzw. dem Beginn des 20. Jahrhunderts. Bis dahin gab es nur Pinscher – glatthaarige und rauhaarige. Die wachsamen Hunde waren beste Raubzeugvernichter. Sie wurden in den Pferdeställen gehalten und von den Kutschern als aufmerksame Begleiter mit auf Fahrt genommen. Noch heute sind die Hunde angenehme Weggefährten, auffallend pferdeliebend und zum Leidwesen manches Nachbarn schnell lautgebende Wächter! Eine konsequente Erziehung tut diesen intelligenten Hunden, die es vom Zwerg bis zum Riesen in allen Größen gibt, sicher gut.

Molosser

Die Sektion 2 der molossoiden Hunde unterteilt die FCI nochmals in doggenartige Hunde und in Berghunde. Die Ahnen der Doggenartigen findet man nicht selten unter den alten Kampf- und Kriegshunden. Die Hunde sind durchweg groß und kräftig gebaut, zumeist mit beeindruckenden Köpfen und Kiefern. Sie sind entgegen vieler Berichte in den richtigen Händen die besten Familienhunde, jedoch misstrauisch allen Fremden gegenüber. Die Hunde gehören nur in erfahrene Hände. Eine konsequente Erziehung und sehr gute Sozialisation sind ein Muss.

Unter der Bezeichnung Berghunde versammeln sich recht unterschiedliche Hundetypen. Mit dem deutschen Hovawart finden wir den typischen Hofhund, der ebenfalls aus Deutschland stammende Leonberger ist ein großformatiger Hund, der den Wohlstand seines Besitzers repräsentieren soll. Nicht zuletzt sind viele Hunde, als Beispiele seien die Ovtcharkas und die Pyrenäen-Berghunde genannt, die typische Herdenschutzhunde der Hirten.

Schweizer Sennenhunde

Die Schweizer Sennenhunde teilen sich in vier Rassen auf, von denen die beiden kleineren, der Appenzeller und der Entlebucher, hervorragende Treibhunde sind. Die beiden großen Schläge, der Berner und der Große Schweizer, waren und sind klassische Haus- und Hofhunde, die häufig auch als Karrenhunde Verwendung fanden. Die dreifarbig gezeichneten Hunde sind neben dem Bernhardiner die bekanntesten Rassen der Schweiz. Erst in den letzten Jahren finden immer mehr Hundeliebhaber Gefallen an den beiden kleineren Schweizern. Vor allem der treue, anhängliche Entlebucher gewinnt immer mehr Herzen. Doch auch die Beliebtheit des bekannten Berners ist ungebrochen. Die Schweizer Sennenhunde sind gute Familienhunde, brauchen aber eine konsequente Erziehung.

Andere Rassen

Das neueste Mitglied dier Gruppe 2 ist der Große Japanische Hund, die amerikanische Variante des japanischen Akita. Nach dem 2. Weltkrieg brachten viele amerikanische Soldaten japanische Hunde mit nach Hause, darunter viele Akitas. Die Rasse wurde in Amerika nach eigenen Vorstellungen und ohne Standard- und Anerkennungs-Absprachen mit Japan gezüchtet. Da sich die amerikanischen Akitas immer mehr von den japanischen Vorbildern entfernten, erfolgte 1998 die Anerkennung als eine eigene Rasse.

Der Dobermann trägt den Namen seines ersten Züchters Louis Ferdinand Dobermann. Dieser begann in den 1870ern in der kleinen Stadt Apolda mit der Zucht eines perfekten Schutzhundes. Vermutlich war es seine eigene Arbeit als Steuereintreiber, die in ihm den Wunsch nach diesem scharfen, verteidigungsbereiten und respekteinflößenden Hund weckte. Durch seine Tätigkeit als Hundefänger, die er ebenfalls ausführte, hatte Louis Dobermann eine reiche Auswahl an Hunden, von denen er die geeignetsten zur Zucht verwendete. So ist es heute kaum mehr nachvollziehbar, welche Rassen bei der Entstehung eine Rolle spielten. Auch weiß man nicht, ob Louis Dobermann noch zusätzlich Hunde erwarb. Es erscheint sehr wahrscheinlich, dass Deutscher Schäferhund, Deutscher Pinscher und Rottweiler eine entscheidende Rolle bei der Rasseentwicklung spielten. Der Dobermann wurde und wird vor allem bei der Polizei zum Schutzdienst eingesetzt.

Charakter: Der Dobermann gilt als klasischer Ein-Mann-Hund, der seinem Herrn treu bis über den Tod ist. Er ist bisweilen aggressiv gegen andere Hunde und fremde Menschen. Die Hunde sind wachsam, zeigen einen hohen Schutztrieb, sind lernfreudig und unterordnungsbereit. Dabei sind sie intelligent und temperamentvoll.

Erziehung: Eine konsequente Erziehung und eine ausgezeichnete Sozialisation sind sehr wichtig, ansonsten kann die Aggression der Rasse zum Problem werden. Idealer Schutz- und Wachhund.

FCI-Gruppe 2

Dobermann

2

Ursprungsland
Deutschland

Widerristhöhe
Rüde: 68 bis 72 cm
Hündin: 63 bis 68 cm

Farbe
Schwarz, braun oder dunkelbraun mit leuchtend rotbraunen Abzeichen

Haarkleid
Kurz, hart, dicht, glatt, gut anliegend und pflegeleicht

FCI-Gruppe 2

Deutscher Pinscher

Ursprungsland
Deutschland

Widerristhöhe
Rüde: 43 bis 58 cm
Hündin: 43 bis 58 cm

Farbe
Falb, braun schwarz mit roten Abzeichen

Haarkleid
Kurz, dicht, eng anliegend und pflegeleicht

Unter Pinschern verstand man früher im Prinzip jeden Stallhund. Die Größe spielte ebenso wie die Fellbeschaffenheit keine Rolle. Heute ist ein Pinscher ein glatthaariger Hund mittlerer Größe. In einem Atemzug mit den Ahnen der Deutschen Pinscher und Schnauzer wird immer wieder der englische Black-and-Tan-Terrier erwähnt, jedoch ist diese Verwandtschaft nicht zu belegen. Der moderne Pinscher entstammt der Hundegruppe, aus denen sich auch der moderne Schnauzer entwickelte. Diese Hunde wurden gerne von Kutschern gehalten, denn sie zeigten keine Angst vor deren großen Pferden, liefen ausdauernd neben dem Wagen her, bewachten die Stallungen daheim und auch den Wagen unterwegs zuverlässig und waren hervorragende Vernichter von Ratten und Mäusen. Lange Zeit unterschied man nur zwischen glatt- und rauhaarigen Pinschern, der Begriff Schnauzer entwickelte sich erst später. Der Pinscher trat gegen Ende des 19. Jahrhunderts immer mehr in den Schatten des nun verstärkt gezüchteten Schnauzers. Das interessantere Äußere mag den Ausschlag gegeben haben. Die Zucht erholte sich nach dem 2. Weltkrieg nur langsam.

Charakter: Pinscher sind wachsam, sehr agil und verspielt, intelligent und lernfreudig.

Erziehung: Die robusten Hunde eignen sich hervorragend für jede Hundesportart. Sie sind gute Familienhunde, müssen aber konsequent erzogen werden. Sie eigenen sich selbstverständlich auch sehr gut als Wachhund.

Schon seit jeher gab es sowohl unter den glatthaarigen als auch unter den rauhaarigen Pinschern kleinere Hunde. Diese wurden zur Jagd auf Mäuse in Ställen und Wohnungen, aber auch als Schoßhunde gehalten. Ihre Erscheinung entspricht durch und durch der einer verkleinerten Ausgabe eines mittelgroßen Pinschers. Die glatthaarigen Zwerge galten zeitweise als chic und das verfehlte Ideal der Züchter und Halter waren möglichst kleine, fein gebaute Hunde. Glücklicherweise werden diese Bestrebungen, die tatsächlich sehr untypische, ängstliche, zitternde und kurzlebige Hunde hervorbrachten, heute in der großen Masse nicht weiterverfolgt. Die moderne Zucht vertritt die Ansicht, dass der Zwergpinscher keine der typischen Schwächen vieler Zwergformen wie Glotzaugen oder runde und zugleich empfindliche Schädel zeigen darf. Er entspricht hundertprozentig dem Typ Pinscher.Der Zwergpinscher hat in Europa nie die Verbreitung des Zwergschnauzers erfahren, dennoch ist er über die Jahre ein beliebter Kleinhund geblieben, dessen Population auch durch die Weltkriege kaum geschwächt wurde.

Charakter: Die anpassungsfähigen Hunde sind wachsam. Sie sind immer zum Spielen aufgelegt und ausdauernder, als man bei ihrer Größe meinen möchte.

Erziehung: Die Erziehung des kleinen Hundes ist einfach, jedoch sollte man nicht zu nachlässig sein und den Kleinen zu sehr verwöhnen. Zwergpinscher sind ideale Familienhunde, die auch in einer kleinen Wohnung gehalten werden können..

FCI-Gruppe 2

Zwergpinscher 2

Ursprungsland
Deutschland

Anderer Name
Rehpinscher

Widerristhöhe
Rüde: 25 bis 30 cm
Hündin: 25 bis 30 cm

Farbe
Rot und schwarz mit roten Abzeichen

Haarkleid
Kurz, dicht, eng anliegend und pflegeleicht

FCI-Gruppe 2

Affenpinscher

Ursprungsland
Deutschland

Widerristhöhe
Rüde: 25 bis 30 cm
Hündin: 25 bis 30 cm

Farbe
Schwarz, braune oder graue Abzeichen oder Farbnuancen sind gestattet

Haarkleid
Rau

Manche Menschen glaubten, im Gesicht dieser Rasse eine Ähnlichkeit mit den kleinen Affenarten zu entdecken, so bekamen diese Hunde ihren ungewöhnlichen Namen. Dass tatsächlich Affen mit Schnauzerähnlichen Hunden gekreuzt wurden, wie früher wirklich verbreitet wurde, ist selbstverständlich nicht wahr. Der Affenpinscher, der mit seinem kurzen Gesicht so gar nicht in die übrige Schnauzer- und Pinscherfamilie passen will, geht auf die gleichen Hunde zurück, aus denen auch der Zwergschnauzer gezüchtet wurde. Eine Trennung wurde bis zur Gründung des Pinscher und Schnauzer Klubs 1895 nicht gemacht. Jedoch finden sich Abbildungen schon vor dieser Zeit, die eindeutig Affenpinscher zeigen, die den heutigen Hunden weitgehend ähneln. Mit der Trennung von Affenpinscher und Zwergschnauzer sollte vor allem der Typ des Zwergschnauzers gefördert werden, der Affenpinscher fand zunächst keine große Anhängerschaft. Dies muss klar seinem besonderen Äußeren zugeschrieben werden, denn charakterlich wissen diese kleinen Hunde durchaus zu überzeugen.

Charakter: Affenpinscher sind mutige Hunde, die aufmerksam ihre Umwelt beobachten. Ihr lebhaftes Temprament macht sie zum idealen Spielgefährten. Ihrem Halter zeigen sie sich treu, sind Fremden gegenüber jedoch oft zurückhaltend. Die Hunde können teils recht verschroben wirken, sie sind eine wahre Liebhaber-Rasse!

Erziehung: Die Erziehung dieser anpassungsfähigen Rasse ist absolut unkompliziert.

Der Österreichischee Kurzhaarige Pinscher ist als Rasse erst 1928 anerkannt worden, blickt jedoch auf eine recht lange Tradition zurück. Schon seit Jahrhunderten wurden Hunde dieses Typs vor allem im Gebiet des heutigen Österreichs auf den Höfen gehalten. Die anspruchslosen, pflegeleichten Hunde erfüllten dort die unterschiedlichsten Aufgaben. Sie machten Jagd auf Ratten und Mäuse, halfen beim Viehtreiben, meldeten Fremde zuverlässig an. Zu Beginn der Rassehundezucht waren allzu gewöhnliche Hunde bei Züchtern und Haltern kaum gefragt, man suchte das Exklusive. Der Österreichische Glatthaarpinscher, so ein anderer Name, fand dementsprechend zunächst kaum Beachtung. Erst heute besinnt man sich auf ursprüngliche, vermeintlich gesunde, robuste Rassen, zu denen dieser Hund unbedingt gezählt werden muss. Die Rasse hat dennoch bis heute kaum eine größere Popularität erreicht. Außerhalb der Grenzen Österreichs sind die Hunde weitgehend unbekannt. Vom Typ her erinnert die stämmige Rasse mehr an einen Treibhund als an einen Deutschen Pinscher.

Charakter: Die Hunde sind wachsam und zeigen sich sehr bellfreudig. Die aktiven Hunde sind Fremden gegenüber recht reserviert, aber naturgemäß nicht aggressiv.

Erziehung: Die Rasse ist nicht sehr unterordnungsbereit, war es gewohnt, selbstständig zu handeln. So ist die Erziehung nicht unbedingt einfach. Konsequent erzogen sind sie tolle Familienhunde und zum Sport sehr gut geeignet.

FCI-Gruppe 2

Österreichischer Kurzhaariger Pinscher

2

Ursprungsland
Österreich

Widerristhöhe
Rüde: 35 bis 50 cm
Hündin: 35 bis 50 cm

Farbe
Gelb, gelb-braun, rostrot, schwarz, schwarz und braun, gestromt, mit oder ohne weiße Abzeichen

Haarkleid
Kurz und glatt

FCI-Gruppe 2

Riesenschnauzer

Ursprungsland
Deutschland

Widerristhöhe
Rüde: 60 bis 70 cm
Hündin: 60 bis 70 cm

Farbe
Schwarz, pfeffer und salz

Haarkleid
Hart, drahtig-rau und flach anliegend

In der Familie der Schnauzer nimmt der Riesenschnauzer eine besondere Stellung ein. Seine Größe beruht nicht auf einer selektiven Zuchtauswahl großer Schnauzer, sondern er ist das Kreuzungsprodukt verschiedener Hunde, darunter mutmaßlich Schnauzer, Deutsche Doggen, Königspudel und Typ-Hunde, die den Rassevorstellungen der Züchter entsprachen. Genaue Aufzeichnungen existieren aber nicht. Die ersten Riesenschnauzer, die auch die Namen Münchner Schnauzer, Russenschnauzer oder Bierschnauzer trugen, wurden ab der Mitte des 19. Jahrhunderts vor allem im Gebiet von München als Begleiter der Bierkutscher und als Wach- und Schutzhunde gezüchtet. Die eindrucksvollen, großen Hunde weckten schnell ein breites Interesse. Zu Beginn des 20. Jahrhunderts waren die Riesenschnauzer bereits weit verbreitet und wurden 1925 als Diensthunderasse anerkannt. Dies nicht zuletzt wegen ihres häufigen Einsatzes bei Polizei und Militär.

Charakter: Die großen, ruhigen Hunde sind keinesfalls aggressiv aber immer verteidigungsbereit. Sie sind ideale Schutzhunde. Ihr ausgeglichenes Wesen macht diese kinderliebe Rasse auch als Familienhunde sehr beliebt.

Erziehung: Die Erziehung muss liebevoll aber konsequent sein. Die Hunde sind kräftig, müssen deshalb gut gehorchen. Härte verträgt dieser wesensfeste Familienhund nicht. Die Ausbildung zum Schutzhund ist durchaus zu empfehlen. Die Hunde ordnen sich gut unter, haben aber einen eigenen Kopf.

Seinen Namen verdankt die Rasse dem starken, durch die Zucht geförderten Bartwuchs. Auch die Augenbrauen zeigen einen auffallend langen Wuchs. Schnauzer und Pinscher gehen auf die gleichen Ahnen zurück. Wann die ersten Pinscher mit der auffälligen Wuchsform der Barthaare auftauchten, ist nicht ganz klar. Bis zum Ende des 19. Jahrhunderts wurden beide Schläge noch miteinander gekreuzt, denn den Züchtern kam es auf gute Stallhunde an, die die Ratten und Mäuse vernichteten, die durch das Futtergetreide angelockt wurden. Die Hunde begleiteten die Kutscher auf ihren Fahrten und bewachten die Gespanne unterwegs. Ihre Verträglichkeit mit Pferden ist legendär. Noch bis ins Jahr 1917 war der Schnauzer unter dem Namen Rauhaariger Pinscher bekannt. Seit Beginn der Rassehundezucht war der Schnauzer immer die verbreitetere Rasse, was wahrscheinlich an seiner auffälligeren Erscheinung und den größeren züchterischen Möglichkeiten liegt.

Charakter: Die intelligenten Hunde lernen leicht, sind wachsam, misstrauisch gegenüber allen Fremden, dabei manchmal recht bellfreudig jedoch niemals aggressiv. Seiner Familie ist er ein treuer Gefährte, der engen Anschluss sucht.

Erziehung: Die Erziehung darf man nicht schleifen lassen, dann nutzt er Freiräume schnell aus und das Zusammenleben kann anstrengend werden. Hundesport und weiterführende Ausbildungen sind beinahe ein Pflicht für solch einen intelligenten, aktiven Hund.

FCI-Gruppe 2

2

Schnauzer

Ursprungsland
Deutschland

Widerristhöhe
Rüde: 45 bis 50 cm
Hündin: 45 bis 50 cm

Farbe
Schwarz, pfeffer und salz

Haarkleid
Hart, drahtig-rau und flach anliegend

FCI-Gruppe 2

Zwergschnauzer

Ursprungsland
Deutschland

Widerristhöhe
Rüde: 30 bis 35 cm
Hündin: 30 bis 35 cm

Farbe
Schwarz, pfeffer und salz, weiß, schwarz-silber

Haarkleid
Hart, drahtig-rau und flach anliegend

Ebenso wie es vom Glatthaarigen Pinscher schon immer Zwergformen gab, existierten diese auch von seinem rauhaarigen Bruder. Diese Zwergform sollte jedoch niemals als typisches Schoßhündchen gezüchtet werden, sondern lebte, gleich dem größeren Schnauzer-Schlag, in den Pferdestallungen und jagte dort Mäuse und bewachte die Pferde. Dennoch fanden einige dieser gar nicht so zwergenhaften Hunde ihren Weg in die feinere Gesellschaft. Die Züchter verfolgten jedoch beim Zwergschnauzer, anders als beim Zwergpinscher, immer das Ziel einer verkleinerten Ausgabe des Schnauzers. Keine zwergenhaften Deformationen sollten Einzug in Zuchtlinien dieser robusten Kleinhunde finden. Ende des 19. Jahrhunderts begann die gezielte Zucht auf den Typ des kleinen Schnauzers. Geeignete Hunde wurden auf Ausstellunegn ausgesucht. Erst jetzt erfolgte die Trennung von den kurzschnäuzigen Affenpinschern, die bisher mit Zwergschnauzern verpaart wurden. Der Zwergschnauzer ist heute weit verbreitet, die Welpenzahlen übersteigen die der Affen- und Zwergpinscher bei weitem.

Charakter: Die Hunde sind mutig, wachsam und Fremden gegenüber sehr misstrauisch, dabei bellt der Zwerg auch gerne. Die aktiven Hunde stehen vor allen in jungen Jahren ständig „unter Strom".

Erziehung: Mit der notwendigen Konsequenz ist die Erziehung einfach. Er braucht die Nähe zu seinen Menschen, ist für Sport geeignet und fühlt sich auch in der Wohnung wohl.

Hollandse Smoushond

Ursprungsland
Holland

Anderer Name
Holländischer Smoushund

Widerristhöhe
Rüde: 37 bis 42 cm
Hündin: 35 bis 40,5 cm

Farbe
Gelb in allen Nuancen

Haarkleid
Rau, weder gewellt noch gelockt, eher borstig, mit einer Länge von 4 bis 7 cm

Hunde vom Typ des modernen Hollandse Smoushond traten erstmals Mitte des 19. Jahrhunderts in den Niederlanden im Gebiet von Amsterdam auf. Die Hunde wurden dort vom Hundehändler Herrn Abraas verkauft. Woher er seine im Typ als auch im Wesen recht einheitlichen Hunde bezog, wurde nie geklärt. Es scheint jedoch fast gesichert zu sein, dass er seine Hunde vor allem von deutschen Schnauzer-Züchtern erwarb, die die in ihren Würfen gefallenen fehlfarbigen Welpen gerne gegen eine kleine Bezahlung abgaben. So zeigt der Hollandse Smoushond bis auf die in Deutschland unerwünschte gelbe Färbung eine große Ähnlichkeit mit dem Schnauzer. Da es für einen Züchter nicht günstig war, in seiner Zuchtlinie gelbe Welpen zu haben, gab es vermutlich ein stilles Abkommen, dass Abraas die Herkunft seiner Welpen nie verriet. Der Smoushond war beliebt, aber nie zahlreich. Die beiden Weltkriege führten beinahe zu seinem Aussterben und nur ein planvolles Zuchtprogramm seit dem Beginn der 1970er Jahre konnte die Rasse, allerdings unter Einkreuzung des Border Terriers, retten. Noch heute werden keine Welpen außerhalb der Niederlande verkauft.

Charakter: Die Hunde sind verträglich auch mit anderen Hunden und Tieren, ausgesprochen kinderlieb, intelligent und anpassungsfähig. Zu beachten ist ihre unbedingte Bewegungsfreude.

Erziehung: Die aktiven Hunde sind leicht erziehbar; nutzen Sie ihren natürlichen Spieltrieb, bleiben Sie dabei aber konsequent.

Alle Züchter verfolgen bei ihren Hunden ein bestimmtes Ziel. Der Schwarze Russische Terrier ist ein Hund, der in den 1940er Jahren quasi am Reißbrett entstand. Die Rote Armee brauchte einen Hund, der landesweit als Wach- und Schutzhund eingesetzt werden konnte. In Zusammenarbeit mit dem Ministerium für Landwirtschaft entschloss man sich für einen Mix aus Airedale Terrier, Rottweiler und Riesenschnauzer. Die Hunde sollten leicht auszubilden sein, allein ihr Aussehen sollte ihnen Respekt verschaffen und sie mussten in den unterschiedlichsten Klimazonen des Landes einsetzbar sein. Im Aussehen und Typ setzte sich unverkennbar der Riesenschnauzer durch. Die Rassebezeichnung ist somit etwas verwirrend, denn der Airedale brachte nicht viel mehr als seine Ausdauer, der Rottweiler seine Masse mit ein. Im Verlauf der folgenden Jahre erfolgten noch weitere Einkreuzungen verschiedenster Hunde, um die Rasse weiter zu verbessern und dem Zuchtziel eines höchst eindrucksvollen Diensthundes immer näher zu kommen. 1984 erfolgte die Anerkennung der FCI.

Charakter: Die wachsamen, niemals unnötig aggressiven oder besonders scharfen Hunde sind sehr intelligent, lernen leicht, können aber auch einen ausgesprochenen Dickkopf zeigen. Ihr selbstbewusstes, menschenbezogenes Wesen macht sie zu sehr guten Familienhunden.

Erziehung: Ein Hund dieser Größe muss Befehle befolgen. Eine konsequente Erziehung ist notwendig.

FCI-Gruppe 2

2

Schwarzer Terrier

Ursprungsland
Russland

Anderer Name
Tchiorny Terrier,
Schwarzer Russischer Terrier

Widerristhöhe
Rüde: 66 bis 72 cm
Hündin: 64 bis 70 cm

Farbe
Schwarz oder schwarz mit grauem Durchsatz

Haarkleid
Rau, hart und dicht, mit einer Länge von 4 bis 10 cm

FCI-Gruppe 2

Dogo Argentino

Ursprungsland
Argentinien

Anderer Name
Argentinische Dogge

Widerristhöhe
Rüde: 62 bis 68 cm
Hündin: 60 bis 65 cm

Farbe
Reinweiß

Haarkleid
Kurz, glatt, weich, bei einer Länge von 1,5 bis 2 cm

Als die europäischen Entdecker Amerikas gegen Ende des 15. Jahrhunderts erneut den Atlantik überquerten, um die Neue Welt zu erobern, hatten sie auch ihre Kampf- und Kriegshunde mit an Bord. Darunter fanden sich vor allem große doggen- und molosserartige Hunde aus Spanien, aber auch deutsche Hunde waren darunter. Mit den Eroberern blieben auch ihre Hunde in Südamerika. Diese Hunde bildeten die Grundlage für die erst zu Beginn des 20. Jahrhunderts, also rund 400 Jahre später, begonnene Zucht des Dogo Argentino. Um das Zuchtziel eines stillen, kräftigen und wendigen Jagdhundes mit ausgezeichneter Nase zu erreichen, wurden in den vorhandenen Hundebestand spanische Doggen eingekreuzt, darunter der Alano und die meist weißen Doggen aus der Region um Cordoba. Der Dogo Argentino sollte zur Jagd auf Wild aber auch auf Raubtiere genutzt werden. Eine deutliche Verbesserungen der gewünschten Jagdeigenschaften brachte die Einkreuzung von Bull Terrier und Pointer. Bereits in den 1930ern war das Ziel erreicht und die Rasse wurde 1973 von der FCI als bisher einzige argentinische Rasse anerkannt.

Charakter: Der Dogo Argentino ist ein selbstbewusster, ausgeglichener, aktiver Hund, der sich gerne bewegt. Seine Reizschwelle liegt hoch, die Hunde sind nicht aggressiv, allenfalls dominant.

Erziehung: Die Hunde brauchen eine starke Hand bei der Erziehung und eine gute Sozialisation, dann sind sie ideale Familienhunde.

Die Ahnen des Fila Brasiliero sind die doggen- und molosserartigen Hunde der europäischen Eroberer Südamerikas. Die Spanier brachten ihre Kampfhunde schon bei den ersten Eroberungszügen am Ende des 15. Jahrhunderts mit in die Neue Welt, in der Hauptsache waren dies wohl Doggen vom Typ des Alano. Später im 16. und 17. Jahrhundert folgten auch Engländer und Holländer mit bulldog- und mastiffartigen Hunden. Aus diesen Hunden züchtete man in Brasilien einen großen, kräftigen Hüte- und Jagdhund, der die Viehherden vor Raubtieren schützte, aber auch zur Jagd auf diese eingesetzt werden konnte. Zur Verbesserung des bestehenden Typs wurden bis ins 19. Jahrhundert weiterhin verschiedene Hunde eingekreuzt, darunter, das lässt das Aussehen des Fila Brasiliero vermuten, auch englische Bloodhounds. Heute ist der Fila ein ausgesprochen eindrucksvoller Wach- und Schutzhund.

Charakter: Der Fila wurde als Hüte-, Jagd- und später als Wach- und Schutzhund gezüchtet. Er ist äußerst scharf und kompromislos verteidigunggsbereit. Er liebt seine Familie und ist ihr bedingungslos treu. Fremden und anderen Hunden gegenüber ist er aggressiv, er besitzt eine niedrige Reizschwelle.

Erziehung: Der Fila Brasiliero ist kein einfacher Hund. Seine niedrige Reizschwelle macht seine soziale Verträglichkeit sehr abhängig von einer konsequenten Erziehung und vor allem von einer perfekten Sozialisation, schließlich wurde er als scharfer Wachhund gezüchtet.

FCI-Gruppe 2

2

Fila Brasiliero

Ursprungsland
Brasilien

Widerristhöhe
Rüde: 65 bis 75 cm
Hündin: 60 bis 70 cm

Farbe
Alle außer reinweiß, mausgrau gefleckt, merle oder mehr als ein Viertel Weiß; komplette Stromung oder schwarze Maske möglich

Haarkleid
Kurz, glatt und dicht

FCI-Gruppe 2

Shar Pei

Ursprungsland
China

Anderer Name
Chinesischer Faltenhund

Widerristhöhe
Rüde: 40 bis 51 cm
Hündin: 40 bis 51 cm

Farbe
Einfarbig schwarz, lohfarbig, braun, beige und cremefarbig

Haarkleid
Kurz, harsch und borstig. Shar Pei bedeutet Sandhaut

Ursprünglich als vielseitiger Hofhund gezüchtet, soll der Shar Pei auch für Hundekämpfe missbraucht worden sein. Im kommunistischen China der ausgehenden 1940er Jahre gab es keinen Platz für Hunde, die als Luxusgut und unnötige Fresser galten. Hundehaltern wurde das Leben durch hohe Steuern und Zuchtverbote schwer gemacht. Viele Rassen waren vom Aussterben bedroht und überlebten in kleinen Populationen in Hongkong und Taiwan. Nun wollte es ein Zufall, dass der in Hongkong lebende Züchter Matgo Law 1971 einen Artikel über den Shar Pei in der amerikanischen Hundezeitschrift „Dogs" las und mit dem Verleger Kontakt aufnahm, um einen Aufruf zur Rettung der Rasse in den USA zu veröffentlichen. Die Resonanz war riesig. Ab 1973 wurde der Shar Pei in den USA gezüchtet und avancierte innerhalb weniger Jahre zum völlig überteuerten und schnell krankgezüchteten Modehund. Die Käufer wollten besonders faltige Hunde, doch Falten beim erwachsenen Hund beruhen auf hormonellen Störungen.

Charakter: Shar Peis sind angenehme, freundliche und menschenbezogene Hunde. Sie sind wachsam, neigen etwas zur Dominanz. Trotz angeborenen Schutztriebs sind sie nicht aggressiv .

Erziehung: Die Hunde werden schnell stubenrein. Eine konsequente Erziehung ist wichtig.

Pflege: Der erwachsene Shar Pei zeigt nur wenige Falten am Kopf, doch die vielen Falten des Welpen neigen zu Entzündungen. Sie müssen regelmäßig gereinigt und gepudert werden.

Große europäische Hunde vom doggenartigen Typ stammen vermutlich alle auf mehr oder weniger verschlungenen Pfaden von den Saupackern ab, die zur Jagd auf Wildschein und Bär vermutlich schon von den Kelten genutzt wurden. Verschiedene Schläge dieser großen, kräftigen Hunde hielten sich überall in Europa bis der Gebrauch von Schusswaffen ihre gefährliche Arbeit überflüssig machte. Neue Aufgaben als Wach- und Schutzhund konnten nicht verhindern, dass dieser Hundtyp immer weiter verschwand. In Dänemark war es der Forstmeister Niels Frederik Sehested, der sich ab der Mitte des 19. Jahrhunderts um den Erhalt der in seinem Land einst zahlreichen Dogge zu kümmern. Der Typ der Dänischen Dogge, der Broholmer, wurde von Sehested landesweit gesucht, geeignete Hunde wurden zur Zucht herangezogen. Die Rasse erhielt ihren Namen nach dem Broholmer Schloss, dessen Besitzer Sehested war. Nach seinem Tod endeten die intensiven Zuchtbemühungen. Die Weltkriege dezimierten den Bestand weiter, die Rasse schien fast ausgestorben, als sich engagierte Züchter ihrer in den 1970er Jahren annahmen.

Charakter: Die großen Hunde sind wachsam, aber Fremden gegenüber offen und niemals aggressiv. Ihre Selbstsicherheit verleiht ihnen eine angenehme Ruhe, in der Familie sind sie sehr anhänglich.

Erziehung: Eine konsequente Erziehung ist für einen Hund dieser Größe wichtig. Die freundlichen, intelligenten Hunde ordnen sich partnerschaftlich unter.

FCI-Gruppe 2

2

Broholmer

Ursprungsland
Dänemark

Widerristhöhe
Rüde: mind. 75 cm
Hündin: mind. 70 cm

Farbe
Hellgelb mit schwarzer Maske, braungelb mit schwarzem Fang und dunklen Spitzen, kleine weiße Abzeichen gestattet

Haarkleid
Kräftig, dick und anliegend von 3 bis 4 cm Länge

FCI-Gruppe 2

Deutscher Boxer

Ursprungsland
Deutschland

Anderer Name
Boxer

Widerristhöhe
Rüde: 57 bis 64 cm
Hündin: 53 bis 60cm

Farbe
Gelb oder gestromt mit oder ohne weiße Abzeichen, schwarze Maske

Haarkleid
Glatt, hart, glänzend und pflegeleicht

Die Reinzucht des Boxer begann Ende des 19. Jahrhunderts im Süden Deutschlands. Hier fanden sich noch vereinzelt Nachfahren der Hunde, die bis ins 18. Jahrhundert als Jagdhelfer vor allem Sauen und Bären stellten, bis die damals noch nicht über Schusswaffen verfügenden Jäger zur Stelle waren. Gleich der Englischen Bulldogge zeigt auch der Boxer den für diese Aufgabe notwendigen Vorbiss und die nach hinten versetzte Nase. dies erlaubt den Hunden, den Gegner fest mit dem Fang zu packen und dennoch ungehindert atmen zu können. Die Ahnen des Boxers wurden Bullen- und Bärenbeißer oder Saupacker genannt. Sie wurden einst wahrscheinlich aus einem kleinen Schlag Deutscher Doggen und Bulldoggen gezücht. Nachdem die Jäger dazu übergingen, mit Schusswaffen zu jagen, und Hundekämpfe, die vereinzelt auch in Deutschland stattfanden, verboten wurden, ging der Bestand dieser Hunde zurück. Manche jedoch eigneten sich als Viehtreiber und fanden bei einigen Metzgern Verwendung. Mit diesen Hunden wurde Ende des 19. Jahrhunderts die Reinzucht begonnen.

Charakter: Boxer sind ausgesprochen neugierige Hunde, die sich liebevoll in ihre Familie einfügen. Sie verfügen über ein sehr sanftes Gemüt. Die ausgeglichenen Hunde sind sehr menschenbezogen und können mit Kindern gut umgehen.

Erziehung: Die Erziehung des unterordnungsbereiten Boxers bereitet keine Probleme. Ausbildungen sind sehr gut möglich, die Hunde sind allerdings sehr hitze- und kälteempfindlich.

Die Ahnen des Rottweilers sind die Treibhunde der mittelalterlichen Viehhändler. Der Name der Rasse führt uns nach Rottweil, der ältesten Stadt Baden-Württembergs, die bis ins 19. Jahrhundert ein Zentrum des Viehhandels war. Vom Typ und ihrer ursprünglichen Verwendung entsprechen die ersten Rottweiler dem klassischen Treibhund. Die Tendenz zum molossoiden Typ kam erst im Verlauf der Rassewerdung auf. So erscheint es wahrscheinlich, dass sich der Rottweiler von kräftigen heimischen Treibhunden ableitet, die einen besonderen Schutztrieb zeigten. Denn der Hund musste auch den Viehhändler schützen, der nach dem Verkauf seiner Tiere viel Geld bei sich trug. Als durch moderne Transportmittel der lange Viehtrieb der Vergangenheit angehörte, überlebten nur wenige Rottweiler vereinzelt bei Metzgern, daher der Name Metzgerhunde . Sie trieben das Vieh zum Schlachthof. Zu Beginn des 20. Jahrhunderts waren die Hunde fast ausgestorben, doch engagierte Züchter nahmen sich der heute sehr populären Gebrauchshunderasse an.

Charakter: Idealerweise sind Rottweiler friedliche, selbstsichere Hunde. In den falschen Händen gehört leider nicht viel dazu, den natürlichen Schutztrieb auszunutzen, und einen aggressiven Hund heranzuziehen. Sicher kein Familienhund erster Wahl.

Erziehung: Die Erziehung dieser dominanten Hunde ist trotz ihrer Unterordnungsbereitschaft nicht einfach. Eine sehr gute Sozialisation und eine konsequente Erziehung sind unbedingt notwendig.

FCI-Gruppe 2

2

Rottweiler

Ursprungsland
Deutschland

Anderer Name
Rottweiler
Metzgerhund

Widerristhöhe
Rüde: 61 bis 68 cm
Hündin: 56 bis 63 cm

Farbe
Schwarz mit rotbraunen Abzeichen

Haarkleid
Hart, derb, dicht und mittellang; Stockhaar

FCI-Gruppe 2

Deutsche Dogge

Ursprungsland
Deutschland

Widerristhöhe
Rüde: mind. 80 cm
Hündin: mind. 72 cm

Farbe
Gelb, gestromt, blau, schwarz und schwarz-weiß gefleckt (Tiger)

Haarkleid
Sehr kurz, glatt, dicht, eng anliegend und glänzend

Hinweise auf doggenartige Hunde gehören in Europa zu den ältesten Belegen für Hunde überhaupt. Sie reichen bis weit in die vorchristliche Zeit. Die mächtigen, schweren Hunde wurden vor allem zur Jagd auf Sauen und Bären verwendet. Später trieben sie auch das Vieh der Bauern und schützten es vor allem vor Bären und Wölfen. Trotz ihrer Größe zeigt die Deutsche Dogge eine elegante Erscheinung, die ihr den Weg bis in die Adelshäuser ebnete. Fürst Bismarck machte die Dogge zu seinem „Reichshund". Am Ende des 19. Jahrhunderts war die Deutsche Dogge unter vielen Namen bekannt, die letztlich alle denselben Hund bezeichneten, darunter Namen wie Dänische Dogge oder Ulmer Dogge oder auch Englische Dogge. Die verschiedenen Namen bezogen sich auf die unterschiedlichen Fellfarben, ansonsten unterschieden sich die Hunde kaum. Noch heute wird die Deutsche Dogge im angelsächsischen Raum als Great Dane bezeichnet. Als 1888 der Deutsche Doggenclub als erster Rassehundeclub Deutschlands gegründet wurde, hatte man sich auf den heutigen Rassenamen verständigt.

Charakter: Die Hunde müssen unbedingt selbstbewusst und gutmütig sein. Ängstliche Hunde sind eine Gefahr. Eine charakterfeste Dogge ist absolut friedlich, darf aber auch nicht zu träge sein.

Erziehung: Das Befolgen der Grundkommandos ist Pflicht. Die Hunde lassen sich gut erziehen, neigen selten zu dominantem Verhalten. Bewegung benötigt die Deutsche Dogge nur in Maßen.

Die Farben der Deutschen Dogge
Linke Seite:
oben: *gestromt*
unten: *schwarz-weiß*

Diese Seite:
oben: *gelb*
mitte links: *schwarz-weiß*
mitte rechts: *blau*
unten: *schwarz*

FCI-Gruppe 2

Dogo Canario

Ursprungsland
Spanien

Anderer Name
Perro de Presa Canario

Widerristhöhe
Rüde: 60 bis 64 cm
Hündin: 56 bis 60 cm

Farbe
Löwengelb, schwarz, gestromt mit oder ohne weiße Abzeichen

Haarkleid
Kurz und fest

Auf der spanischen Inselgruppe der Kanaren vor der südlichen Westküste Marokkos finden sich noch heute Hunde, deren Ahnen einst vor allem von spanischen Seefahrern dort abgesetzt wurden, als diese die Inseln vor oder nach großen Fahrten ansteuerten. So bedeutet Islas Canarias, so der spanische Name der Inselgruppe, nicht weiter als Inseln der Hunde. Die Spanier waren früher ein durchaus kriegerisches Seefahrervolk, das zu seinen Eroberungszügen neben Kriegern und Waffen auch Kriegshunde, wahrscheinlich dem ursprünglichen Alano ähnlich, mitführte. Später ließen auch die Engländer einige ihrer Mastiffs und Bulldogs auf den Inseln. Diese wurden miteinander gepaart, um gute Hunde für die Hundekämpfe zu züchten, die noch bis in das 20. Jahrhundert hinein stattfanden. So sehen wir heute auf den Kanaren vor allem molosserartige Hunde, allerdings sind die Bestände klein. Der spanische Bürgerkrieg Ende der 1930er Jahre hat seine Spuren hinterlassen. Zur Rettung der Rasse und Verbreiterung der Zuchtbasis wurden nach dem Zweiten Weltkrieg auch Bulldogs eingekreuzt.

Charakter: Der Dogo Canario ist ein ruhiger, friedfertiger Hund, der gut sozialisiert werden muss. Er ist seinem Herrn treu ergeben, wachsam und Fremden gegenüber reserviert, aber niemals aggressiv.

Erziehung: Die Sozialisation mit anderen Hunde ist sehr wichtig, sonst begegnet der Dogo Canario diesen sehr dominant bis aggressiv. Eine konsequente Erziehung ist notwendig.

Die spanischen Seefahrer hatten auf ihren Eroberungsfahrten auch Kampfhunde mit an Bord. Die Hunde gelangten so nicht nur bis in die Neue Welt, einige Hunde wurden auch auf den Inseln vor den Küsten Spaniens und Portugals zurückgelassen. So finden wir auf der Balearen-Insel Mallorca Nachfahren dieser schon seit dem 16. Jahrhundert dort lebenden Hunde. Der Perro Dogo Mallorquin ist vermutlich eine Mischung aus dem einheimischen Ca de Bestiar, dem Alano und englischen Hunden des frühen Bulldog-Typs, der hochläufiger und beweglicher war, als es die Rasse heute ist. Der Perro Dogo Mallorquin wurde bis ins 19. Jahrhundert als Kampfhund gezüchtet. Nachdem der Hundekampf gesetzlich verboten wurde, ging die Population stark zurück, denn nur wenige Hunde wurden als Wach- und Schutzhunde gehalten. Erst in den 1950er Jahren erwachte das kynologische Interesse, doch der Aufbau eines Zuchtprogramms war schwierig. Es existierten kaum noch typvolle Hunde. So versuchte man aus den ursprünglichen Stammvätern Ca de Bestiar und englischen Bulldog- und Terrier-Typen die Rückkreuzung. Bei der FCI-Anerkennung 1964 war die Rasse zwar noch nicht gefestigt, aber auf dem besten Weg.

Charakter: Die wachsamen Hunde sind Fremden gegenüber misstrauisch, nicht aggressiv, aber verteidigungsbereit. Sie sind ihrer Familie treu und menschenbezogen. Rüden neigen zur Dominanz.

Erziehung: Die Hunde sind kaum unterordnungsbereit, reagieren aber auf liebevolle Konsequenz.

FCI-Gruppe 2

2

Perro Dogo Mallorquin

Ursprungsland
Spanien, Balearen

Anderer Name
Mallorca Dogge, Ca de Bou, Perro de Presa Mallorquin

Widerristhöhe
Rüde: 56 bis 58 cm
Hündin: 56 bis 58 cm

Farbe
Falb gestromt, dunkle Tigerfärbung mit weißen Abzeichen

Haarkleid
Kurz, hart, flach und glatt

FCI-Gruppe 2

2

Bordeaux-Dogge

Ursprungsland
Frankreich

Anderer Name
Dogue de Bordeaux, Aquitanische Dogge

Widerristhöhe
Rüde: 60 bis 68 cm
Hündin: 58 bis 66 cm

Farbe
Mahagoni oder falbfarben mit roter oder schwarzer Maske

Haarkleid
Dünn, kurz, glatt und weich

Welche Hunde zu den Ahnen der modernen Bordeaux-Dogge gehören, lässt sich heute nicht mehr zweifelsfrei feststellen. Sicher ist der Typ des Molossers schon sehr alt. Ihm entsprechen viele europäische Rassen. Die Bordeaux-Dogge ist ein Mix kontinental-europäischer Doggen. Sicher gehören auch englische Mastiffs zu ihren Ahnen. Dies liegt nahe, da die Bordeaux-Dogge bis ins 19. Jahrhundert bei Tierkämpfen gegen Bären, andere Hunde oder auch Wölfe missbraucht wurde. Das gleiche Schicksal teilten viele andere, vor allem englische Hunde. So ist eine Durchmischung der verschiedenen Schläge zur Verbesserung der Kampfleistung nur wahrscheinlich. In Frankreich überlebten viele Hunderassen, beonders die des Adels, die Revolution nicht. Der Bordeaux-Dogge blieb dieses Schicksal erspart, denn Tierkämpfe belustigten auch das gemeine Volk. Heute präsentiert sich die Rasse – weit entfernt von Ihrer Vergangenheit – als pflegeleichter Famiienhund.

Charakter: Die moderne Bordeaux-Dogge ist ein freundlicher Hund der sich wachsam zeigt, aber offen auf Fremde zugeht. Auch wenn die Hunde etwas grimmig aussehen, sind sie gutmütig, kinderlieb und alles andere als aggressiv. Sie lassen sich nur schwer provozieren, haben eine hohe Reizschwelle.

Erziehung: Die Hunde sind mit liebevoller Konsequenz gut erziehbar, Härte ist unangebracht und verunsichert die Hunde. Als Wach- und Schutzhunde überzeugen sie durch ihr Auftreten, nicht durch etwaige Schärfe.

Die Ahnen der Bulldogge waren kämpfende Hunde, die in den englischen Arenen beim sogenannten Bullenbeißen für allgemeine Belustigung sorgten. England galt als Hochburg vieler zweifelhafter Vergnügen, bei denen Hunde gegen verschiedene andere Tierarten oder auch gegen ihresgleichen zu kämpfen hatten. Diese Art der Kämpfe kam auf, als jagbares Wild auf der britischen Insel bereits im 16. Jahrhundert ausstarb. Aus heutiger Sicht fällt es jedoch schwer, dieses „Ersatz-Vergnügen“ zu billigen. Hunde des Typs Bulldog wurden vor allem im Kampf gegen Stiere, dem schon erwähnten Bullenbeißen, eingesetzt. Die Aufgabe des Hundes bestand darin, sich während des Kampfes in der Nase des Bullen zu verbeißen und diesen so zu Boden zu zwingen. Nicht selten wurde der Hund von den Hörnern des Stieres aufgespießt. Beißstarke, muskulöse, niedrige Hunde waren dieser Aufgabe am besten gewachsen. Nach dem Verbot der Tierkämpfe 1835 ging die Zucht zurück, jedoch fanden Hundekämpfe auch weiterhin, nun vermehrt in der Illegalität, statt, bei denen sich die schwerfälligen Bulldogs jedoch nicht bewährten.

Charakter: Die ruhigen Hunde verlangen wenig Bewegung. Sie sind verschmust, menschenbezogen, anpassungsfähig und gutmütig.

Erziehung: Bulldogs mögen keine langen Spaziergänge. Vorsicht ist vor allem bei Hitze geboten. Die Hunde haben einen ziemlichen Dickkopf, was ihre Erziehung nicht gerade einfach macht.

Pflege: Vor allem beim Junghund entzünden sich die Gesichtsfalten.

FCI-Gruppe 2

2

Bulldogge

Ursprungsland
Großbritannien

Anderer Name
Englische Bulldogge

Widerristhöhe
Rüde: 30 bis 40 cm
Hündin: 30 bis 40 cm

Farbe
Alle außer grau, schwarz und black and tan

Haarkleid
Dünn, kurz, glatt und dicht

FCI-Gruppe 2

Bullmastiff

Ursprungsland
Großbritannien

Widerristhöhe
Rüde: 63,5 bis 68,5 cm
Hündin: 61 bis 66 cm

Farbe
Gestromt, rot, hellbraun, schwarzer Fang und dunkle Augenumrandungen

Haarkleid
Kurz, hart, glatt und pflegeleicht

Jagdbares Wild war in England schon im 16. Jahrhundert eine Seltenheit. Wilderer wurden schwer bestraft, mussten ihren Frevel meist mit dem Leben bezahlen. Im 19. Jahrhundert wurde es für die Jagdaufseher überlebenswichtig, sich angemessen vor den Wilderern zu schützen, die ihren eigenen Tod als Strafe vor Augen, meist nicht zögerten, die Aufseher zu erschießen, wenn sie entdeckt würden. Der Bullmastiff entspringt einer Kreuzung von Mastiff und Bulldog. Welche anderen Hunde noch zur Verbesserung eingekreuzt wurden, ist nicht bekannt. Aufgabe der Bullmastiffs war es, die Wilderer nur zu Boden zu reißen und kampfunfähig zu machen. Ernsthaft verletzt sollten sie nicht werden. Ihre ursprüngliche Aufgabe verloren die Hunde gegen Ende des 19. Jahrhunderts. Fortan wurden sie vor allem als Wach- und Schutzhunde gehalten. Ihre Reinzucht begann Anfang des 20. Jahrhunderts, wobei der früher bevorzugte gestromte Farbschlag, der die Hunde im Dunkel fast unsichtbar machte, vollständig den falbfarbenen Hunden gewichen ist.

Charakter: Die einstmals angriffslustigen, kompromisslosen Hunde sind heute treu und lieb zu ihrer Familie. Auch Fremden gegenüber zeigen sie sich offen, ohne sich aber ein gesundes, Misstrauen vorzubehalten. Sie sind verteidgungsbereit, aber nicht aggressiv. Lange Spaziergänge und größere Anstrengungen mögen die Hunde nicht.

Erziehung: Eine gute Sozialisation ist Grundlage für die weitere Erziehung. Bullmastiffs ordnen sich nicht gerne unter.

Hunde vom Typ des Mastiffs gehören zu den ursprünglichsten Hunden, die wir kennen. Abbildungen finden sich schon auf 5 000 Jahre alten Kunstwerken im asiatischen Raum. Wann und auf welchem Weg der Mastiff auf die britischen Inseln kam, ist nicht mehr nachvollziehbar. Wir wissen jedoch, dass die Römer sie dort auf ihren Eroberungszügen im ersten Jahrhundert vor Christus schon antrafen. Sie waren von der Stärke der Hunde so beeindruckt, dass sie diese für ihre eigenen Kampfarenen exportierten. Auch in England waren Tierkämpfe beliebt. Die großen, kräftigen Mastiffs eigneten sich vor allem für die Hatz auf Bullen oder den Kampf gegen Bären. Nach dem Verbot der Kämpfe 1835 wurden in der Illegalität Hunde gegeneinander gehetzt. So konnten die verbotenen Kämpfe auf fast jedem Hinterhof stattfinden. Hier erwies sich der Mastiff schnell als zu schwerfällig, andere Hunde traten an seine Stelle. Die Zucht steckte nach den Weltkriegen in einer schweren Krise. Die Rasse musste mühsam unter der Einzucht verwandter Rassen, darunter Bullmastiffs, wieder aufgebaut werden.

Charakter: Die selbstbewussten, dominanten Hunde sind nicht aggressiv, dürfen keinesfalls ängstlich sein. Ein typischer Mastiff ist ruhig, hat eine hohe Reizschwelle, denn er ist sich sich seiner mächtigen Erscheinung bewusst.

Erziehung: Ihre konsequente Erziehung erfordert keine Härte. Die dominanten Hundewerden sich zwar niemals völlig unterordnen, eignen sich aber gut als Wachhunde.

FCI-Gruppe 2

2

Mastiff

Ursprungsland
Großbritannien

Anderer Name
Englische Dogge

Widerristhöhe
Rüde: 75 bis 82 cm
Hündin: mind. 66 cm

Farbe
Apricot-braun, silber-braun, rehbraun, dunkelbraun gestromt; Fang, Ohren und Nase schwarz; Augen schwarz umrandet

Haarkleid
Kurz, anliegend, nicht zu fein an Schultern, Hals und Rücken

FCI-Gruppe 2

Cane Corso Italiano

2

Ursprungsland
Italien

Anderer Name
Branchiero Siciliano

Widerristhöhe
Rüde: 64 bis 68 cm
Hündin: 60 bis 64 cm

Farbe
Schwarz, bleigrau, schiefergrau, hellgrau, hellfalb, dunkelfalb, hirschrot, gestromt (bei verschiedenen Graunuancen)

Haarkleid
Kurz und dicht

Der Ursprung des Cane Corso liegt sehr wahrscheinlich ebenso wie der des Mastino Napoletano in den großen Molossern der Römer. Bis ins Mittelalter und in unsere heutige Zeit hinein hat sich das Äußere dieser Hunde kaum verändert. Die Römer nutzten sie als Kampfhunde im Krieg. Im Mittelalter waren sie im Gebiet Italiens verbreitet und wurden vor allem als Wachhunde und zur Jagd auf Wildschweine eingesetzt. Sie dienten den Bauern aber auch als Schutzhunde der Herden und als Viehtreiber. Obwohl Hundekämpfe in Italien nicht so verbreitet waren wie in Frankreich und Großbritannien, wurden die kräftigen Hunde auch zu diesem Zweck gezüchtet. Die Zahl dieser Hunde, die im Süden Italiens auch als Branchiero Siciliano bekannt waren, ging stark zurück, als sie ihre Aufgabe als Jagdhunde und Viehtreiber verloren. Einige wenige überlebten jedoch als Wach- und Schutzhunde auf italienischen Höfen. Mit ihnen wurde gegen Ende des 20. Jahrhunderts der Aufbau einer planmäßigen Zucht begonnen.

Charakter: Der moderne Cane Corso hat eine hohe Reizschwelle. Sein angeborener Schutztrieb macht ihn Fremden gegenüber misstrauisch. Der selbstsichere Hund wird aber niemals unnötig aggressiv.

Erziehung: Eine sehr gute Sozialisation ist auch heute beim Cane Corso wichtig, damit der Hund auch mit anderen Hunden verträglich wird. Die Hunde neigen zur Dominanz. Die Erziehung muss die Rangfolge klar festlegen.

Der Mastino Napoletano ist eng mit dem erst kürzlich anerkannten Cane Corso verwandt. Beide Rassen gehen vermutlich auf die Kampf- und Kriegshunde der Römer zurück. Darüber, welche Hunde in den folgenden Jahrhunderten eingekreuzt wurden und schließlich zum Bild des modernen Mastino führte, muss spekuliert werden. Vermutlich waren es vor allem Kampfhunde des Mastiff-Typs, die die Römer von ihren Eroberungszügen aus Großbritannien mitbrachten. Der Mastino wurde nicht nur zum Kampf, sondern auch als Wach-, Schutz-, und Hütehund gehalten. In dieser Funktion haben sich die Hunde bis heute vor allem in Süditalien gehalten. Mit der Reinzucht wurde erst nach dem 2. Weltkrieg begonnen. Nun galt es, typvolle Hunde auf den teils entlegenen Höfen im Süden Italiens zu finden. Ihre Anerkennung durch die FCI erhielt die Rasse erst 1949. Noch heute treten starke Typschwankungen auf, obwohl der Mastino auch in Deutschland eine große Popularität erworben hat und rege gezüchtet wird.

Charakter: Der ruhige, seiner Familie treue Mastino verfügt über einen angeborenen Schutztrieb, ist jederzeit verteidigungsbereit, aber kein aggressiver Draufgänger.

Erziehung: Eine sehr gute Sozialisation ist Pflicht für diese großen Hunde, ebenso das Befolgen der Grundkommandos, auch wenn sich der dominante Mastino nie völlig unterordnen wird. Guter Wachhund, dessen Schutztrieb nicht gefördert werden darf.

Pflege: Die Gesichtsfalten neigen zu Entzündungen.

FCI-Gruppe 2

Mastino Napoletano

2

Ursprungsland
Italien

Widerristhöhe
Rüde: 65 bis 75 cm
Hündin: 60 bis 68 cm

Farbe
Grau, bleigrau, schwarzbraun, falb und gestromt

Haarkleid
Kurz, rau, hart und dicht, höchstens 1,5 cm lang

FCI-Gruppe 2

2

Tosa

Ursprungsland
Japan

Anderer Name
Tosa Inu

Widerristhöhe
Rüde: mind. 60 cm
Hündin: mind. 55 cm

Farbe
Rot, falbfarbig, apricot, schwarz, gestromt

Haarkleid
Kurz, hart und dicht

Die Edo-Epoche (1600 bis 1867) war in Japan eine Zeit der vollständigen Isolation und des Friedens. In dieser Zeit entwicklete sich in Japan eine Art des Hundekampfes, der sich gänzlich von den blutigen Beißereien in Europa unterschied. Sieger dieser Kämpfe war der dominierende Hund, der es schaffte, seinen Gegner, ähnlich einem Sumo-Ringer, zu Boden zu drücken. Zeigte ein Hund Angst, Demutsgebärden oder begann ein Hund zu beißen, wurde der Kampf sofort beendet. Dem Sieger wurde der rituelle Schmuck umgehängt. Im Jahr 1853 stand eine Flotte amerikanischer Kriegsdampfer vor Japan, das träge Militär konnte dem Drängen Amerikas auf Öffnung der Grenzen für den internationalen Handel nichts entgegensetzen. Die geschwächte Regierung wurde 15 Jahre später abgesetzt. In der folgenden Meiji-Epoche (1868–1912) kamen in Zuge offener Grenzen auch viele Hunde ins Land, von deren Größe die Japaner begeistert waren und die sie mit ihren Kampfhunden paarten. Der Tosa entstand in der namensgebenden Region Tosa (das heutige Kochi) im Südwesten der viertgrößten Insel Japans Shikoku. Der kleine spitzartige Jagdhund der Japaner wurde mit Mastiff, Dogge und Bulldog verpaart. Der einstige Sport der Samurai wurde ab 1900 zum Volkssport, ohne dass sich an den Regeln etwas änderte.

Charakter: Die Hunde haben eine hohe Reizschwelle, sind dominant, nicht aggressiv und wachsam.

Erziehung: Eine konsequente Erziehung mit klarer Vorgabe der Rangfolge ist unbedingt notwendig.

Das Kerngebiet der heutigen Türkei bilden die Hochebenen Anatoliens. Kaum eine Gegend Europas hat so viele Kulturen und Völker kommen und gehen sehen wie diese. Die karge Landschaft eignete sich nie zur dauerhaften Weidebewirtschaftung, so wurde schon immer die Schafzucht intensiv betrieben. Wie überall in Europa beschützten große, helle Hunde die Herden. Einen einheitlichen Typ, so wie es die Rassebezeichnung vermuten lässt, kennen die Hirten und Züchter der Türkei bis heute aber nicht. Vielmehr unterscheiden sie sehr klar zwischen dem weißen, langhaarigen Akbas (auch Akbash geschrieben) und dem kurzhaarigen, hellbeigen bis hellgrauen Karabas (auch Karabash geschrieben). Ein Schlag des Karabas wurde von der adeligen Familie Kangal schon über Generationen reingezüchtet. Äußerlich unterscheiden sich der Karabas und die nach ihren Züchtern Kangal genannten Hunde nicht. Es bleibt zu wünschen, dass die verschiedenen Rassen künftig nach eigenen Standards gezüchtet werden, obwohl sich die Türkei selbst recht wenig um die Rassezucht kümmert.

Charakter: Die typischen Herdenschutzhunde handeln selbständig, sind allem Fremden gegenüber aggressiv. Dabei zeigen sich die intelligenten Hunde stets mutig und verteidigungsbereit. Ihre niedrige Reizschwelle macht sie zur Haltung als Familien- oder Begleithund ungeeignet.

Erziehung: Die Erziehung dieser selbstständigen, nicht sehr verträglichen Hunde ist anspruchsvoll und Anfängern nicht zu empfehlen.

FCI-Gruppe 2

2

Anatolischer Hirtenhund

Ursprungsland
Anatolien

Widerristhöhe
Rüde: 74 bis 81 cm
Hündin: 71 bis 79 cm

Farbe
Alle erlaubt

Haarkleid
Kurz bis halblang mit dickem Unterhaar

FCI-Gruppe 2

Neufundländer

Ursprungsland
Kanada

Widerristhöhe
Rüde: 71 cm
Hündin: 66 cm

Farbe
Schwarz, braun, schwarz-weiß

Haarkleid
Wasserundurchlässiges Stockhaar; lang, gerade, leicht gewellt, jedoch nicht gelockt; sehr aufwendige Fellpflege

Der Neufundländer gewann ab der Mitte des 19. Jahrhunderts vor allem in Frankreich und England die Sympathien der gehobenen Schichten und löste damit den Landseer in der Beliebtheit ab. Die ersten Neufundländer waren allerdings noch nicht die imposanten Hunde, die wir heute kennen. Sie waren kleiner und ihr Fell war noch nicht so dicht. Vor diesem Hintergrund fällt es leichter, die enge Verwandtschaft zum Labrador Retriever zu verstehen, dessen Vorfahren ebenfalls von dieser Insel kamen. Wann die ersten Hunde nach Neufundland kamen, ist bis heute unklar. Sicher brachten die ersten spanischen, portugiesischen und englischen Fischer im 16. Jahrhundert ihre Hunde mit, aber ob es da bereits Hunde auf der Insel gab, weiß man nicht. Neufundländer sind bekannt für ihre Wasserliebe. In ihrer Heimat holten sie die Fischernetze und kleinen Boote an Land und retteten vielen Schiffbrüchigen das Leben.

Charakter: Neufundländer sind die Ruhe selbst. Die liebevollen, menschenbezogenen Hunde haben eine extrem hohe Reizschwelle, kommen sehr gut mit Kindern zurecht. Besonders aktiv sind die Hunde nicht, lieben aber ihre täglichen Spaziergänge und blühen im Wasser regelrecht auf.

Erziehung: Ein Neufundländer fügt sich sehr gut in seine Familie ein. Eine solide Erziehung ist für einen Hund dieser Größe sehr wichtig. Als Wachhund eignet sich der gutmütige Hund allein durch seine imposante Erscheinung. Die Hunde sind gerne im Freien.

Der Namen der Rasse leitet sich vom mittelhochdeutschen Wort hovewart ab, was so viel bedeutet wie Hofwächter. Solche Hofwächter fand man damals überall in Deutschland. Sie wurden in frühen Gesetzestexten erwähnt und auf Gemälden abgebildet. Einen äußerlich einheitlichen Typ stellten diese Hunde nicht dar. Wir können jedoch davon ausgehen, dass Hovewarte ihrer Verwendung gemäß große, kräftige, imposante Hunde waren, die genügend Schärfe und Wachsamkeit mitbrachten, um Haus und Hof zu schützen. Solch einen Hund hatte August König, Ende des 19. Jahrhunderts vor Augen, als er mit der Reinzucht des Hovawarts begann. Seine Zuchtbemühungen wurden durch den 1. Weltkrieg unterbrochen und anschließend von seinem Sohn Karl F. König weitergeführt. Zur Zucht nahm er vor allem langhaarige Deutsche Schäferhunde und rasselose Hunde, die den von König angestrebten Hundetyp repräsentierten. Bereits 1937 wurde die Rasse im Rahmen der „Grünen Woche des Reichsnährstandes" anerkannt.

Charakter: Hovawarte können charakterlich sehr unterschiedlich sein, schließlich begründeten so verschiedene Rassen wie Schäferhund und Hofhund die Zucht. Der erste unterordnungsbereit und leicht erziehbar der zweite selbstständig handelnd, ruhig und dickköpfig.

Erziehung: Die Erziehung ist nicht unbedingt einfach, sie muss sehr konsequent aber liebevoll erfolgen. Die Hunde sind meist sehr aktiv, ideal für verschiedenste Ausbildungen und Hundesport.

FCI-Gruppe 2

Hovawart

2

Ursprungsland
Deutschland

Widerristhöhe
Rüde: 63 bis 70 cm
Hündin: 58 bis 65 cm

Farbe
Falb, schwarz, black and tan mit falb-Abzeichen

Haarkleid
Lang, leicht gewellt und pflegeleicht

FCI-Gruppe 2

Leonberger

Ursprungsland
Deutschland

Widerristhöhe
Rüde: 72 bis 80 cm
Hündin: 65 bis 75 cm

Farbe
Löwenfarbig, goldgelb bis rotbraun mit schwarzer Maske

Haarkleid
Lang, mittelweich und derb

In der Mitte des 19. Jahrhunderts begann der Leonberger Stadtrat und Tierhändler Heinrich Essig mit der Zucht einer eigenen Rasse. Nach Paarungen zwischen seiner Landseer Hündin, Bernhardinern und einem Pyrenäen Berghund hatte Essig sein Zuchtziel, einen repräsentativen, löwenähnlichen Wach- und Familienhund, 1846 erreicht. Ob Essig bei der Zucht eher finanzielle Interessen verfolgte oder tatsächlich zu Ehren seiner Stadt einen löwenartigen Hund züchtete, der Löwe ist das Wappentier Leonbergs, bleibt unklar. Jedenfalls verstand er es, seine Rasse in den folgenden Jahren zu guten Preisen an berühmte Persönlichkeiten, darunter so klangvolle Namen wie Richard Wagner und Otto Fürst von Bismarck, zu verkaufen. Heinrich Essig verstarb 1889. Die Rasse litt sehr unter dem Verlust ihres Förderers. Die beiden Weltkriege hinterließen ebenfalls schwere Spuren. Erst in den 1950er Jahren ging es auch für die imposanten Hunde wieder bergauf.

Charakter: Die gutmütigen Leonberger sind ideale Familienhunde. Die absolut selbstsicheren, ruhigen Hunde sind jederzeit wachsam und schutzbereit, aber mit einer sehr hohen Reizschwelle ausgestattet und niemals aggressiv. Wie alle großen Hunde schätzen sie tägliche Spaziergänge, aber zu anstrengend sollten diese nicht werden.

Erziehung: Ein Hund dieser Größe muss konsequent erzogen werden und auf Kommando hören. Mit anderen Hunden sollte der zu dominantem Verhalten neigende Leonberger früh sozialisiert werden.

Der Landseer ist eng mit dem Neufundländer verwandt. Es waren diese weiß-schwarzen Hunde, die als erste von den Seeleuten im 18. Jahrhundert von der Insel Neufundland nach Europa gebracht wurden, nicht etwa die heutigen Neufundländer. Die Hunde retteten in ihrer Heimat hunderte von Schiffbrüchigen, holten die Fischernetze ein und geleiteten die Boote an die felsige Küste. Sie sind die Nachkommen von einheimischen Hunden, die vermutlich von den Wikingern im elften Jahrhundert auf der Insel zurückgelassen wurden, und Hunden, die die ersten spanischen und portugiesischen Seefahrer im 16. Jahrhundert mitführten. Bis zur Mitte des 19. Jahrhunderts waren die Hunde bei der reicheren Bevölkerung in England sehr beliebt. Sir Edwin Landseer bildete sie oft auf seinen Gemälden ab, daher erhielt die Rasse ihren Namen. Doch schon bald löste der einfarbige Neufundländer den Landsser in seiner Beliebtheit ab. Sein Überleben verdankt der Landseer deutschen und schweizer Züchtern. Der Rassezusatz „Europäisch-kontinentaler Typ" weist darauf hin.

Charakter: Die großen Hunde sind sehr fröhlich, verspielt, sehr liebebedürftig, treu und ausgesprochen kinderlieb. Mit ihrer sehr hohen Reizschwelle, jegliche Aggression scheint ihnen fremd, sind sie ideale Familienhunde. Ihre Wasserliebe muss in der Freizeit unbedingt berücksichtigt werden.

Erziehung: Die Erziehung des Landseers stellt keine Probleme dar, muss aber bei der Größe des Hundes auch konsequent erfolgen.

FCI-Gruppe 2

2

Landseer

Ursprungsland
Deutschland

Widerristhöhe
Rüde: 72 bis 80 cm
Hündin: 67 bis 72 cm

Farbe
Weiß mit schwarzem Kopf und schwarzen Platten

Haarkleid
Lang, glatt und möglichst dicht

FCI-Gruppe 2

Mastín Español

Ursprungsland
Spanien

Anderer Name
Spanische Dogge, Mastín de la Mancha, Mastín de Estremadura

Widerristhöhe
Rüde: mind. 77 cm
Hündin: mind. 72 cm

Farbe
Grau, löwenfarbig, gelb, schwarz, rot, gestromt mit weißen Abzeichen und gescheckt

Haarkleid
Dicht, glatt, grob und halblang

Die Wanderhirten übergaben nicht selten für die Nutzung ihrer Weidegründe dem Besitzer einige ihrer Hunde. So gut wie die Hirtenhunde die Schaf- und Ziegenherden vor Wölfen und Räubern schützten, so gut bewachten die Hunde auch die Anwesen der Großgrundbesitzer und eigneten sich zur Jagd. Die wohlhabenden Besitzer wünschten sich aber vor allem repräsentative, respekteinflößende Hunde. Die von den Hirten gewünschte Beweglichkeit spielte für die Eignung als Wachhund keine so entscheidende Rolle. In der Folge entwickelte sich vor allem in den Regionen Estremadura und La Mancha um Madrid ein kräftiger Hundeschlag. Der einfache Hund der Hirten wurde zum begehrten Wachhund der Reichen. Die Welpenpreise schossen in die Höhe und so mancher Hirte verdiente nicht schlecht an der Zucht. Der Hirten Freud war der Reinzucht Leid, denn eine kontrollierte Zucht war unter diesen Umständen kaum möglich. Während des spanischen Bürgerkriegs in den 1930ern wurde die verhasste Rasse der Reichen beinahe ausgerottet. Erst nach dem 2. Weltkrieg erholte sich die Zucht.

Charakter: Die wachsamen Hunde sind ruhig und selbstbewusst, nie unnötig aggressiv und liebevoll zu ihrer Familie. Sie sind sehr anhänglich und im Gegensatz zu anderen Hirtenhunden verträglich mit anderen Tieren und Hunden.

Erziehung: Eine frühe, gute Sozialisation ist wichtig, dann wird aus dem Mastín Español ein hervorragender Wach- und Familienhund, der lernfreudig und erstaunlich unterordnungsbereit ist.

Der Mastín de los Pirineos ist das spanische Gegenstück zum französischen Pyrenäenberghund. Die Pyrenäen, als natürliche Grenze zwischen Frankreich und Spanien, gehören zum größeren Teil zu Spanien. Ein Austausch von Hirtenhunden hat auch über diese Grenze immer stattgefunden. Die Beziehungen zwischen den Schafhirten dieser Region waren über die Zeiten meist stabil. Gute Hunde wurden zur Zucht verwendet und die Durchmischung der Hirtenhunde auf beiden Seiten war sicher groß. Beide Rassen entspringen unzweifelhaft den gleichen Hunden. Der Mastín de los Pirineos ist ein klassischer Herdenschutzhund, der auch heute noch seine ursprüngliche Aufgabe erfüllt. Er beschützt die Herden vor allem vor Wölfen. Außerhalb ihrer Heimat ist diese attraktive aber charakterlich nicht ganz einfache Rasse im Gegensatz zu ihrem französischen Pendant wenig bekannt. Das kann auch daran liegen, dass die Hunde erst seit dem Ende des 2. Weltkriegs planmäßig gezüchtet werden.

Charakter: Die Hunde zeigen die typischen Verhaltensweisen großer Hirtenhunde. So sind sie misstrauisch gegenüber allem Fremden, zeigen ihrer Familie aber unbedingte Treue. Sie sind wachsam und schutzbereit. Der Mastín ist nicht unnötig aggressiv, aber als Familienhund nicht die erste Wahl.

Erziehung: Wichtig ist eine gute frühe Sozialisation mit anderen Hunden und Menschen. Die Erziehung gehört nicht in die Hände von Anfängern. Der natürliche Schutztrieb darf nicht gefördert werden.

FCI-Gruppe 2

2

Mastín de los Pirineos

Ursprungsland
Spanien

Anderer Name
Pyrenäen-Mastiff

Widerristhöhe
Rüde: mind. 77 cm
Hündin: mind. 72 cm

Farbe
Weiß mit mittelgrauen, goldgelben, braunen, schwarzen, silberfarbigen, hellbeigen oder sandfarbigen Flecken

Haarkleid
Dicht und dick bei einer Länge von 6 bis 9 cm

FCI-Gruppe 2

2

Pyrenäen-berghund

Ursprungsland
Frankreich

Anderer Name
Chien de Montagne des Pyrénées

Widerristhöhe
Rüde: 70 bis 80 cm
Hündin: 65 bis 72 cm

Farbe
Weiß mit oder ohne graue, blassgelbe, oder orangefarbene Flecken an Kopf, Ohren und Rutenansatz

Haarkleid
Lang, flach, weich und reichlich

Hirtenhunde vom Typ des Pyrenäenberghundes gibt es vermutlich schon seit vorchristlicher Zeit im Gebiet der Pyrenäen, sowohl auf spanischer als auch auf französischer Seite. Der französische Chien de Montagne des Pyrénées zeigt eine große Ähnlichkeit zu seinem spanischen Bruder, dem Mastín de los Pirineos. Der Pyrenäenberghund war ein typischer Herdenschutzhund, der in der Zeit vor der Französischen Revolution unter den Namen Patou, der Hund der Könige und des Adels wurde. Während der Revolution wurden die Hunde als Symbol des Adels fast ausgerottet, doch einige Hunde überlebten in der Abgeschiedenheit der Berge. Weitere Rückschläge erfuhr die Zucht durch die beiden Weltkriege. Noch lange unterschied man einen schwereren Bergtyp und einen leichteren Flachlandtyp. Der moderne Pyrenäenberghund entspricht mehr dem Bergtyp und verkörpert den über ganz Europa verbreiteten Typ des großen, weißen Herdenschutzhundes, der die Schafherden schützte. In Italien tat dies der Maremmen-Abruzzen-Schäferhund, in Ungarn der Kuvasz.

Charakter: Die menschenbezogenen Hunde haben sich ihre Unabhängigkeit bewahrt. Sie sind dominant, wachsam, verteidigungsbereit gegenüber Fremden und begegnen anderen Hunden sehr misstrauisch teils sogar aggressiv.

Erziehung: Eine konsequente Erziehung und frühe, gute Sozialisation sind unbedingt notwendig. Als Familienhund nur bedingt geeignet; guter Wachhund, dessen Schutztrieb nicht gefördert werden darf.

Die Heimat des Sarplaninac liegt in den Ebenen des Sarplanina-Gebirges im Süden des Kosovo an der Grenze zu Albanien und Mazedonien. In dieser kargen Region war nur die Schaf- und Ziegenzucht möglich. Die Herden wurden von den Hirten zu den verschiedenen Weideflächen geführt. Große Hunde schützen sie vor Wölfen und Dieben. Zu Zeiten des Sozialismus war die Ausfuhr der einheimischen Hunde zunächst verboten. Doch Anfang der 1970er wurde der Export als zusätzliche Devisenquelle entdeckt. So betrat der Sarplaninac erst recht spät die internationale Bühne. Die Reinzucht dieser vermutlich schon seit dem Beginn unserer Zeitrechnung in der Gegend der Sarplanina-Ebenen ansässigen Hunde begann erst nach dem 2. Weltkrieg. Auch Polizei und Militär waren interessiert. Von einer Ausbildung zum Schutzhund muss aber dringend abgeraten werden. Früher war der Sarplaninac auch als Illyrischer Schäferhund bekannt.

Charakter: Der Sarplaninac ist ein extremer Ein-Mann-Hund. Fremden gegenüber bleibt er misstrauisch, kann sogar unberechenbar aggressiv werden. Ebensowenig duldet er andere Hunde, vor allem andere Rüden. Sein ausgeprägtes Territorialverhalten macht ihn zu einem unbestechlichen und absolut kompromisslosen Wächter. Kein Begleit- oder Familienhund.

Erziehung: Die Erziehung bleibt selbst mit Konsequenz und früher Sozialisation schwierig. Die angeborene Schärfe, sein Misstrauen und Revierbewusstsein machen die Haltung in der Stadt kaum möglich.

FCI-Gruppe 2

Sarplaninac

2

Ursprungsland
Mazedonien, Jugoslawien

Anderer Name
Scharplanina, Jugoslawischer Hirtenhund, Illyrischer Schäferhund

Widerristhöhe
Rüde: Durchschnittlich 62 cm
Hündin: Durchschnittlich 58 cm

Farbe
Alle Farben, meist eisengrau; Scheckungen und weiße Abzeichen sind unerwünscht

Haarkleid
Lang und dicht

FCI-Gruppe 2

Aidi

Ursprungsland
Marokko

Anderer Name
Atlas Schäferhund, Chien de l'Atlas

Widerristhöhe
Rüde: 52 bis 62 cm
Hündin: 52 bis 62 cm

Farbe
Alle Farben

Haarkleid
Sehr dick mit einer Länge von 6 cm

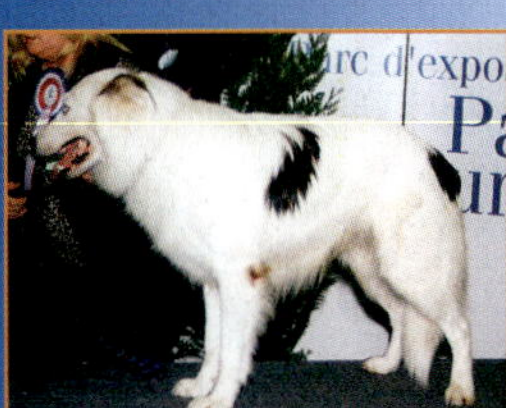

Der Aidi, der nach seiner Herkunft auch als Atlas Schäferhund bezeichnet wird, ist ein sehr ursprünglicher Herdenschutz- und Wachhund der nordafrikanischen Beduinen. Auf welchem Weg seine Ahnen nach Afrika kamen, ist ungeklärt. Vermutlich waren europäische Herdenschutzhunde an seiner Entstehung beteiligt, aber auch asiatische Hunde kommen als Vorfahren in Betracht. Bis heute ist der Aidi in seiner Heimat ein wachsamer, Fremden gegenüber aggressiver Schutzhund. Er beschützt in Marokko sowohl die Herden als auch die Zeltlager und Dörfer seiner Besitzer. Nur wenige dieser sehr selbständigen und schwierig zu erziehenden Hunde verrichten andere Aufgaben. Selten findet man einen Aidi als Schutzhund bei der Polizeiarbeit. Die Beduinen züchten die Hunde noch heute rein nach ihren Gebrauchseigenschaften. Außerhalb Marokkos ist die Rasse auch heute praktisch noch nicht anzutreffen.

Charakter: Die Hunde sind mutig, sehr selbstsicher und intelligent. Die wachsamen und jederzeit verteidigungs- bzw. angriffsbereiten Aidis sind Fremden gegenüber oft aggressiv. Die unabhängigen Hunde sind als Familienhund, wozu sie nie gezüchtet wurden, ungeeignet.

Erziehung: Die Erziehung des Aidi ist nichts für den Hundeanfänger. Man muss sich schon sehr gut mit dem Thema Hundeverhalten auskennen, will man diese ungeschliffenen Hunde in einem sozialen, städtischen Umfeld halten. Die Anschaffung sollte man sich sehr gut überlegen.

Der Cao da Serra da Estrela ist der bekannteste der drei bisher von der FCI anerkannten Hirtenhunde Portugals. Die Hirten kamen mit ihren Herden und Hunden auf den Wanderungen im jahreszeitlichen Wechsel zu den verschiedenen Weidegebieten im gesamten Land. So bestand jederzeit ein reger Austausch von guten Hunden, die teils ihren Besitzer mit den Herden wechselten, teils unter den Hirten gehandelt wurden oder als Bezahlung für die Nutzung der Weideflächen dienten. Mit der Zeit bildeten sich verschiedene Lokalschläge heraus. Der Cao da Serra da Estrela stammt aus dem gleichnamigen Estrela-Gebirge etwa in der Mitte Portugals, welches das Land grob in Norden und Süden unterteilt. Die mächtigen Hunde werden noch heute als Herdenschutzhunde und zunehmend als Wach- und Schutzhunde gehalten. Erst seit den 1930er Jahren wird die Rasse planmäßig gezüchtet. Der einstige Hund der Hirten und der reichen Landbesitzer hat heute seinen Weg in alle Bevölkerungsschichten gefunden.

Charakter: Wie alle ursprünglichen Herdenschutzhunde ist auch der Cao da Serra da Estrela nicht einfach zu halten. Die Hunde sind selbständig, aggressiv gegen Fremde, kaum unterordnungsbereit, aber ihrer Familie immer treu. Als Wachhunde auf dem Land sind sie ideal, in der Stadt schwierig.

Erziehung: Selbständiges Handeln und Schärfe waren für die Hunde überlebenswichtig. Heute ist beides unerwünscht. Die Hunde brauchen eine gute Sozialisation und eine konsequente Erziehung.

FCI-Gruppe 2

Cao da Serra da Estrela

2

Ursprungsland
Portugal

Anderer Name
Estrela

Widerristhöhe
Rüde: 65 bis 72 cm
Hündin: 62 bis 68 cm

Farbe
Falbfarbig, wolfsgrau und gelb, einfarbig oder mit weißen Abzeichen

Haarkleid
Glatt oder leicht gewellt, kräftig, leicht grob; Langhaar oder Stockhaar

FCI-Gruppe 2

Cao de Castro Laboreiro

Ursprungsland
Portugal

Widerristhöhe
Rüde: 55 bis 60 cm
Hündin: 52 bis 57 cm

Farbe
Wolfsgrau, alle Nuancen von grau, gestromt, mit oder ohne schwarze Maske

Haarkleid
Glatt, hart, dicht und üppig mit einer Länge von 5 cm

Der Cao de Castro Laboreiro hat seinen Namen von der gleichnamigen Stadt im Norden Portugals. Die Verwandschaft aller Hirtenhund-Schläge Portugals muss man aufgrund der weiten Wanderungen der Herden zu immer neuen Weideflächen als sicher annehmen. Die Hunde wechselten ihren Besitzer mit der Herde oder als Bezahlung der Weidenutzung. Sicher fand auch schon immer ein reger Austausch guter Hirtenhunde mit spanischen Schäfern statt. Der Cao de Castro Laboreiro ist wie der sicher eng mit ihm verwandte Cao da Serra da Estrela ein klassischer Herdenschutzhund, der die Schafe und Ziegen vor Räubern beschützte. In der bergigen Region im Norden Portugals hat sich so ein sehr entschlossener aber nicht zu schwerer Hund entwickelt, dessen Reinzucht in der Stadt Castro Laboreiro vorangetrieben wurde. Die Rasse zeigt noch heute die angesprochene Unabhängigkeit und Aggressivität aller Herdenschutzhunde.

Charakter: Die Hunde zeigen die typische Selbstständigkeit aller Hirtenhunde. Fremden gegenüber sind sie misstrauisch bis aggressiv. Ihre Familie lieben sie. Ihre angeborene Schärfe und die Neigung zu selbstständigem, für uns nicht immer berechenbarem Handeln, macht sie als Familienhund ungeeignet. Sie sind aber gute Wachhunde in ländlichen Gebieten.

Erziehung: Eine frühe, umfassende Sozialisation und eine konsequente Erziehung mit klaren Regeln sind unbedingt notwendig. Der natürliche Schutztrieb darf nicht gefördert werden.

Der Rafeiro do Alentejo ist neben dem Cão de Castro Laboreiro und dem Cão da Serra da Estrela der dritte FCI-anerkannte Hirtenhund Portugals. Alle drei Rassen lassen sich auf die gleichen Herdenschutzhunde zurückführen, die auf den langen Wanderungen zu den Weideflächen im gesamten Land ihre Nachkommen hinterließen. Oft wurden die Hunde mit den Herden verkauft oder den Grundbesitzer als Bezahlung für die Nutzung der Weiden übergeben. So gelangten die Hunde auch in die Region Alentejo im Süden Portugals. Die Region ist nicht so bergig wie der Norden, die Hunde mussten nicht so wendig sein, die Entwicklung eines etwas größeren, schwereren Schlags wurde begünstigt. Besonders die Großgrundbesitzer schätzten die größeren Hunde als Wach- und Schutzhunde ihres Besitzes. Nach der Revolution 1974 starben diese als Luxusgut der Reichen angesehenen Hunde beinahe aus. Doch konnte mit den überlebenden Hunden ein vernünftiges Zuchtprogramm begonnen werden, und der Fortbestand der Rasse scheint im Land gesichert.

Charakter: Der selbstständige Hund erscheint oft dickköpfig und eigensinnig. Die Hunde sind wachsam, lieb mit ihrer Familie aber misstrauisch und verteidigungsbereit allen Fremden gegenüber.

Erziehung: Die Erziehung dieses nicht gerade unterordnungsbereiten Hundes ist schwierig. Eine sehr gute Sozialisation und eine konsequente Erziehung mit deutlicher Zuweisung der Rangstellung ist unbedingt notwendig.

FCI-Gruppe 2

2

Rafeiro do Alentejo

Ursprungsland
Portugal

Widerristhöhe
Rüde: 66 bis 74 cm
Hündin: 64 bis 70 cm

Farbe
Schwarz, wolfsgrau, falbfarbig, gelb mit oder ohne weiße Abzeichen oder weiß mit Flecken dieser Farben, gescheckt, gestreift oder gestromt

Haarkleid
Kurz, dick, glatt und dicht

FCI-Gruppe 2

St. Bernhardshund

Ursprungsland
Schweiz

Anderer Name
Bernhardiner

Widerristhöhe
Rüde: mind. 70 cm
Hündin: mind. 65 cm

Farbe
Weiß mit rotbraunen Platten

Haarkleid
Langhaar und Stockhaar

Seinen Namen verdankt die Rasse dem im 11. Jahrhundert von Augustinermönchen gegründeten Hospiz auf dem Pass des Großen Sankt Bernhard. Der Pass verbindet die Schweiz und Italien. Plötzliche Wetterumschwünge sind in dieser Region die Regel. Die Mönche suchten nach Vermissten, gaben vom Wetter überraschten Wanderern ein Obdach und ein warmes Essen. Dass ihnen Hunde dabei zur Seite standen, wurde erstmals gegen Ende des 17. Jahrhunderts erwähnt. Die Hunde suchten vom Weg abgekommene, in der Dunkelheit verirrte oder vom schlechten Wetter in lebensbedrohliche Situationen gebrachte Passgänger. Die ersten Bernhardiner hatten kurzes Haar, waren robust, aber wendig und kleiner als es die Hunde heute sind. Ihre Ahnen waren einheimische Bauernhunde. Eine planmäßige Zucht betrieben die Mönche nicht. Langhaarige Bernhardiner wurden ins Tal verschenkt, da sich im Fell Schnee und Eis festsetzte und die Hunde behinderte. Der Bernhardiner wurde zur Moderasse der reicheren Stadtbevölkerung. Das Fässchen Rum um den Hals ist ebenso Legende, wie der angeblich angeborene Rettungsinstinkt. Die Hunde wurden für diese Aufgabe von den Mönchen ausgebildet.

Charakter: Der ruhige, kinderliebe Hund ist nicht sehr aktiv, braucht aber Platz. Er ist sich seiner Erscheinung bewusst und zeigt dies durch seine unaufdringliche Dominanz.

Erziehung: Eine gute Sozialisation ist bei einem so großen, kräftigen Hund ebenso wichtig wie das Befolgen der Grundkommandos.

Der Karstschäferhund ist eng mit dem Sarplaninac verwandt. Die beiden Hirtenhunde des ehemaligen Jugoslawiens werden erst seit den 1960er Jahren in zwei Rassen unterschieden. Zuvor herrschte ein mehr oder weniger großes Durcheinander der Namen. Als Illyrischer oder Istrianer Schäferhunde waren sie bekannt, wobei nie ganz klar war, ob mit dieser Bezeichnung nun der Karstschäferhund, der Sarplaninac oder auch beide gemeint waren. Als Karstschäferhunde werden heute eindeutig nur die Hunde aus dem Norden des Balkan bezeichnet, die in der Karst zwischen Slowenien und Kroatien beheimatet sind. In seinem Aussehen dem Sarplaninac sehr ähnlich, und für den Laien wohl nur im direkten Vergleich zu unterscheiden, ist der Kraski Ovcar der etwas kleinere, leichtere Hund, der gleichwohl als Herdenschutz- und nicht als Hütehund eingesetzt wurde. Auch seine Aufgabe bestand im Schutz der Herde vor Wölfen und zwei- und vierbeinigen Dieben. Noch heute ist dies sein hauptsächlicher Verwendungszweck.

Charakter: Diese typischen Hirtenhunde gelten als unberechenbar in ihrem Temperament, sind Fremden und anderen Hunden gegenüber schnell aggressiv. Sie handeln selbstständig und ordnen sich naturgemäß nicht unter.

Erziehung: Die Erziehung im klassischen Sinn der Unterordnung ist bei diesen eigenständigen Hunden sehr schwierig. Eine frühe Sozialisation mit anderen Hunden und Menschen mag die Hunde umgänglicher machen, echte Familienhunde werden sie aber nie.

FCI-Gruppe 2

2

Kraski Ovcar

Ursprungsland
Slowenien

Anderer Name
Karst-Schäferhund

Widerristhöhe
Rüde: 57 bis 63 cm
Hündin: 54 bis 60 cm

Farbe
Eisengrau mit sandfarbenen Abstufungen, dunkle Gesichtsmaske

Haarkleid
Am Kopf und auf den Vorderseiten der Läufe kurz, am Rest des Körpers lang

FCI-Gruppe 2

2

Kaukasischer Owtcharka

Ursprungsland
Russland

Anderer Name
Kavkazskaia Ovtcharka

Widerristhöhe
Rüde: mind. 65 cm
Hündin: mind. 62 cm

Farbe
Grau, rötlichblond, geschekkt oder gestromt

Haarkleid
Glatt, derb; Kurzhaar und Langhaar

Der Kaukasische Owtscharka beschützt in seiner Heimat, dem Südwesten Russlands, dem sogenannten Kaukasus, die Schafherden vor den Angriffen hungriger Wölfe und Bären. Das Hüten der Herde zählte, wie bei den meisten Hirtenhunden, nicht zu seinen Aufgaben. Jahrhunderte lang wurden die Hunde nur nach ihrer Gebrauchsleistung zur Zucht ausgewählt, das Aussehen spielte keine Rolle. Es entwickelten sich jedoch durch die räumliche Trennung lokal verschiedene Schläge, von denen einige reingezüchtet wurden. Dazu gehören verschiedene Schläge des Owtcharka, von denen der Kaukasische und der Zentralasiatische Owtcharka sehr eng miteinander verwandt sind. Beide gibt es wahrscheinlich schon seit Jahrhunderten in den Gebieten Südrusslands. Den Kaukasen findet man in zwei etwas unterschiedlichen Typen vor. Aus den Bergen kennt man einen etwas robusteren, kräftigeren Hund, wohingegen sich die Tiere aus dem Flachland eleganter geben.

Charakter: Die dominanten Hunde sind sehr territorial bewußt und Eindringlingen gegenüber jederzeit verteidigungsbereit. Fremden begegnen sie oft aggressiv. Ihre Unabhängigkeit haben sie sich bis heute bewahrt. So sind die von Natur aus scharfen Hunde in ihrem Verhalten schlecht einzuschätzen.

Erziehung: Eine sehr gute frühe Sozialisation und eine konsequente Erziehung, die den Hund nicht brechen darf, können zur sozialen Verträglichkeit beitragen, ein einfacher Familienhund wird diese Rasse aber niemals.

Das ursprüngliche Verbreitungsgebiet des Zentralasiatischen Owtcharka reicht von Kasachstan bis hinunter zum südlich angrenzenden Iran und Afghanistan. Die Rasse ist eng verwandt mit dem Kaukasischen Owtcharka. Im Prinzip verkörpert er einen leichteren Steppentyp dieses klassischen Herdenschutzhundes, wobei nicht verschwiegen werden soll, dass auch diese Rasse in einer kompakteren Bergform existiert, die man vor allem in der Region des zwischen Afghanistan und China liegenden Pamir-Gebirges antrifft. Neben den Aufgaben des Herdenschutzhundes eignet sich der Zentralasiatische Owtcharka auch zur Jagd. Er ist aber nicht der einzige Berghund, der auch jagdliche Fähigkeiten zeigt. Früher gab es wesentlich weniger Spezialisten unter den Hunden, die meisten waren für verschiedene Aufgaben gut geeignet. So wurden große Herdenschutzhunde häufig auch zur Jagd eingesetzt. Der Zentralasiatische Owtcharka ist eine seltene Rasse, die außerhalb ihres Ursprungslandes wenig verbreitet ist

Charakter: Die ausgeprägt dominanten Hunde sind es gewohnt, selbstständig zu handeln. Sie sind jederzeit verteidigungsbereit und beschützen ihr Territorium und ihre Familie dann konsequent. Dabei zeigen sie sich schnell aggressiv und sind in ihrem Handeln kaum berechenbar. Kein einfacher Hund!

Erziehung: Sehr wichtig ist eine gute Sozialisation. Der natürlichen Dominanz der Rasse müssen Sie mit einer konsequenten Verdeutlichung der Rangordnung begegnen.

FCI-Gruppe 2

2

Zentralasiatischer Owtcharka

Ursprungsland
Asien, Russland

Anderer Name
Mittelasiatischer Ovtcharka, Sredneasiatskaïa Ovtcharka

Widerristhöhe
Rüde: mind. 65 cm
Hündin: mind. 60 cm

Farbe
Weiß, grau, schwarz, strohgelb, rostrot, tiger, gescheckt oder gefleckt

Haarkleid
Hart, glatt und grob; Lang- und Kurzhaar

FCI-Gruppe 2

Do-Khyi

Ursprungsland
Tibet, (Großbritannien)

Anderer Name
Tibet-Mastiff, Tibet-Dogge

Widerristhöhe
Rüde: etwa 66 cm
Hündin:etwa 61 cm

Farbe
Schwarz, braun, black and tan, grau mit oder ohne loh

Haarkleid
Lang, dicht, glatt, hart und nicht gewellt

Um kaum einen Hund ranken sich seit Jahrhunderten so viele Gerüchte wie um den Do-Khyi. Die tibetische Hunderasse soll Stammhalter fast jeder molosser- oder doggenartigen Rasse in Europa sein. Handelsverbindungen und Völkerwanderungen wurden und werden gerne als Erklärungen bemüht, wie die Hunde aus dem fernen Osten über Tausende von Kilometern bis zu uns gekommen sein sollen. Ob es denn wirklich so war, bleibt zumindest zweifelhaft. Vermutlich entstanden die europäischen Rassen eigenständig. Viele Reisende beschrieben den Do-Khyi als furchterregend und mächtig. Die Enttäuschung war dementsprechend recht groß, als die ersten dieser Hunde Europa erreichten und gar nicht so groß wohl aber sehr aggressiv waren . In seiner Heimat war der Do-Khyi ein scharfer Wachhund, der kompromisslos seinen Halter, dessen Besitz und auch die Viehherden beschützte. Einige von ihnen wurden im Palast als Wachhunde gehalten. Die chinesischen Besatzer rotteten die Hunde fast aus. Die planmäßige Zucht findet außerhalb Tibets statt.

Charakter: Auch wenn das tatsächliche Wesen des Do-Khyi nicht an frühe Berichte heranreicht, ist er doch ein scharfer, zu Fremden aggressiv auftretender Hund. Die Hunde sind selbstständig, dominant und ordnen sich schlecht unter. Kein einfacher Familienhund.

Erziehung: Eine sehr gute Sozialisation ist unbedingt notwendig. Aber auch eine konsequente Erziehung wird nie zu einem gehorsamen, berechenbaren Hund führen.

Von der FCI sind vier Schweizer Sennenhund-Rassen anerkannt, die sich in einen größeren und einen kleineren Schlag unterteilen lassen. Der mittelgroße Appenzeller gehört zu dem kleineren Schlag. Seine Aufgabe ist das Viehtreiben. Dabei zwickt er dem Vieh leicht in die Fessel und weicht den anschließenden Huftritten geschickt aus. Als zum Viehtrieb im 19. Jahrhundert immer weniger Hunde benötigt wurden, drohten diese Hunde auszusterben. Es ist das Verdienst einiger engagierter Züchter, dass aus den Treibhunden, die übrigens nicht nur in der Region Appenzell vorkamen, eine einheitliche Rasse wurde. Einfach war die Reinzucht zunächst nicht. Die Hunde waren in ihrem Typ recht uneinheitlich, die Gebrauchstüchtigkeit stand für die Senner bei der Zucht immer im Vordergrund. Zudem waren viele Rüden kastriert, um schnell Fett anzusetzen. Die Besitzer scheuten sich nicht, die Hunde bei nachlassender Arbeitsleistung zu schlachten und zu essen. Heute präsentiert sich der Appenzeller recht einheitlich und erfreut sich wachsender Beliebtheit.

Charakter: Die Bellfreudigkeit des Appenzellers kann anstrengend sein. Ansonsten sind die aktiven Hunde liebe Familienmitglieder, die beschäftigt werden müssen. Sie sind misstrauisch gegenüber Fremden, aber niemals aggressiv.

Erziehung: Die intelligenten Hunde eignen sich für die verschiedensten Ausbildungen und sind für den Hundesport gradezu prädestiniert. Eine konsequente, liebevolle Erziehung ist notwendig.

FCI-Gruppe 2

2

Appenzeller Sennenhund

Ursprungsland
Schweiz

Widerristhöhe
Rüde: 50 bis 58 cm
Hündin: 48 bis 56 cm

Farbe
Grundfarbe schwarz oder havannabraun mit symmetrischen rostbraunen und weißen Abzeichen

Haarkleid
Kurz, fest und pflegeleicht

FCI-Gruppe 2

2

Berner Sennenhund

Ursprungsland
Schweiz

Widerristhöhe
Rüde: 64 bis 70 cm
Hündin: 58 bis 66 cm

Farbe
Grundfarbe schwarz mit braunroten und weißen Abzeichen

Haarkleid
Lang, schlicht oder leicht gewellt

Der Berner Sennenhund ist neben dem Bernhardiner sicher die bekannteste Hunderasse der Schweiz. Ursprünglich kommt er aus dem Kanton Bern. Dort lebten recht wohlhabende Bauern, die sich den Unterhalt dieses großen Hundes leisten konnten. Der Berner bewachte den Hof, wurde aber auch als Karrenhund gebraucht. Als im 19. Jahrhundert die Rassehundezucht aufkam und gleichzeitig der Bernhardiner ein gefragter Hund wurde, geriet der Berner fast in Vergessenheit. Nicht wenige der oft zweifarbigen Hunde wechselten als Bernhardiner den Besitzer. Doch im entlegenen Dürrbach-Gebiet überlebte dieser Hundeschlag. So wurde und wird der Berner in seiner Heimat auch Dürrbächler genannt. Die Reinzucht begann Ende des 19. Jahrhunderts. Einer der großen Fürsprecher des Berners war Prof. A. Heim, der maßgeblich am Erstellen des ersten Standards beteiligt war.

Charakter: Der ruhige, selbstsichere Berner ist ein wachsamer Hund, der Fremden gegenüber ein gesundes Misstrauen an den Tag legt, jedoch niemals unnötig aggressiv wird. Die großen Hunde brauchen ihre täglichen Spaziergänge. Junge Berner können recht ungestüm sein, fügen sich aber problemlos in ihre Familie ein.

Erziehung: Eine konsequente Erziehung und das Befolgen der Grundkommandos ist bei diesen großen und vor allem kräftigen Hunden sehr wichtig, von alleine, wie es manchmal behauptet wird, erziehen sie sich nicht! Gelegentlich zeigt sich der Berner etwas stur.

Der kleinste Schweizer Sennenhund ist ein vorzüglicher Hüte- und Treibhund. Doch als der Bedarf an guten Treibhunden zum Ende des 19. Jahrhunderts abnahm, stand die Rasse, wie auch der eng verwandte Appenzeller Sennenhund, kurz vor dem Aussterben. Anders als sein größerer Bruder fand der Entlebucher aber nur wenige Fürsprecher. Selbst der Sennenhund-Förderer Prof. Heim hatte seine Bedenken, war doch die Abgrenzung zum Appenzeller Sennenhund damals sehr vage. In den 1920ern musste der kleine Viehtreiber fast als ausgestorben gelten. Erst jetzt fanden sich in der Schweiz neue Förderer dieser seit Jahrhunderten dort heimischen Rasse. Der Anfang der Zucht gestaltete sich schwierig. Die Hunde waren im Typ sehr unterschiedlich, viele Rüden wurden kastriert, damit sie zum späteren Verzehr mehr Fett ansetzten. Doch es gelang durch den unermüdlichen Einsatz des Tierarztes Dr. Kobler, der Zucht geeignete Hunde zuzuführen und die Rasse zu retten.

Charakter: Entlebucher sind sehr kräftige, kompakte Hunde, die nicht klein wirken. Die wachsamen Hunde sind schutzbereit, aber keinesfalls aggressiv, sondern sehr anhänglich und treu. Fremde werden misstrauisch beäugt, bis der Halter diese freundlich empfängt; dann schließt auch der Entlebucher schnell Freundschaft.

Erziehung: Die Hunde können recht dickköpfig sein, eine konsequente Erziehung erleichtert das Zusammenleben mit den ansonsten pflegeleichten Entlebuchern.

FCI-Gruppe 2

Entlebucher Sennenhund

2

Ursprungsland
Schweiz

Widerristhöhe
Rüde: 40 bis 50 cm
Hündin: 40 bis 50 cm

Farbe
Grundfarbe schwarz mit gelben bis rostbraunen und weißen Abzeichen

Haarkleid
Kurz, fest anliegend, hart und glänzend

FCI-Gruppe 2

2

Großer Schweizer Sennenhund

Ursprungsland
Schweiz

Widerristhöhe
Rüde: 65 bis 72 cm
Hündin: 60 bis 68 cm

Farbe
Grundfarbe schwarz mit rotbraunen und weißen Abzeichen

Haarkleid
Dicht, gänzend, mittellang und pflegeleicht

Die Aufgaben des Großen Schweizer Sennenhundes waren vielfältig. Die Hunde bewachten Höfe oder begleiteten das Vieh zum Schlachthof. Am bekanntesten ist jedoch ihr Einsatz als Karrenhund. Für diese Aufgabe, die den Hunden noch heute Freude bereitet, waren die Großen Schweizer ideal geeignet. Sie waren kräftig und anspruchslos in der Haltung. Oft zogen sie die Karren vagabundierender Händler, die kaum genügend für den eigenen Lebensunterhalt verdienten. Ihr natürlicher Schutztrieb machte sie zum Wächter der Waren während der Nacht. Doch es war eine harte Arbeit. Die Hunde verrichteten schwerste Arbeiten. Die Ausbeutung erreichte Grenzen, die den Gesetzgeber in einer Zeit auf den Plan riefen, als von Tierschutz kaum jemand sprach. Die Verwendung der Karrenhunde wurde geregelt. In einem kurzhaarigen Berner Sennenhund erkannte Prof. Heim 1908 auf einer Ausstellung den Küherhund seiner Jugend – die Rasse war geboren, die Reinzucht begann.

Charakter: Die großen, ruhigen Hunde sind schutzbereit, aber keinesfalls aggressiv. Wie alle Sennenhunde haben sie ein etwas ungestümes Temperament, sind aber liebevolle Beschützer ihrer Familie und vor allem der Kinder, die sie, dank ihrer hohen Reizschwelle, gerne als Spielpartner akzeptieren.

Erziehung: Ein Hund dieser Größe muss immer konsequent erzogen werden, eine gute Sozialisation ist ebenso wichtig. Dabei sind die intelligenten Hunde sehr lernfreudig, wenn man den gelegentlichen Dickkopf zu nehmen weiß.

Die Geschichte des Großen Japanischen Hundes ist eng mit der des Akita Inu verknüpft. Der Akita Inu gelangte verstärkt erst nach dem 2. Weltkrieg in die USA. Amerikanischen Soldaten gefiel dieser große, freundliche Hund und sie nahmen ihn nach ihren Einsätzen in Japan mit nach Hause. Die Ausfuhr der Hunde war streng verboten, nachdem der Akita 1931 zum Nationalhund erklärt wurde. Nur selten verließen einzelne Hunde als Geschenke offiziell das Land. Die Akita Inu-Zucht in den USA brachte in den folgenden Jahren Hunde hervor, die größer und massiger waren, als ihre japanischen Ahnen. 1972 erkannte der American Kennel Club die Rasse an, ohne mit Japan Übereinkünfte der gegenseitigen Anerkennung zu treffen. Ein Zuchtverbot mit japanischen Importhunden war die Folge. Fast zwingend entfernte sich der amerikanische Akita immer weiter von den japanischen Hunden, die aber wiederum dem im FCI-Standard beschriebenen Typ entsprachen. Eine Trennung der Rassen wurde unvermeidlich und erfolgte im Jahr 1998 nach langen Diskussionen zwischen amerikanischen und japanischen Züchtern.

Charakter: Die freundlichen Hunde zeigen viele Wesenszüge, die charakteristisch sind für nordische Urtyp-Hunde. Sie besitzen eine hohe Reizschwelle, sind selbstbewusst, nicht unterordnungsbereit und tragen noch ihren natürlichen Jagdinstinkt in sich.

Erziehung: Eine gute Sozialisation mit anderen Hunden ist ebenso wichtig wie eine konsequente Erziehung mit Geduld ohne Härte.

FCI-Gruppe 2

2

Großer Japanischer Hund

Ursprungsland
Japan

Anderer Name
Amerikanischer Akita

Widerristhöhe
Rüde: 65 bis 70 cm
Hündin: 60 bis 65 cm

Farbe
Alle möglich

Haarkleid
Stockhaar, dichte Unterwolle

Einleitung FCI-Gruppe 3

Terrier

Diese F.C.I.-Gruppe umfasst alle Terrier, aufgeteilt in 4 Sektionen: „Hochläufige (d.h. mittelgroße und große) Terrier" mit den Rassen Deutscher Jagdterrier, Airedale, Bedlington, Border, Fox, Lakeland, Manchester, Parson Russell und Welsh Terrier mit Großbritannien als Ursprungsland, den irischen Rassen Irish, Glen of Imaal, Kerry Blue und Soft Coated Wheaten Terrier und dem Brasilianischen Terrier. „Niederläufige (kleine) Terrier" mit dem Australian Terrier, den englischen Cairn, Dandie Dinmont, Jack Russell, Norfolk, Norwich, Scottish, Sealyham, Skye und West Highland White Terriern, dem Japanischen Terrier sowie dem Tschechischen Terrier. „Bullartige Terrier" mit den englischen Bull, Miniatur Bull und Staffordshire Bull Terriern und dem American Staffordshire Terrier. „Zwerg-Terrier", zu denen der Australian Silky Terrier, der English Toy und der Yorkshire Terrier gehören. Diese Rassen sind im äußeren Erscheinungsbild zum Teil sehr unterschiedlich; dennoch gibt es Gemeinsamkeiten, die dazu geführt haben, dass sie in einer F.C.I.-Gruppe eingeordnet wurden. Alle Terrier sind nämlich ursprünglich für den Jagdgebrauch gezüchtet worden: für die Jagd auf Fuchs und Dachs unter der Erde, für die Bekämpfung von Raubzeug wie Ratten, Mäusen und anderen Nagern oder sogar für die Otterjagd. Auch heute noch stecken die meisten Terrier – vom kleinsten bis hin zum größten – voller Jagdinstinkt und Raubzeugschärfe – bei ansonsten durchaus unterschiedlichen Wesensmerkmalen! Da ihr Jagdeifer aber durch entsprechende Erziehung gut zu kontrollieren ist (eine Ausnahme bildet vielleicht nur der Deutsche Jagdterrier), sind die meisten von ihnen sehr gute Familien- und Begleithunde, wachsam und kinderfreundlich. Ein Hund, der in Fuchsbauten und Dachshöhlen eindringen und gegen einen in die Enge getriebenen oft viel größeren Gegner zu kämpfen und ihn notfalls auch zu töten hatte, musste ganz besonders mutig, verwegen, furchtlos und selbstständig sein und zudem ein gewisses Maß an Aggressivität und jede Menge Selbstvertrauen und Lernfähigkeit aufweisen. Aber gerade diese für die Jagd so notwendigen angeborenen Eigenschaften führten dazu, dass Terrier im Laufe ihrer Geschichte auch immer wieder zu zweifelhaften „Vergnügungen" der Menschen missbraucht wurden: Die bullartigen zum Kampf zunächst gegen Bullen und Bären, später auch gegen andere Hunde, manche zum „Rattenbeißen", wieder andere zu der in England so beliebten hochherrschaftlichen Fuchsjagd (die sicher auch eher zum Vergnügen des Adels als zur notwendigen Raubzeugbekämpfung stattfand). Fast alle Terrierrassen haben ihren Ursprung auf den Britischen Inseln, und schon sehr früh wurden terrierartige Hunde („Erdhunde" von lat. *terra* = Erde) schriftlich erwähnt und bildlich dargestellt. 1576 beschrieb John Gaius, Leibarzt von Königin Elisabeth I., diese Hunde als äußerst zänkisch und bissig und nur im Stall zu halten; sie würden dazu gebraucht, Fuchs und Dachs zu sprengen und zu würgen. Auch in der Folgezeit wurden sie in allen bedeutenden kynologischen Veröffentlichungen genannt, und schon im 17. Jahrhundert galten sie als klar abgegrenzte Rassegruppe, bei der jedoch grundsätzliche die jagdliche Brauchbarkeit an oberster Stelle stand. Obwohl sie eine lange Geschichte haben, gab es erst ab 1862 eigene Klassen für Terrier auf englischen Hundeausstellungen, und damit waren die Voraussetzungen geschaffen für die Entwicklung hin zu dem großen Rassespektrum, das jedem Hundefreund etwas bietet.

Die Vorfahren des als Rasse noch sehr jungen Brasilianischen Terriers hatten ihren Ursprung nicht in Brasilien, sondern in Europa. Ende des 19. Anfang des 20. Jahrhunderts studierten viele junge Brasilianer in Europa, vor allem in England und Frankreich. Bei ihrer Rückkehr auf die Landgüter ihrer Familien in Brasilien brachten sie häufig kleine Hunde vom Typ des Jack Russell Terriers mit. Die kleinen Terrier passten sich an das Leben auf dem Land an und vermischten sich mit einheimischen Hunden. So entstanden zunächst unterschiedlich aussehende Hunde, deren Erscheinungsbild sich aber in wenigen Generationen vereinheitlichte. Als aufgrund des Wachstums der Großstädte eine Landflucht einsetzte, machten die brasilianischen Terrier auch den erneuten Umzug mit; sie passten sich dem Stadtleben problemlos an. Trotz ihrer Kleinheit wurden die auf den Landgütern als eifrige Jäger, die in der Meute jagten und ihre Beute einkreisten und bis zur Erschöpfung bedrängten, geschätzt. Darüber hinaus waren sie als Wachhunde beliebt: Durch ihr Kläffen, sobald sich ein Fremder näherte, wurden die großen Filas aufmerksam, die mit jeder Bedrohung problemlos fertig wurden.

Charakter: Es sind fröhliche, sehr aktive Hunde, die sich am wohlsten in der Nähe ihrer Besitzer fühlen. Sie sind verspielt, charmant, intelligent und kinderfreundlich, weshalb sie sich auch besonders gut als Familienhunde eignen.

Erziehung: Als sehr gelehrige Hunde sind sie leicht erziehbar und lernen auch kleine Tricks schnell.

FCI-Gruppe 3

3

Brasilianischer Terrier

Ursprungsland
Brasilien

Widerristhöhe
Rüde: 35 bis 40 cm
Hündin: 35 bis 38 cm

Farbe
Grundfarbe weiß mit schwarzen, rotbraunen oder blauen Abzeichen

Haarkleid
Kurz, glatt, fein und gut anliegend

FCI-Gruppe 3

3

Deutscher Jagdterrier

Ursprungsland
Deutschland

Widerristhöhe
Rüde: 33 bis 40 cm
Hündin: 33 bis 40 cm

Farbe
Schwarz, dunkelbraun oder schwarzgrau meliert mit rotgelben Abzeichen

Haarkleid
Kurzes, dichtes, hartes Rauhaar oder derbes Glatthaar

Der Deutsche Jagdterrier ist der einzige Terrier, dessen Ursprungsland Deutschland ist. Er entstand nach dem ersten Weltkrieg, als sich einige aktive Jäger vom Foxterrier-Club trennten, um die Zucht eines Terriers aufzubauen, der ausschließlich für den Jagdgebrauch vorgesehen war. Die erfahrenen Jagdkynologen R. Frieß, W. Zangenberg und C.-E. Grünewald beschlossen, einen schwarz-roten Jagdhund für die Arbeit unter der Erde zu züchten. Ihren Bestrebungen kam ein Zufall zur Hilfe: Zoodirektor Lutz Heck aus Hagenbeck schenkte Walter Zangenberg vier schwarz-rote Terrier, die aus reinen Foxterrierlinien stammen sollten. Mit diesen Hunden begann die Zucht. Durch geschicktes Einkreuzen von alten englischen rauhhaarigen Terriern vom Urtyp und von Welsh Terriern gelang es nach jahrelangen intensiven Bemühungen, das Erscheinungsbild und den Typ der Rasse zu festigen. Allergrößten Wert legte man auf die Gebrauchstüchtigkeit dieses Hundes: Er musste hart, spurlaut und wasserfreudig sein und ausgesprochenen Jagdinstinkt und hervorragende Abrichtefähigkeit besitzen – Eigenschaften, die für einen arbeitenden Jagdhund unerlässlich sind.

Charakter: Der Deutsche Jagdterrier ist äußerst arbeitsfreudig, hart und ausdauernd, dabei umgänglich und führig. Er darf nicht scheu oder aggressiv sein. Als reiner Familienhund ist er nicht geeignet.

Erziehung: Sie muss sehr konsequent sein und das Temperament des Hundes in die richtigen Bahnen lenken. Der Hund gehört in die Hand erfahrener Jäger.

Die Rasse entstand Mitte des vorigen Jahrhunderts in der englischen Grafschaft Yorkshire, genau gesagt im Tal der Aire, wo sie hauptsächlich für die Wasserjagd auf Otter, Marder, Iltis und auch Wasservögel eingesetzt wurde. Der Airedale stammt vermutlich von kleineren in der genannten Region vorkommenden Terriern und dem Otterhound ab, der auch heute noch ein Wasserjäger ist. Die ersten Airedale Terrier waren in ihrem Aussehen eher grob und unansehnlich, durch konsequente Auslese entwickelte sich die Rasse zu dem eleganten Hund, den wir heute kennen. Dabei verloren die Züchter jedoch seine Gebrauchstüchtigkeit nie aus den Augen: Deshalb war und ist der Airedale Terrier einer der vielseitigsten Hunde überhaupt. In beiden Weltkriegen erlangte die Rasse Berühmtheit als Sanitäts- und Meldehund, und auch heute noch wird der Airedale weltweit als Wachhund, Schutzhund, Rettungshund, Lawinenhund, Blindenhund und Jagdhund eingesetzt. Offizielle Anerkennung erlangte der Airedale Terrier in den achtziger Jahren des neunzehnten Jahrhunderts.

Charakter: Der Airedale hat trotz seines Temperaments ein ausgeglichenes Wesen. Er ist unerschrocken, wachsam und mutig, dabei aber friedfertig; er darf niemals aggressiv sein. Er ist kinderfreundlich und anhänglich und eignet sich vorzüglich als Familienhund.

Erziehung: Die Rasse ist problemlos erziehbar, er braucht eine liebevolle, aber konsequente Hand. Gewalt ist fehl am Platz.

FCI-Gruppe 3

3

Airedale Terrier

Ursprungsland
Großbritannien

Anderer Name
Waterside-Terrier

Widerristhöhe
Rüde: etwa 58 bis 61 cm
Hündin: etwa 56 bis 59 cm

Farbe
Grundfarbe loh mit schwarzen und schwarzgrauen Abzeichen

Haarkleid
Hart und „drahthaarig“

FCI-Gruppe 3

Bedlington Terrier

Ursprungsland
Großbritannien

Anderer Name
Rothbury Terrier

Widerristhöhe
Rüde: etwa 40,6 cm
Hündin: etwa 40,6 cm

Farbe
Blau, leber- und sandfarben, blue and tan

Haarkleid
Dicht und fest, kräftig, aber nicht drahtig

Der Bedlington Terrier ist eine der ältesten Terrierrassen überhaupt, wobei seine genaue Entstehung recht unklar ist. Seine eher „Terrier-untypische" äußere Erscheinung weist darauf hin, dass seine Abstammung auf Kreuzungsprodukte schottischer Jagdterrier mit englischen Terriern, Greyhounds und Otterhounds zurückzuführen ist. Unzweifelhaft zählen Dandie Dinmont und Border Terrier zu seinen Verwandten. Der Ursprung der Rasse liegt im englisch-schottischen Grenzgebiet, in der Grafschaft Northumberland. Bedlington Terrier eigneten sich wegen ihrer Schnelligkeit und ihrer Lautlosigkeit bei der Jagd – ein Erbe des Windhundeinflusses – vorzüglich zum Wildern. Sie haben sicherlich dazu beigetragen, dass so manche Beute den kärglichen Speiseplan ihrer armen Besitzer bereichert hat, obwohl die Jagd zu jener Zeit ausschließlich den Adligen und Grundeigentümern vorbehalten war. Die planmäßige Zucht des Bedlington Terriers begann um 1820; schon 1870 wurden die ersten „echten" Bedlingtons auf Ausstellungen gezeigt. Die Rasse ist nie in großen Zahlen gezüchtet worden, hat aber auf der ganzen Welt ihre Liebhaber

Charakter: Er ist freundlich, unkompliziert und äußerst intelligent, liebenswürdig, anhänglich und anschmiegsam, dabei durchaus wachsam und, wenn nötig, äußerst mutig.

Erziehung: Sie ist wegen seiner schnellen Auffassungsgabe recht problemlos, wenn man liebevoll und konsequent vorgeht.

Wie der Name schon sagt, stammt der Border Terrier aus dem Grenzgebiet zwischen England und Schottland. Er ist vermutlich mit dem Dandie Dinmont und dem Bedlington Terrier verwandt, deren Ursprung ebenfalls in diesem Gebiet liegt. Schon vor 150 Jahren kam der Border Terrier dort bei der Fuchs- und Otterjagd zum Einsatz. Die rauhen Berg- und Hügellandschaften seiner Heimat haben ihn geprägt: Hier brauchte man für die Jagd zu Pferd leichtfüßige, robuste, witterungsunempfindliche Terrier, die die Foxhound-Meuten über lange Strecken begleiten konnten, um dann die Jagdbeute in ihrem Bau oder ihrer Höhle stellen zu können. Obwohl Border Terrier schon seit langem gezüchtet wurden, erfolgte die Anerkennung der Rasse erst relativ spät im Jahr 1920, da die ersten Züchter ausschließlich an der Gebrauchstüchtigkeit der Rasse interessiert waren und fürchteten, dass diese bei einer verstärkten Zucht auf Schönheitsmerkmale verloren gehen könnte. Border Terrier zählen in England schon seit langem zu den beliebtesten Terriern, und auch auf dem Kontinent steigt ihre Beliebtheit stetig an.

Charakter: Der Border Terrier ist liebenswürdig, aufmerksam, anhänglich und von Natur aus verträglich auch mit Artgenossen. Da er zudem sehr kinderlieb ist, eignet er sich bestens für ein Leben in der Familie. Er braucht viel Bewegung, damit er seine Energie und angeborene Arbeitsfreudigkeit ausleben kann.

Erziehung: Sie muss liebevoll-konsequent stattfinden und stellt kein Problem dar.

FCI-Gruppe 3

3

Border Terrier

Ursprungsland
Großbritannien

Widerristhöhe
Rüde: max. 40 cm
Hündin: max. 36 cm

Farbe
Rot, weizenfarbig, graumeliert und blue and tan

Haarkleid
Hart und dicht

FCI-Gruppe 3

Foxterrier

Ursprungsland
Großbritannien

Widerristhöhe
Rüde: bis max. 39,3 cm
Hündin: etwas kleiner

Farbe
Weiß mit schwarzen, lohfarbigen oder black and tan Abzeichen

Haarkleid
Drahthaar: Dicht und sehr drahtig, 2 bis 4 cm lang
Glatthaar: Gerade, glatt, hart, dicht und füllig

Wie der Name schon sagt, wurde der Fox Terrier zur Jagd auf Füchse gezüchtet. Vermutlich entstand der Fox Terrier aus den gleichen glatt- und rauhhaarigen Terriertypen, die auch hinter etlichen anderen Terrierrassen, wie zum Beispiel Bull Terrier und Manchester Terrier, stehen. Einkreuzungen von Schweiß- und Windhunden sind nicht auszuschließen. Häufig wurden die Fox Terrier jener Zeit in Jagdzwingern gezüchtet ausschließlich zu dem Zweck, die Foxhound-Meuten auf der Jagd zu begleiten und den Fuchs, wenn er in seinen Bau geflüchtet war, in seinem Versteck zu stellen und zu sprengen, also aus dem Bau zu treiben, damit ihn die Jäger erschießen konnten. Viele Züchter bevorzugten weiße Terrier, weil sie nicht mit dem Fuchs verwechselt werden konnten. Fox Terrier gibt es in zwei Varietäten: Glatt- und rauhaarig. Zunächst entwickelte sich der Glatthaar Fox aus diversen glatthaarigen Vorfahren und wurde, nachdem er in der zweiten Hälfte des 19. Jahrhunderts auf Ausstellungen auftauchte, schnell sehr beliebt; später entstand – durch das Einkreuzen von rauhaarigen Black and Tan Terriern – der Drahthaar Fox. Die beiden Varietäten unterscheiden sich nur durch das Haarkleid.

Charakter: Der Fox Terrier ist äußerst aktiv und schneidig mit viel Jagdinstinkt; er ist fröhlich, wachsam und seinen Menschen treu ergeben und kommt in der Regel gut mit Kindern aus.

Erziehung: Eine liebevolle, aber konsequente Erziehung ist notwendig, um seine Energie unter Kontrolle zu bekommen.

Der Lakeland Terrier stammt aus Cumberland, der nodwestlichsten Grafschaft Englands. Er erhielt seinen Namen nach deren Seendistrikt. Der Lakeland wurde aus dem Old English Black and Tan Terrier gezüchtet, Bedlington Terrier wurden zur Verbesserung des Wesens und Border Terrier wegen des drahtigen, wasserfesten Haarkleids eingekreuzt. Der kleine, zähe Draufgänger, der so entstand, jagte den Fuchs zwischen Felsen und in Steinbrüchen und tötete ihn in seinem unterirdischen Versteck. Dies war notwendig, da die Füchse regelmäßig in die Schafherden einbrachen und großen Schaden anrichteten. Dass der Lakeland Terrier für diese Arbeit besondere körperliche Voraussetzungen aufweisen musste, versteht sich von selbst. Obwohl es schon seit der Mitte des 19. Jahrhunderts ein Ahnenverzeichnis dieser Hunde gab, wurde die Rasse erst 1928 vom englischen Kennel Club anerkannt. Auf Ausstellungen werden Lakeland Terrier sehr erfolgreich gezeigt, sie sind aber nie in sehr großen Zahlen vertreten.

Charakter: Der Lakeland ist ein kleiner Terrier mit viel Selbstvertrauen. Er ist unternehmungslustig, wachsam und mutig. Sein unkompliziertes, fröhliches Wesen macht ihn zum guten Familienhund, der sich als Spielkamerad für Kinder sehr gut eignet. Anderen Hunden gegenüber zeigt er sich gelegentlich weniger umgänglich.

Erziehung: Die Erziehung ist problemlos, wenn sie konsequent, aber liebevoll stattfindet; sein Bewegungsdrang muss in die richtigen Bahnen gelenkt werden.

FCI-Gruppe 3

3

Lakeland Terrier

Ursprungsland
Großbritannien

Anderer Name
Patterdale-Terrier, Westmoreland-Terrier

Widerristhöhe
Rüde: 34 bis 37 cm
Hündin: 34 bis 37 cm

Farbe
Schwarz und loh, blau und loh, rot, weizenfarben, rotmeliert, leberfarben, blau und schwarz

Haarkleid
Mittellang, dicht, rau und wetterfest

FCI-Gruppe 3

Manchester Terrier

Ursprungsland
Großbritannien

Widerristhöhe
Rüde: 39 bis 42 cm
Hündin: 37 bis 40 cm

Farbe
Schwarz mit lohfarbigen und mahagonifarbigen Abzeichen

Haarkleid
Kurz, dicht, glatt, von fester Textur

Der Manchester Terrier ist ein direkter Nachkomme der glatthaarigen Varietät des „Old English Black and Tan Terriers“. Er wurde – anders als die meisten Terrierrassen, die aus ländlichen Gegenden stammten – in den Industriegebieten Nordenglands gezüchtet. Er war als Black and Tan Terrier bekannt und wurde vornehmlich für die Jagd auf Ratten und anderes Kleingetier, das an den Kanalufern stark verbreitet war, und für die Hasenjagd eingesetzt. Einkreuzungen von leichtgebauten Staffordshire Terriern und vor allem Whippets trugen dazu bei, dass ein eleganter, schneller, wendiger Hund entstand, der sich vor allem bei dem in dieser Bergbauregion äußerst beliebten Wett-„Sport“ des Rattenbeißens hervortat. Schon 1860 auf der ersten Hundeausstellung in Birmingham wurden Black and Tan Terrier ausgestellt. Zu jener Zeit wurde die Rasse in drei Gewichtsklassen unterteilt; aus den kleinen Exemplaren entstand der kleine Bruder des Manchester, der heute English Toy Terrier heißt. Manchester Terrier – in der gleichnamigen Stadt wurden sie Ende des 19. Jahrhunderts sehr häufig gezüchtet – gehören zu den heute recht selten gesehenen Terriern.

Charakter: Der Manchester Terrier ist sehr anhänglich, kinderfreundlich, wachsam, temperamentvoll und bewegungsfreudig – ein pflegeleichter Haus- und Familienhund. Fremden gegenüber ist er eher misstrauisch.

Erziehung: Er ist gelehrig und mit der notwendigen Liebe und Konsequenz leicht zu erziehen.

Der Parson Russell Terrier ist zwar eine recht alte Rasse, wurde jedoch erst 1990 von der FCI anerkannt. Sie erhielt ihren ursprünglichen Namen Jack Russell Terrier von ihrem Begründer, dem Reverend John „Jack" Russell. Er war ein passionierter Jäger und verbrachte mehr Zeit auf der Fuchsjagd als auf der Kanzel. Von seinen Hunden hatte er eine klare Vorstellung: Sie sollten den Fuchs aus dem Bau sprengen, aber nicht töten; ihre Läufe sollten so lang sein, dass sie mühelos einem Pferd folgen konnten, die Hunde durften für die Bauarbeit aber auch nicht zu groß und schwer sein. Da die Gebrauchstüchtigkeit an oberster Stelle stand, legte der Reverend keinen Wert auf die offizielle Registrierung seiner Hunde, obwohl er zu den Gründungsmitgliedern des englischen Kennel Clubs gehörte. So waren seine Hunde nach seinem Tod recht uneinheitlich. Erst in den 1930er Jahren begann man, systematisch mit Hunden zu züchten, die dem von John Russell bevorzugten Typ entsprachen. Der erste Standard wurde 1975 erstellt. Der Parson Russel gehört heute zu den häufig gesehenen Terriern.

Charakter: Er ist sehr temperamentvoll und arbeitsfreudig, dabei mutig und selbstbewusst, und braucht viel Bewegung. Er ist in der Regel kinderfreundlich, anhänglich und besonders geeignet für aktive Familien, die seinem Temperament gewachsen sind.

Erziehung: Als echter Terrier, dessen ursprüngliche Eigenschaften noch in hohem Maße vorhanden sind, erfordert er eine konsequente, einfühlsame Erziehung.

FCI-Gruppe 3

Parson Russell Terrier

3

Ursprungsland
Großbritannien

Widerristhöhe
Rüde: 34 bis 38 cm
Hündin: 31 bis 35 cm

Farbe
Einfarbig weiß oder weiß mit lohfarbigen, gelben oder schwarzen Abzeichen

Haarkleid
Harsch, dicht und anliegend; Rau- oder Glatthaar

FCI-Gruppe 3

Welsh Terrier

Ursprungsland
Großbritannien, Wales

Anderer Name
Walisischer Terrier

Widerristhöhe
Rüde: max. 39 cm
Hündin: max. 39 cm

Farbe
Schwarz mit loh oder „grizzle" mit loh

Haarkleid
Drahtig, hart, sehr dicht und reichlich

Häufig wird der Welsh Terrier wegen seines Aussehens als „kleiner Airedale Terrier" bezeichnet, er ist jedoch wesentlich älter als der Airedale. Er geht, wie mancher andere Terrier auch, auf den rauhaarigen Old English Black and Tan Terrier zurück. Vermutlich kommt er ihm aber am nächsten. Black and Tan Terrier wurden bereits im 10. Jahrhundert zur Jagd auf Fuchs, Dachs und Otter gehalten. In den unzugänglichen Tälern von Wales blieb die Rasse jahrhundertelang unter sich. Sie wurde erst Ende des 19. Jahrhunderts bekannter. Die Hunde hatten damals äußerlich nicht viel mit unserem heutigen sportlich-eleganten Welsh Terrier gemein. Durch sorgfältige Auswahl festigten die Züchter besonders im Nordwesten von Wales den Rassetyp. Schon 1886 wurden der erste Welsh Terrier Club gegründet und die Rassekennzeichen festgelegt. Diese haben bis auf wenige Änderungen noch heute Gültigkeit. 1895 tauchten Welsh Terrier erstmals im Ausstellungsring auf, ihre Bekanntheit in England stieg schnell an. Heute sind Welsh Terrier auf der ganzen Welt anzutreffen.

Charakter: Welsh Terrier sind äußerst temperamentvoll, fröhlich und wachsam, ohne Kläffer zu sein. Sie sind robust, sportlich mit Jagdinstinkt, umgänglich, kinderlieb und somit gute Familienhunde; gelegentlich sind sie mit Artgenossen nicht verträglich.

Erziehung: Der Welsh Terrier muss als echter Terrier liebevoll aber konsequent erzogen werden, seine Energie muss in die richtigen Bahnen gelenkt werden.

Der Irish Glen of Imaal Terrier ist eine alte irische Rasse, die jedoch von den Jagdherren Irlands bis zur Mitte des 19. Jahrhunderts einfach ignoriert wurde. Er kam fast ausschließlich in der öden, rauen Gegend des Irischen Glen of Imaal vor. Die Bauern dieser Region stammten von Soldaten ab, die für ihre Dienste für die Britische Krone im 16. und 17. Jahrhundert mit Land entlohnt worden waren. Sie mußten all ihre Schläue und Geschicklichkeit anwenden, um in diesem rauen Terrain ihr Leben fristen zu können. Natürlich wäre von ihnen auch kein Hund toleriert worden, der zu schwach für den täglichen Überlebenskampf war. So musste der Irische Glen of Imaal Terrier zum Beispiel viele Stunden als Energielieferant Räder antreiben, und zum Vergnügen der Bauern wurde er zum Kampf gegen andere Hunde in die Arena geschickt! Dies alles machte ihn zu dem starken, harten Hund, der er heute noch ist. 1934 wurde die Rasse in Irland offiziell anerkannt; heute ist sie auch außerhalb Irlands bekannt, aber dennoch recht selten.

Charakter: Der Hund besitzt einen ungeheuren Mut, eine gewisse Schärfe und ist sehr intelligent. So zeigt er sich anderen Hunden gegenüber manchmal nicht besonders umgänglich. Dennoch ist er sanft, gehorsam und kinderlieb. Schutztrieb ist ihm angeboren. Er braucht viel Bewegung.

Erziehung: Der Glen muss frühzeitig konsequent erzogen werden; dies stellt in der Regel kein Problem dar, da er sehr anhänglich und gelehrig ist.

FCI-Gruppe 3

3

Irish Glen of Imaal Terrier

Ursprungsland
Irland

Anderer Name
Glen

Widerristhöhe
Rüde: 33 bis 35 cm
Hündin: 33 bis 35 cm

Farbe
Blau, gestromt, weizenfarbig

Haarkleid
Mittellang und rau

FCI-Gruppe 3

3

Irish Terrier

Ursprungsland
Irland

Anderer Name
Daredevil

Widerristhöhe
Rüde: ca. 45 cm
Hündin: ca. 45 cm

Farbe
Rot, rot-weizenfarbig oder gelb-rot

Haarkleid
Dicht und drahtig, keine Locken oder Kräuselung

Wie die anderen irischen Terrierrassen, so unterscheidet sich auch der Irish Terrier nicht unerheblich von den Terriern Englands und des Kontinents. Seine Herkunft ist nicht schlüssig nachzuweisen, man vermutet jedoch, dass er auf den alten rauhhaarigen Black and Tan Terrier der britischen Inseln zurückgeht und sich aus nordirischen Zuchtlinien entwickelt hat. Vor 1880 war die Farbe der Irish Terrier noch recht uneinheitlich; außer roten fielen auch schwarz-lohfarbene Welpen und solche mit gestromtem Haarkleid. Seit dem Ende des 19. Jahrhunderts war man bemüht, die beiden letztgenannten Farben züchterisch zu eliminieren. Schon vom Beginn des 20. Jahrhunderts an hatten alle Irish Terrier die erwünschte rote Farbe. Irish Terrier waren zunächst Hunde der armen Leute, denen sie als Jagdhunde und Raubzeugvernichter dienten. Im ersten Weltkrieg taten sich Irish Terrier im Grabenkrieg als Botenhunde hervor, und bald traten sie auch in England und in den USA mit großem Erfolg im Ausstellungsring in Erscheinung. Heute erfreut sich der Irish Terrier weltweit großer Beliebtheit.

Charakter: Der temperamentvolle, lebhafte Irish Terrier ist besonders Artgenossen gegenüber äußerst selbstbewusst; seiner Familie ist er liebevoll zugetan und bemerkenswert treu. Er ist kinderlieb und ein umgänglicher Haushund.

Erziehung: Trotz seines Selbstbewusstseins ist er auf Grund seiner Intelligenz mit liebevollem Einfühlungsvermögen und Konsequenz leicht zu erziehen.

Der Kerry Blue Terrier, früher Irish Blue Terrier genannt, soll, wie die anderen irischen Terrierrassen, schon seit Jahrhunderten in Irland existiert haben. Da er jedoch fast nur von Bauern als Raubzeugvernichter, Viehtreiber und Wachhund gehalten wurde und sonst wenig Beachtung fand, gibt es nur wenige gesicherte Hinweise auf die Entstehung der Rasse. Wohl erstmals schriftlich erwähnt wurde der Kerry Blue im Jahr 1847 als bläulich-schieferfarbener Hund mit dunklen und manchmal auch lohfarbenen Abzeichen, dessen hauptsächliches Verbreitungsgebiet die Grafschaft Kerry war. Legenden berichten, daß der Urvater dieser Rasse von vor der irischen Küste gestrandeten Schiffen der spanischen Armada im 16. Jahrhundert stammen soll, der sich mit örtlichen Terrierschlägen gepaart haben soll. 1913 wurde der Kerry Blue Terrier vom Irischen Kennel Club offiziell anerkannt, seine Blütezeit erreichte er um 1920, und während des Kampfes der Iren gegen England um Unabhängigkeit avancierte er zum Maskottchen der irischen Patrioten.

Charakter: Der Kerry Blue ist ein temperamentvoller echter Terrier; er hat einen großen Bewegungsdrang und weiß sich Artgenossen gegenüber zu behaupten. Er ist wachsam, zeigt Beschützerinstinkt, ist menschenfreundlich, anhänglich und eignet sich sehr gut als Haus- und Familienhund.

Erziehung: Als kräftiger Terrier mit viel Persönlichkeit benötigt er eine konsequente, liebevolle Erziehung, die wegen seiner Intelligenz und Gelehrigkeit unproblematisch ist.

FCI-Gruppe 3

3

Kerry Blue Terrier

Ursprungsland
Irland

Anderer Name
Irish Blue Terrier

Widerristhöhe
Rüde: 45,5 bis 49,5 cm
Hündin: 44,5 bis 48 cm

Farbe
Blau in jeder Schattierung mit oder ohne schwarze Extremitäten

Haarkleid
Weiches, üppiges und welliges Fell

FCI-Gruppe 3

3

Irish Soft Coated Wheaten Terrier

Ursprungsland
Irland

Widerristhöhe
Rüde: 46 bis 48 cm
Hündin: 43 bis 47 cm

Farbe
Weizenfarbig

Haarkleid
Reichlich, weich, seidig, gewellt oder große Locken formend; nicht länger als 12,7 cm

Der Irish Soft Coated Wheaten Terrier verdankt seinen Namen seinem ganz besonderen, üppigen Haarkleid: Es ist weich und weizenfarben. Erste schriftliche Hinweise auf weichhaarige, weizenfarbige Terrier gab es schon Mitte des 18. Jahrhunderts. Man unterschied zu jener Zeit aber noch nicht zwischen den verschiedenen Rassetypen und bezeichnete alle als „Irish Terrier". Deshalb sind die Vorfahren des Wheaten vermutlich auch sehr gemischt. Am stärksten verbreitet war der weizenfarbene irische Terrier im Süden und Südwesten Irlands. Sie wurden vorwiegend von armen Pachtbauern gehalten, denen sie als Wächter von Haus und Hof, als Raubzeugvernichter und Hüter der Herden dienten. Gelegentlich verhalfen sie durch lautloses Wildern zur Bereicherung des kärglichen Speisezettels. Trotz ihrer weit zurückreichenden Geschichte wurde die Rasse erst 1937 vom Irischen Kennel Club anerkannt. Seitdem hat der Irish Soft Coated Wheaten Terrier weltweit Bekanntheit und Beliebtheit als Ausstellungs- und Familienhund erlangt.

Charakter: Dieser Terrier ist ausgesprochen fröhlich und temperamentvoll, verspielt und gutmütig. Er ist menschenfreundlich und ist seiner Familie, auch den Kindern, sehr zugetan. Er ist wachsam, aber nicht aggressiv. Viel Bewegung und Beschäftigung sind ein Muss.

Erziehung: Im Allgemeinen ist er leicht zu erziehen; seinem gelegentlich auftauchenden irischen „Dickschädel" sollte man mit Liebe und Konsequenz begegnen.

Bereits Mitte des 19. Jahrhunderts kamen britische und schottische Siedler mit ihren Hunden, darunter auch verschiedene kleine Terrier, nach Australien. Diese sind vermutlich die Vorfahren des Australian Terriers. Dazu gehörten auch die Nachkommen einer rauhaarigen Hündin aus Tasmanien, die Anfang des 19. Jahrhunderts mit ihrem Besitzer nach England gekommen war, mit einem Dandie Dinmont Terrier. Verschiedene Terrier- rassen trugen zur Entstehung des Australian Terriers bei: Vom Dandie Dinmont erhielt er seinen Haarschopf, von Scottish und Skye Terrier seinen länglichen Körper und die kurzen Läufe und vom Scottish zudem das raue Haar; auch Einkreuzungen von Irish Terriern wegen der roten Farbe und von Yorkshire Terriern, um die Größe in Grenzen zu halten, sind nicht auszuschließen. In den Anfängen wurden die Australian vornehmlich wegen ihrer Fähigkeit, Raubzeug und Schlangen (!) zu jagen und zu vernichten, und wegen ihrer Wachsamkeit geschätzt. Heute sind sie vor allem Familienhunde.

Charakter: Der Aussie ist ein drahtiger, robuster Terrier. Er ist neugierig und selbstbewusst, wachsam, ohne ein Kläffer zu sein, ruhig im Haus, aber lebhaft und energiegeladen im Freien. Er eignet sich wegen seiner Treue und Anhänglichkeit problemlos für die Haltung in der Familie mit Kindern. Er braucht viel Auslauf und sehr viel Kontakt zu seinem Besitzer.

Erziehung: Die Erziehung ist leicht, wenn sie liebevoll, aber konsequent stattfindet.

FCI-Gruppe 3

3

Australian Terrier

Ursprungsland
Australien

Widerristhöhe
Rüde: ca. 25 cm
Hündin: ca. 25 cm

Farbe
Einfarbig sandfarben oder rot; blau, stahlblau,dunkelgraublau mit tan-Abzeichen

Haarkleid
Rau, glatt, dicht mit einer Länge von etwa 6 cm

FCI-Gruppe 3

Cairn Terrier

Ursprungsland
Großbritannien, Schottland

Widerristhöhe
Rüde: 28 bis 31 cm
Hündin: 25 bis 30 cm

Farbe
Cremefarben, weizenfarbig, rot, grau oder fast schwarz; Stromung

Haarkleid
Lang, hart und reichlich

Der Cairn Terrier gehört wie seine nahen Verwandten Scottish, Skye und West Highland White Terrier zu den Nachfahren der alten schottischen Jagdterrier. Von allen hat er sich seine Ursprünglichkeit am besten bewahrt. Der Rassename weist auf seine Heimat, seine Verwendung und sein Aussehen hin. „Cairn" ist nämlich das gälische Wort für Steinhaufen: Seine Heimat im westlichen schottischen Hochland und auf den vorgelagerten Inseln ist felsig und steinig. Hier fanden Fuchs, Dachs und Otter ideale Lebensbedingungen. Sie zu jagen war seine Hauptaufgabe. Diese Landschaft zeigte zudem alle Farben, die sein Fell haben darf: von Sandbeige bis Schiefergrau. Cairn Terrier – die zunächst wegen ihres häufigen Vorkommens auf der Insel Skye Kurzhaarskye Terrier genannt wurden – wurden wegen ihres Mutes schon Ende des 19. Jahrhunderts systematisch gezüchtet. Offizielle Anerkennung erhielt die Rasse 1912, aber erst 1924 verbot der Englische Kennel Club die Kreuzung mit West Highland White Terriern. Cairn Terrier erfreuen sich heute weltweit stetig steigender Beliebtheit.

Charakter: Der kinderfreundliche, verschmuste Cairn hat einen Hang zur Selbstständigkeit, ist dennoch anhänglich und treu. Er darf kein Raufer sein, verteidigt sich aber erfolgreich, wenn nötig. Er ist wachsam, temperamentvoll und verspielt, braucht viel Bewegung.

Erziehung: Die Erziehung ist problemlos, wenn sie, wie bei fast allen Terriern, liebevoll, aber konsequent von statten geht.

Der Dandie Dinmont Terrier stammt, ebenso wie sein enger Verwandter, der Bedlington Terrier, aus dem englisch-schottischen Grenzgebiet. Er entstand aus diversen Kreuzungen alter schottischer Terrier mit Hounds. Schon im 18. Jahrhundert wurden niederläufige Fuchs- und Otterjäger vom Dandie Dinmont Typ von umherziehenden Musikanten und Kesselflickern mitgeführt. Seine Qualitäten als Raubzeugjäger und Bauhund machten den „Pepper"- oder „Mustard"-Terrier, wie er zunächst genannt wurde, aber auch für Bauern und Grundbesitzer interessant. Seinen romantischen Status in der Hundewelt erhielt er durch die Tatsache, dass sein heutiger Name seinen Ursprung in der Novelle „Guy Mannering" von Sir Walter Scott hat. Hier werden diese Terrier als enge Gefährten ihres Besitzers, der Romanfigur „Dandie Dinmont", beschrieben. Dies verschaffte ihm Ruhm und Zutritt zu den feinen Adelskreisen. Sogar Queen Victoria erhielt einen Dandie von ihrem Prinzgemahl als Geschenk.

Charakter: Der Dandie Dinmont wird als der „Philosoph" unter den Terriern bezeichnet. Er scheint erst nachzudenken, bevor er aktiv wird. Er ist ruhig, sanft und anhänglich, ein fröhlicher Familienhund, der auch eigenwillig sein kann. Er ist wachsam und Fremden wie auch Kindern gegenüber eher skeptisch.

Erziehung: Er ist gut zu erziehen, wenn man ihn nett von der Notwendigkeit zu gehorchen überzeugt hat. Denn auch hier scheint er sich zunächst stets zu fragen, ob sich dies wirklich lohnt!

FCI-Gruppe 3

3

Dandie Dinmont Terrier

Ursprungsland
Großbritannien

Widerristhöhe
Rüde: 25 bis 30 cm
Hündin: 25 bis 30 cm

Farbe
Pfefferfarben und senffarben

Haarkleid
Lang, hart, wirkt kraus

FCI-Gruppe 3

Ursprungsland
Großbritannien

Widerristhöhe
Rüde: 35 cm
Hündin: 33 cm

Farbe
Einfarbig weiß oder weiß mit lohfarbigen, gelben oder schwarzen Abzeichen

Haarkleid
Harsch, dicht und anliegend; Rau- oder Glatthaar

Der Jack Russell Terrier entstand in den Jahren ab 1800 in England dank der Bemühungen des Reverend John Russell. Man vermutet, dass John („Jack") Russell Anfang des 19. Jahrhunderts eine Hündin vom Terriertyp erwarb, die zur Stammmutter seiner berühmten Linie wurde. Welche Rassen er noch nutzte, um diese Linie zu festigen, ist unklar. Sicher ist, dass seine Terrier ausgezeichnete Bauarbeit leisteten. Der Einfluss der ursprünglichen Terrier auf die heutigen Jack Russells ist zweifelhaft. Jedenfalls entwickelten sich zwei Varietäten, deren Standards sich in einigen Punkten unterscheiden: Der unter dem Namen Parson Russell bekannte größere, quadratischer gebaute Terrier und der kleinere, auf kürzeren Läufen stehende, längere Jack Russell Terrier. Interessanterweise nahmen sich Züchter in Australien der letzgenannten Varietät an, die in ihrem Ursprungsland keine Anerkennung fand. Hier begann schon ab 1972 die systematische Zucht, Jack Russells wurden in bemerkenswerter Anzahl registriert. Im Jahr 2000 schließlich erhielt die Rasse auf Antrag Irlands, wo die Rasse seit langem sehr verbreitet ist, die Anerkennung der FCI; sie ist somit die jüngste Rasse in der Terriergruppe.

Charakter: Der Jack Russell ist lebhaft, wachsam, aktiv, mutig und furchtlos; dabei ist er menschenfreundlich und anhänglich – ein idealer Familienhund, wenn er seine Aktivität ausleben kann.

Erziehung: Sie ist problemlos, wenn sie mit Liebe und Konsequenz erfolgt.

Der Norfolk Terrier ist die kippohrige Variante des Norwich Terriers; die Entstehungsgeschichte beider Rassen ist identisch. Das Herkunftsgebiet des Norfolks ist geprägt durch den Getreideanbau. Ratten, Mäuse und ähnliches Kleingetier stellten für die Bauern ein großes Problem dar. So hielt man sich auf den Höfen kleine rotbraune Hunde, die sich als flinke Raubzeugfänger einen guten Ruf erwarben. Zudem wurden sie von Jagdreitern zur Fuchs- und Dachsjagd eingesetzt. Besonders der Bereiter Frank Jones widmete sich der Zucht dieser Terrier, die deshalb zeitweise Jones Terrier genannt wurden. Eine andere Bezeichnung war Trumpington Terrier nach der gleichnamigen Straße in Cambridge, wo die kleinen roten oder rot-schwarzen Hunde von einem Hundehändler verkauft wurden und so bei den Studenten besonders beliebt waren. Man nimmt an, dass Norfolks auf einige besonders kleine Irish Terrier zurückgehen. Bis 1964 durften Norfolk und Norwich Terrier, unter dem Rassenamen Norwich Terrier, miteinander verpaart werden, was sich aber negativ auf die Ohrhaltung auswirkte. 1964 wurde der Norfolk Terrier als eigenständige Rasse anerkannt und erhielt seinen eigenen Standard.

Charakter: Norfolks sind robuste, lebhafte Terrier mit viel Unternehmungsgeist und Persönlichkeit. Sie sind ausgeglichen, fröhlich, liebenswürdig und ausgezeichnete Familienhunde, die alle Unternehmungen mitmachen.

Erziehung: Sie sind mit liebevoller Konsequenz leicht zu erziehen.

FCI-Gruppe 3

3

Norfolk Terrier

Ursprungsland
Großbritannien

Widerristhöhe
Rüde: 25 bis 26 cm
Hündin: 25 bis 26 cm

Farbe
Rot, weizenfarben, grau oder schwarz-lohfarben oder grizzle

Haarkleid
Hart, drahtig, gerade und dicht am Körper anliegend

FCI-Gruppe 3

Norwich Terrier

Ursprungsland
Großbritannien

Widerristhöhe
Rüde: 25 bis 26 cm
Hündin: 25 bis 26 cm

Farbe
Rot, schwarz mit loh oder grizzle, hellbraun, weizen, black and tan

Haarkleid
Steifes, dichtes, drahtiges und gerades Fell

Die Entstehungsgeschichte des Norwich Terriers ist mit der des Norfolks identisch; beide wurden bis 1964 als eine Rasse unter dem Namen „Norwich Terrier" geführt. Kleine, rote Terrier waren in Mittelengland schon lange als Raubzeugvernichter bekannt. Gegen Ende des 19. Jahrhunderts waren diese Hunde in East Anglia, vor allem in den Städten Norwich und Cambridge, äußerst beliebt. Man versuchte, durch gezielte Zucht einen einheitlichen Rassetyp zu erhalten. Wichtige Vorfahren des Norwich waren zwei kleine Mischlinge: Rags, eine Kreuzung aus Irish-, Yorkshire- und Aberdeen Terrier, entsprach schon einigermaßen dem heutigen Norwich und vererbte seine rote Farbe mit jeder Hündin; Ninety, eine weiße, aus Dandie Dinmont und Glatthaar Fox Terrier gezüchtete Hündin, begründete eine weitere Entstehungslinie. 1932 wurde der Norwich Terrier vom englischen Kennel Club anerkannt, wobei Kipp- und Stehohren erlaubt und Verpaarungen zwischen beiden möglich waren. Dies endete erst 1964 mit der Anerkennung des Norfolks als eigenständige Rasse. Beide Rassen unterscheiden sich heute auch leicht in ihrer äußeren Erscheinung.

Charakter: Norwich Terrier sind lebhaft, fröhlich, wachsam, kinderlieb und ihren Familien sehr zugetan. Aufgrund ihrer liebenswürdigen Veranlagung sind sie umgängliche Haus- und Familienhunde, die bei genügend Auslauf auch auf kleinem Raum leben können.

Erziehung: Norwich Terrier sind aufgrund ihrer starken Bindung an ihre Menschen leicht erziehbar.

Der Ursprung des Scottish Terriers liegt vermutlich in den Mooren von Rannoch und in den Hügeln von Perthshire. In Schottland gab es schon seit Jahrhunderten niederläufige Terrier von sehr unterschiedlichem Typ, die früher alle als Scotch Terrier bezeichnet wurden. Sie wurden von Jagdaufsehern und Wildhütern gehalten und mussten Fuchs, Dachs, Otter und sonstiges Raubwild jagen. Dabei war es unwichtig, wie sie aussahen: Es kam ausschließlich auf ihre Leistung an. Erst Mitte des 19. Jahrhunderts begann man, aus diesen Scotch Terriern systematisch verschiedene Rassen zu züchten: So entstanden Cairn, West Highland White und der heutige Scottish Terrier. In den Anfängen hatten die Scottish Terrier wenig Ähnlichkeit mit den heutigen: Sie waren höher auf den Läufen, hatten einen längeren Körper und deutlich kürzeres Haar. Erst nach 1879, nachdem die ersten Scotties auf Ausstellungen gezeigt worden waren, wurde die Rasse auch außerhalb ihrer nördlichen Heimat bekannt. Sogar Queen Victoria besaß einen Scottie! Heute ist die Rasse im Straßenbild eher selten.

Charakter: Das Wesen des Schotten ist von Zurückhaltung, Wachsamkeit ohne andauerndes Kläffen, Klugheit, Eigensinn und großer Zuneigung zu seiner Familie geprägt. Fremden gegenüber ist er misstrauisch, er kommt mit Kindern gut aus, wenn er mit ihnen aufwächst. Er ist ein angenehmer Haushund.

Erziehung: Sie ist trotz seiner gelegentlichen Dickköpfigkeit mit Liebe und Konsequenz unproblematisch.

FCI-Gruppe 3

3

Scottish Terrier

Ursprungsland
Großbritannien

Anderer Name
Scottie, Aberdeen-Terrier

Widerristhöhe
Rüde: 25 bis 28 cm
Hündin: 25 bis 28 cm

Farbe
Schwarz, weizenfarbig, gestromt in jeder Farbe

Haarkleid
Harsch und dicht

FCI-Gruppe 3

3

Sealyham Terrier

Ursprungsland
Großbritannien

Anderer Name
Edwards Terrier

Widerristhöhe
Rüde: höchstens 31 cm
Hündin: höchstens 31 cm

Farbe
Weiß, weiß mit zitronengelben, braunen oder dachsfarbenen Flecken an Kopf und Ohren

Haarkleid
Fest, drahtig und gerade

Über die Herkunft und die Entwicklung des Sealyham Terriers ist mehr bekannt als über die vieler anderer Terrierrassen. Mitte des 19. Jahrhunderts begann ein Captain Tucker-Edwards, der auf dem Landsitz Sealy Ham in Pembrokeshire wohnte und den Namen „seiner" Rasse hiervon ableitete, mit der Erzüchtung eines Hundes, der sich für die Jagd auf Fuchs, Otter und Dachs – vor allem für die Bauarbeit – besonders eignete. Er benutzte dafür einheimische überwiegend weiße Terrier. Welche weiteren Rassen an der Entstehung des Sealyham Terriers beteiligt waren, ist nicht bekannt; man vermutet, dass auch Dandie Dinmont, Welsh Corgies, Bull und Fox Terrier ihren Beitrag dazu geleistet haben, den angestrebten scharfen, robusten Jagdhund zu schaffen. 1910 wurde die Rasse in England auf Ausstellungen zugelassen und offiziell anerkannt. Die kleinen Terrier aus Wales beeindruckten auch in England und die Nachfrage stieg rapide an. Ihre Popularität erreichte in den 1920er und 1930er Jahren auch auf dem Kontinent ihren Höhepunkt. Nach dem 2. Weltkrieg ließ das Interesse jedoch stark nach. Heute sind Sealyhams recht selten.

Charakter: Der Sealyham ist ein sehr guter Haus- und Begleithund, wenn er genügend Bewegung hat. Er ist wachsam, kinderfreundlich, fröhlich und anhänglich, nimmt Herausforderungen aber mutig an.

Erziehung: Er braucht eine konsequente, freundliche Erziehung mit fester Hand. Wenn er weiß, wer der Herr im Haus ist, zeigt er sich gehorsam und leichtführig.

Die Skye Terrier stammen aus Schottland; sie gehören zu den ältesten bekannten Terrierrassen. Schon zur Zeit von Queen Elizabeth I., also im 16. Jahrhundert, wurden sie als „Köter aus dem Norden, bei denen man wegen der langen Behaarung weder Kopf noch Körper erkennen kann" beschrieben. Die Rasse war schon im 19. Jahrhundert äußerst populär, nicht zuletzt weil Queen Victoria und Queen Alexandra auf Schloß Windsor Skye Terrier züchteten. Über Jahrzehnte waren Skyes die Lieblinge des europäischen Hochadels. Die Rasse erhielt ihren Namen von der Insel Skye vor dem westlichen schottischen Hochland. Sie soll von alten rauhaarigen schottischen Terriern und langhaarigen hellen Hunden (Maltesern?) abstammen, die sich beim Untergang der spanischen Armada 1588 schwimmend auf die Insel Skye gerettet hatten. Besondere Berühmtheit erlangte der Skye Terrier Greyfriars Bobby, der nach dem Tod seines Besitzers zehn Jahre auf dessen Grab ausharrte. Seine Treue wurde später mit einem Denkmal auf dem Friedhof gewürdigt .

Charakter: Der Skye ist kein Hund für Anfänger. Er braucht besondere Zuwendung und viel Verständnis, um seine guten Eigenschaften voll entfalten zu können. Seinen Menschen gegenüber ist er äußerst anhänglich und liebevoll, Fremden gegenüber aber manchmal äußerst zurückhaltend.

Erziehung: Sie muss mit viel Fingerspitzengefühl, liebevoll-konsequent und bestimmt geschehen, darf aber nie „ungerecht" sein.

FCI-Gruppe 3

3

Skye Terrier

Ursprungsland
Schottland

Widerristhöhe
Rüde: 25 bis 26 cm
Hündin: 25 bis 26 cm

Farbe
Schwarz, hell- oder dunkelgrau und cremefarben

Haarkleid
Gerade, hart, eng anliegend, lang und nicht gewellt

FCI-Gruppe 3

3

West Highland White Terrier

Ursprungsland
Großbritannien

Anderer Name
Westie

Widerristhöhe
Rüde: etwa 28 cm
Hündin: etwa 28 cm

Farbe
Weiß

Haarkleid
Harsch, ohne Locken, mit einer Länge von etwa 5 cm

Der West Highland White Terrier, auch als Westie bekannt, gehört heutzutage weltweit zu den beliebtesten Terriern. Er entstammt wie seine Vettern Cairn, Scottish und Skye Terrier den alten schottischen Jagdterriern des 18. und 19. Jahrhunderts. Sein ursprünglicher Verwendungszweck war die Jagd auf Fuchs, Dachs und Otter, bei der sich seine weiße Fellfarbe als besonders vorteilhaft erwies. Sie trug dazu bei, Verwechslungen mit den zu jagenden Tieren zu vermeiden, und wurde deshalb von einigen schottischen Clans züchterisch gefördert und gefestigt. Hier sind drei bedeutende Entwicklungslinien zu nennen, die auch die nahe Verwandtschaft zu den drei bereits erwähnten Rassen verdeutlichen: Es sind die cairnartigen Poltalloch-Terrier des Colonel Malcolm, die weißen Skye oder Roseneath Terrier des Duke of Argyll und die weißen Scottish Terrier oder Pittenweems des Dr. Flaxman aus Fifeshire. Die Anerkennung der Rasse unter ihrem heutigen Namen durch den englischen Kennel Club erfolgte 1907. Seitdem hat die Rasse ihren weltweiten Siegeszug angetreten.

Charakter: Ein typischer Westie ist charmant, unerschrocken, fröhlich, robust und ausdauernd. Er ist friedlich, anpassungsfähig, liebenswürdig und kinderlieb – also ein vorzüglicher Familienhund. Er ist aktiv und verspielt, darf aber nicht hektisch sein.

Erziehung: Die Erziehung des Westies ist unkompliziert – mit viel Liebe und Konsequenz lernt er schnell, daß er seinen Kopf nicht immer durchsetzen kann.

Der Japanische Terrier zählt zu den Zwergterriern. Wie fast alle Terrier wurde er ursprünglich zur Jagd auf Raubnager verwendet. Um 1700 tauchten erstmals kleine Terrierartige Hunde auf; sie waren die Nachkommen kleiner japanischer Hunde und Hunden vom Typ des englischen glatthaarigen Fox Terriers, die mit holländischen Seeleuten im Hafen von Nagasaki eintrafen. Nach einigen Generationen wurden diese kleinen Hunde mit Hunden vom Typ des italienischen Windspiels gekreuzt, um den Typ weiterzuentwickeln und zu festigen. Die besten dieser Terrier fand man um 1900 in der Gegend von Kobe, sie wurden „Kobe Terrier" genannt. Ihr Aussehen lag irgendwo zwischen dem eines Fox Terriers und dem des heutigen Japanischen Terriers. Gegen 1916 tauchten in der Nähe von Kobe als Resultat der Kreuzung eines English Toy Terriers und eines sehr kleinen Bull Terriers weitere Vorfahren des Japanischen Terriers auf. Deren Verbindung mit den schon erwähnten Kobe Terrier führten dank sorgfältiger züchterischer Bemühungen zu dem modernen Japanischen Terrier, der um 1930 in Japan offiziell anerkannt wurde. Außerhalb ihrer Heimat ist die Rasse extrem selten.

Charakter: Er ist lebhaft, verspielt, sehr einfühlsam und dabei äußerst wachsam, aber nicht streitsüchtig. Fremden gegenüber ist er eher zurückhaltend, seinem Herrn treu ergeben – ein guter Familienhund.

Erziehung: Seine Erziehung ist sehr einfach, da er seinem Herrn stets Freude bereiten will. Auch kleine Tricks lernt er mit Begeisterung.

FCI-Gruppe 3

Japanischer Terrier

3

Ursprungsland
Japan

Anderer Name
Nippon Terrier

Widerristhöhe
Rüde: ca. 30 bis 33 cm
Hündin: ca. 30 bis 33 cm

Farbe
Tricolour, schwarz, weiß und lohfarben

Haarkleid
Sehr kurz (2 mm), glatt und dicht

FCI-Gruppe 3

Cesky Terrier

Ursprungsland
Tschechien

Anderer Name
Böhmischer Terrier

Widerristhöhe
Rüde: 27 bis 35 cm
Hündin: 27 bis 35 cm

Farbe
Graublau oder hellkaffeebraun

Haarkleid
Seidig und reichlich

Der Cesky Terrier ist eine relativ junge Rasse, die erst im Jahr 1963 von der FCI anerkannt wurde. Schöpfer der Rasse ist Frantisek Horak aus Klanovice in der CSFR. Die Ursprungsrassen des Cesky sind Sealyham und Scottish Terrier, deren charakteristische Merkmale Frantisek Horak dazu veranlassten, aus ihnen eine neue Rasse zu kreieren. Er strebte einen Hund an, der leichter war als die beiden Ausgangsrassen. Beim Scottish Terrier schätzte Horak die Jagdpassion, weniger seine Starrköpfigkeit und gelegentliche Aggressivität; der Sealyham war leichtführig und mit guter Nase ausgestattet, besaß aber nicht genug Raubzeugschärfe. Bereits 1949 begann Horak mit beiden Rassen zu züchten, um einen leichtführigen, mit viel Jagdpassion ausgestatteten Terrier zu erhalten. Zunächst wurde die Rasse in ihrem Heimatland bekannt, inzwischen gewinnt sie auch in anderen europäischen Ländern an Boden, vor allem als Familienhund. Betrachtet man die beiden „offiziellen" Ausgangsrassen des Cesky Terriers, so bleiben doch einige Fragen offen: Haarstruktur und Farbe des Cesky Terriers sind nämlich bei beiden völlig unüblich.

Charakter: Der Cesky Terrier ist ein ruhiger, nicht aggressiver Hund, der sich auf Grund seines Gehorsams und des sanften, aber fröhlichen Temperaments bestens als Familien- und Begleithund eignet. Er ist wachsam und Fremden gegenüber eher reserviert.

Erziehung: Der Cesky Terrier ist durch die der Rasse eigene Leichtführigkeit sehr leicht erziehbar.

Der Name „Bull Terrier" enthält schon den deutlichen Hinweis auf zwei der Rassen, die an seiner Erzüchtung in der ersten Hälfte des 19. Jahrhunderts maßgeblich beteiligt waren: den alten English Bulldog und den heute ausgestorbenen English White Terrier. Außerdem trug wohl der Dalmatiner zur Verfeinerung des Typs bei. Der ursprüngliche Verwendungszweck dieser Hunde war das Bullenbeißen und auch der zu jener Zeit beliebte Hundekampf. Es verwundert nicht, dass sie sehr uneinheitlich in ihrem Aussehen waren: Sie waren schwer und unförmig und hatten grobe, kurze Köpfe. Mitte des 19. Jahrhunderts nach dem Verbot von Bullenbeißen und Hundekampf festigte sich der Typ der Rasse dank der Bemühungen des Engländers James Hinks. Der Bull Terrier wurde zunehmend auch zu Ausstellungszwecken gezüchtet. James Hinks' Hunde waren eleganter, sie hatten lange Köpfe und längere Läufe. Starke Unterschiede gab es hingegen in der Größe. Zeitweise wurden sie in verschiedenen Gewichtsklassen gezeigt. Hinks züchtete nur weiße Hunde, erst ab 1920 begann man, auch farbige Bull Terrier zu züchten.

Charakter: Bull Terrier sind Energiebündel; sie brauchen viel Beschäftigung und Bewegung, sind außerordentlich menschen- und kinderfreundlich, fröhlich und verspielt.

Erziehung: Er braucht auf Grund seines Erbes eine konsequente, liebevolle Erziehung mit fester Hand; frühzeitig mit Menschen und Artgenossen sozialisiert, ist er ein angenehmer Familienhund.

FCI-Gruppe 3

3

Bull Terrier

Ursprungsland
Großbritannien

Widerristhöhe
etwa 55 cm

Farbe
Weiß, schwarz gestromt, rot, rehbraun und tricolour

Haarkleid
Kurz, glatt, ebenmäßig und pflegeleicht

FCI-Gruppe 3

Miniatur Bull Terrier

Ursprungsland
Großbritannien

Widerristhöhe
höchstens 39,5 cm

Farbe
Weiß, schwarz gestromt, rot, rehbraun und tricolour

Haarkleid
Kurz, glatt, ebenmäßig und pflegeleicht

Die Entwicklungsgeschichte des Miniatur Bull Terriers ist in den Anfängen mit der des Bull Terriers identisch. Schon Mitte des 19. Jahrhunderts gab es in den Bull Terrier-Würfen deutliche Größenunterschiede. Die kleinen Exemplare wurden vornehmlich für die Rattenbekämpfung und für das Rattenbeißen eingesetzt. Später versuchte man, sie als besonders kleinen Haus- und Schoßhund für Damen zu züchten. Dies führte wie bei vielen Zwergrassen auch beim Bull Terrier zu großen gesundheitlichen Problemen; außerdem behielten selbst die kleinsten Exemplare einen ausgeprägten Hang zum Ratten- und Mäusefang, was bei den feinen Damen jener Zeit keine Begeisterung weckte. Das Interesse an der Rasse verschwand fast völlig. 1918 waren nur noch so wenige Exemplare vorhanden, dass das Zuchtbuch für die Rasse in England geschlossen wurde. Erst 20 Jahre später wurde der Standard neu gefasst und die gezielte Zucht wieder aufgenommen. Durch Einkreuzungen kleiner Bull Terrier ist es gelungen, den Miniatur Bull Terrier als Ebenbild seines großen Bruders – wie im Rassestandard gewünscht – zu züchten.

Charakter: Die Minis sind auch in ihrem Wesen kleine Bull Terrier, die man keinesfalls unterschätzen sollte: sehr aktiv, kräftig, äußerst menschen- und kinderfreundlich, verspielt und fröhlich. Sehr gute Familien-, aber keine Schoßhunde.

Erziehung: Der Mini Bull braucht eine konsequente, liebevolle Erziehung mit fester Hand und eine intensive Sozialisierung.

Der Staffordshire Bull Terrier ist der Nachfahre der Kreuzungen aus Bulldog und alten englischen Terriern – den sogenannten „Bull and Terriern“. Bis in die zwanziger Jahre des zwanzigsten Jahrhunderts waren diese Bull and Terrier, die zu jener Zeit als Rasse schon einen beachtlichen Stand erreicht hatten, die Hunde der englischen Arbeiterschaft, bei denen sich der zweifelhafte „Sport“ des Hundekampfes großer Beliebtheit erfreute – vornehmlich zu diesem Zweck waren die Vorläufer der Staffordshire Bull Terrier gezüchtet worden. In den folgenden Jahren verloren die Hundekämpfe glücklicherweise an Bedeutung, und als 1930 die englischen Behörden rigoros gegen die illegalen Hundekämpfe vorgingen, beschlossen einige echte Rasseliebhaber, die Anerkennung des englischen Kennel Clubs anzustreben. Sie gründeten einen Club und erstellten einen Standard; vorrangiges Ziel war die Förderung der guten Eigenschaften dieser Terrier. Nach ihrer offiziellen Anerkennung gewann die Rasse sehr schnell große Popularität über ihr Ursprungsland hinaus: in England gehört der Staffordshire Bull Terrier heute zu den beliebtesten Rassen.

Charakter: Staff Bulls sind mutig, selbstbewusst, dabei sanft und sensibel, aktiv und voller Lebensfreude. Sie sind fröhlich und verspielt und besonders liebevoll mit Kindern.

Erziehung: Sie muss von Anfang an konsequent und liebevoll stattfinden; dann ist er, da er äußerst sensibel erspürt, was sein Besitzer erwartet, leicht führbar.

FCI-Gruppe 3

3

Staffordshire Terrier

Ursprungsland
Großbritannien

Anderer Name
Staffie

Widerristhöhe
Rüde: 35 bis 40 cm
Hündin: 35 bis 40 cm

Farbe
Rot, falb, weiß, schwarz, blau, gestromt mit oder ohne weiß

Haarkleid
Glatt, kurz, dicht und pflegeleicht

FCI-Gruppe 3

3

American Staffordshire Terrier

Ursprungsland
USA

Anderer Name
Amstaff

Widerristhöhe
Rüde: 46 bis 48 cm
Hündin: 43 bis 48 cm

Farbe
Alle Farben einfarbig, mehrfarbig oder gefleckt sind zulässig, jedoch nicht mehr als 80% weiß, leberfarben und black and tan

Haarkleid
Kurz und dicht

Der American Staffordshire Terrier entwickelte sich aus Staffordshire Bull Terriern, die mit englischen Einwanderern in der zweiten Hälfte des 19. Jahrhunderts in die USA kamen. Die amerikanischen Züchter wollten einen größeren, schwereren und dabei etwas eleganteren Hund. Auch diese Terrier wurden zunächst zum Einsatz in Kampfarenen verwendet; sie dienten darüber hinaus Siedlerfamilien als Wach- und Schutzhunde. Nach dem Verbot des Hundekampfes in Amerika entschloß sich eine Gruppe verantwortungsbewusster Züchter, die guten Eigenschaften ihrer Rasse abseits der Kämpfe zu fördern. Während des ersten Weltkrieges erlangten Staffordshire Terrier – wie sie zu jener Zeit genannt wurden – als Kriegshunde Berühmtheit. 1936 wurde die Rasse vom amerikanischen Kennel Club offiziell anerkannt. Erst 1972 erhielt sie den Zusatz „American", um Verwechselungen mit dem Staffordshire Bull Terrier, der inzwischen auch in Amerika anerkennt worden war, zu vermeiden. Die meisten American Staffordshire Terrier sind heute dank der Bemühungen seriöser Züchter wesensfeste, verlässliche Hunde.

Charakter: Der AmStaff ist sehr liebevoll, menschenbezogen, zuverlässig in seiner Familie und geduldig mit Kindern. Artgenossen können sie unfreundlich begegnen, deshalb müssen sie früh an diese gewöhnt werden.

Erziehung: Sie muss mit einfühlsamem Durchsetzungsvermögen und liebevoller Konsequenz erfolgen, damit der kräftige Hund jederzeit unter Kontrolle ist.

Der Australian Silky Terrier stammt, wie der Name sagt, aus Australien. Seine Vorfahren gehören zu jenen Terriern, die Mitte des 19. Jahrhunderts von britischen Siedlern mit nach Australien gebracht wurden. Diese Hunde waren überwiegend rauhaarig und sollten ursprünglich zur Erzüchtung des ebenfalls rauhaarigen Australian Terriers dienen. Um die Farben dieser Rasse zu verbessern, wurden mehrfach seidenhaarige Terrier eingekreuzt. In diesen Würfen fielen regelmäßig seidenhaarige Welpen; es ist nicht gesichert, ob vor allem diese zum gezielten Aufbau der Rasse Australian Silky Terrier benutzt wurden oder ob sie das Zufallsprodukt einer Verbindung von Australian und Yorkshire Terrier sind. Sicher hat auch der Dandie Dinmont Terrier zur Entstehung beigetragen. Man vermutet, dass u.a. der seidige Haarschopf des Silkies ein Erbe des Dandie ist. Silky Terrier wurden erstmals in der Gegend von Sydney systematisch gezüchtet; deshalb war der erste Rassename auch „Sydney Silky Terrier“! Der weltweit gültige Standard wurde 1959 in Australien erstellt; mit ihm erhielt die Rasse ihren offiziellen Namen.

Charakter: Er ist klein, aber kompakt und robust – ein echter Terrier. Furchtlos, wachsam und lebhaft, unkompliziert, verspielt und sehr intelligent. Dieser anhängliche, Menschen und Artgenossen gegenüber gutartige Terrier ist ein idealer Familienhund.

Erziehung: Seine Erziehung ist problemlos. Wenn man ihm genügend Auslauf bietet, kann man ihn auch in einer kleinen Wohnung halten.

FCI-Gruppe 3

3

Australian Silky Terrier

Ursprungsland
Australien

Anderer Name
Silky Terrier, Sidney Terrier

Widerristhöhe
Rüde: etwa 22,5 cm
Hündin: etwa 22,5 cm

Farbe
Blau, stahlblau, graublau und loh

Haarkleid
Fein, glänzend, von seidiger Textur; Länge 13 bis 15 cm

FCI-Gruppe 3

3

English Toy Terrier

Ursprungsland
Großbritannien

Anderer Name
Black and Tan Toy Terrier

Widerristhöhe
Rüde: 25 bis 30 cm
Hündin: 25 bis 30 cm

Farbe
Schwarz und lohfarben; beide Farben deutlich voneinander abgegrenzt

Haarkleid
Dicht, kurz, gut anliegend und sehr pflegeleicht

Der English Toy Terrier ist wohl die älteste englische Zwerghundrasse; seine Entstehung ist mit der des Manchester Terriers weitgehend identisch. Unter den ursprünglich Black and Tan Terrier genannten Hunden gab es schon immer deutliche Größenunterschiede. Einige Züchter nahmen sich der besonders kleinen Varietät an, verpaarten die Kleinsten gezielt miteinander und kreuzten Italienische Windspiele ein. Diese „Miniatur Black and Tan Terrier" waren als Rattenbeißer besonders geschätzt. In den Slums von London hetzte man sie in kleinen Arenen, die in Pubs aufgebaut wurden, auf Ratten. Sieger war, wer in der kürzesten Zeit die meisten Ratten getötet hatte. So mancher Wetteinsatz wechselte bei diesem „Sport" den Besitzer. Da diese Hunde klein genug waren, um in der Manteltasche transportiert zu werden, boten sie zudem einen vorzüglichen Schutz gegen Taschendiebe. Später wurde der Toy Terrier als Schoßhund der Damen beliebt; seine Blütezeit erlebte er während der Regierungszeit von Queen Victoria. Später schwand das Interesse an dieser Rasse, und heute sind English Toy Terrier überall sehr selten geworden.

Charakter: Trotz seiner Kleinheit hat der English Toy Terrier noch viele typische Terriermerkmale: Er ist mutig, sehr wachsam, flink und lebhaft; dabei freundlich und fröhlich. Er ist ein auch für kleine Wohnungen geeigneter Familienhund.

Erziehung: Die Erziehung ist problemlos – er lernt schnell, wenn man ihm mit liebevoller Konsequenz zeigt, was man erwartet.

Wie bei so vielen Rassen, ist die Entstehungsgeschichte des Yorkshire Terriers etwas verwirrend. Es existieren viele Vermutungen, aber welche zutreffen und welche ins Reich der Fabel gehören, ist nur schwer zu ermitteln. Weber aus England und Schottland, die im 19. Jahrhundert in den Textilfabriken Lancashires und Yorkshires arbeiteten, sollen die Rasse durch Kreuzungen von alten schottischen Terrierschlägen wie dem Clydesdale oder dem Paisley Terrier – kleiner als der Skye und mit weichem Haar – mit Maltesern, die von Seeleuten aus den Mittelmeerhäfen nach England mitgebracht wurden, erzüchtet haben. Die kleinen seidenhaarigen Terrier waren bei den wohlhabenden Familien in Yorkshire gefragt, und so konnten sich die armen Bauern und Arbeiter durch den Verkauf solcher Hunde ein kleines Zubrot sichern. In der zweiten Hälfte des 19. Jahrhunderts hat eine Vielzahl von Terriertypen in England einen Namen erhalten, damit sie auf den Ausstellungen klassifiziert werden konnten. So nannte man die damals als Scotch Terrier mit einem Gewicht von circa sieben englischen Pfund ausgestellten Hunde Yorkshire Terrier. Erst 1886 wurde die Rasse unter diesem Namen offiziell anerkannt. Heute erfreut sich der Yorkie weltweit großer Beliebtheit.

Charakter: Der kleine Terrier ist furchtlos, robust, quirlig, verspielt und den Mitgliedern seiner Familie sehr zugetan. Er ist wachsam und selbstbewusst.

Erziehung: Als gelehriger, intelligenter Hund ist der Yorkshire Terrier leicht zu erziehen.

FCI-Gruppe 3

3

Yorkshire Terrier

Ursprungsland
Großbritannien

Anderer Name
Yorkie, Yorkshire Toy Terrier

Widerristhöhe
Rüde: etwa 20 cm
Hündin: etwa 20 cm

Farbe
Stahlblau (nicht silberblau) und tan

Haarkleid
Gerade, fein, von seidiger Textur, glänzend und mittellang

Einleitung Gruppe 4

Dachshunde

Die Dachshunde (Teckel, Dackel) sind eine Besonderheit: Sie sind die einzige Rasse, der eine eigene F.C.I.-Gruppe vorbehalten ist. Es gibt 9 Varietäten – die drei Haararten Kurz-, Rau- und Langhaar und in jeder dieser 3 die Größen Normal-, Zwerg- und Kaninchen-Teckel –, die aber derselben Rasse angehören und für die auch nur ein gemeinsamer Standard gilt. Da in jeder Varietät auch Championats-Anwartschaften vergeben werden, können auf den Schauen im Ehrenring beim Richten des besten Hundes der F.C.I.-Gruppe 4 zwar bis zu neun Hunde vertreten sein, dennoch ist diese Zahl im Vergleich zu anderen F.C.I.-Gruppen niedrig. In manchen Ländern wird dies als nicht sehr sinnvoll angesehen, und man bewertet die Teckel im Ehrenring zusammen mit der F.C.I.-Gruppe 6, den Laufhunden, Schweißhunden und verwandten Rassen. Dies macht insofern Sinn, als die Teckel von niederläufigen Bracken abstammen. Die ursprünglichen Bracken, deren Hauptaufgabe das Aufscheuchen und Treiben des Wildes hin zum Jäger oder zu den Fanggruben war, gelten als die Vorfahren aller hängeohrigen, westeuropäischen Jagdhundarten: darunter die Vorstehhunde, die Schweißhunde, die Laufhunde und eben die Dachshunde. Teckel hatten anfangs ein Gewicht von maximal 10 kg – sie mussten in den Bauten mit Fuchs und Dachs fertigwerden und außerdem bei der Schweißarbeit auch größeres Wild aufspüren und gegebenenfalls festsetzen. Aber schon immer gab es in Dachshund-Würfen normal großer Elterntiere kleinbleibende Welpen. Die Idee, mit diesen systematisch zu züchten, hatte der Jäger und Landwirt von Alvensleben-Schochwitz: Dieser versuchte in seinem Revier eine besonders große Kaninchenplage mit Frettchen zu bekämpfen – leider nur mit begrenztem Erfolg. Der Zufall wollte es, dass er einige besonders kleine Teckel besaß, die flott und effizient in den Kaninchenbauten arbeiteten und sich durch besondere Raubzeugschärfe auszeichneten, aber noch zu groß waren für sehr kleine, enge Bauten. Seine Idee der systematischen Zucht besonders kleiner Teckel als langfristigen Ersatz für die Frettchen führte dazu, dass ab ca. 1895 eine zielgerichtete Zucht auf Kleinheit stattfand und 1902 im Teckelstammbuch erstmals „Zwergteckel aller Varietäten und Haararten" aufgeführt wurden. Größter Wert wurde auch bei den Kleinen auf Jagdpassion, Schärfe und gesunde Schönheit gelegt. Anfangs wurden sie noch alle „Kaninchenteckel" genannt, 1912 schließlich erfolgte die Trennung in Hunde unter 30 cm Brustumfang und darüber: Erstere hießen weiterhin Kaninchenteckel, die letztgenannten „Zwergteckel zur Erzüchtung des Kaninchenteckels" – man hatte nämlich festgestellt, dass diese etwas größeren Hunde für die problemlose Zucht notwendig waren. Alle drei Größen gab und gibt es in allen drei Haararten, so dass eigentlich Jeder in dieser Rasse „seinen" Hund finden kann, zumal sie auch ein großes Farbspektrum bietet. Früher gab es neben den heute erlaubten Farben auch weiße Teckel mit Abzeichen und getigerte mit weißer Grundfarbe; wegen der hiermit oft verbundenen Defekte sind diese Farben heute zuchtausschließend. Teckel gehörten stets zu den weltweit beliebtesten Hunden; nur ein kleiner Teil wird jagdlich geführt, die meisten sind Familienhunde. Übrigens wurde der erste Teckelklub 1881 in Großbritannien gegründet. Bereits 1870 traf die Rasse in Nordamerika ein. Der Deutsche Teckelklub entstand 1888 und ist einer der ältesten Rassezuchtvereine in Deutschland.

Dachshund Langhaar – normale Größe

Schon vor 1800 gab es teckelartige, langhaarige Hunde, die vermutlich aus Vorfahren der Wachtelhunde und stockhaarigen "Dachskriechern" entstanden waren. Diese in Verbindung mit Kurzhaarteckeln und später mit Spaniels führten zur Entwicklung der langhaarigen Tekkel. Die genannten Vorfahren waren oft auch Generationen später nicht zu übersehen: Ein ausgeprägter Stop, gewölbte Oberköpfe, gerade Läufe verrieten das Spaniel-Erbe. Es ist auch nicht auszuschließen, daß rote irische Setter und sogar Collies zugeführt wurden! Noch nach dem Krieg sah man in Zwingern, die stark Inzucht betrieben, Teckel mit verdächtig an Collies erinnernden Nasenrücken, Augen und Vorbrustbehaarung. Auch in Würfen mit Kurzhaar-Eltern fielen langhaarige Welpen; diese wurden ab der Jahrhundertwende nicht mehr registriert. Kreuzungen mit anderen Haararten waren nicht erlaubt. Zu Beginn des 20. Jahrhunderts waren die Langhaarteckel schon recht homogen im Typ. Sie liegen in der Beliebtheitsskala deutlich vor den Kurzhaarigen an zweiter Stelle. Wegen seines seidigen Haars wurde der Langhaarteckel lange Zeit von Jägern mit Skepsis betrachtet, er ist aber ebenso tüchtig wie seine Vettern.

Charakter: Er besitzt alle Teckeleigenschaften und verleugnet sein Spanielerbe nicht: Er ist gut beim spurlauten Stöbern, zeigt Wasserfreude, apportiert. Er ist klug, führig und angenehm.

Erziehung: Sie muss auch liebevoll-konsequent sein, ist aber in der Regel einfacher.

FCI-Gruppe 4

Dachshund (Langhaar)

4

Ursprungsland
Deutschland
Anderer Name
Teckel, Dackel
Widerristhöhe
Rüde: 26 bis 37 cm
Hündin: 26 bis 37 cm
Farbe
Einfarbig: rot, gelb, rotgelb, alles mit oder ohne schwarze Stichelung
Zweifarbig: Tiefschwarz oder braun, je mit rostbraunen oder gelben Abzeichen
Gefleckte: Grundfarbe schwarz, rot oder grau mit unregelmäßigen weißen Flecken
Gestromt: rot oder gelb mit dunkler Stromung
Haarkleid
Lang, glänzend und weich

Dachshund (Kurzhaar) • FCI-Nr. 148

Dachshund Kurzhaar – normale Größe

FCI-Gruppe 4

Dachshund (Kurzhaar)

Ursprungsland
Deutschland
Anderer Name
Teckel, Dackel
Widerristhöhe
Rüde: 26 bis 37 cm
Hündin: 26 bis 37 cm
Farbe
Einfarbig: rot, gelb, rotgelb, alles mit oder ohne schwarze Stichelung
Zweifarbig: Tiefschwarz oder braun, je mit rostbraunen oder gelben Abzeichen
Gefleckte: Grundfarbe schwarz, rot oder grau mit unregelmäßigen weißen Flecken
Gestromt: rot oder gelb mit dunkler Stromung
Haarkleid
Kurz, dicht, glänzend

Zweifellos war der Teckel ursprünglich kurzhaarig – er entwickelte sich aus für die Bauarbeit niederläufig gezüchteten Bracken, sogenannten Dachsbracken, die ab 1870 vom Teckel nur durch die etwas höheren Läufe und das größere Gewicht unterschieden wurden. Zunächst wurden Hunde über 10 kg als Dachsbracken, die übrigen als Dachshunde bezeichnet. Man vermutet, dass auch Niederlaufhunde vom Typ des Juralaufhundes („Bruno") zu den Teckelahnen gehörten; hierfür spricht die schwarzrote Farbe. Keine Zweifel bestehen darüber, dass nach 1848 nicht selten mehr oder weniger absichtliche Kreuzungen mit Schweißhunden stattfanden, was sich auf die Gebrauchstüchtigkeit positiv auswirkte (deshalb waren solche Kreuzungen oft besonders gefragt). Noch um die Jahrhundertwende sah man manchem Teckel die Schweißhundbeimischung an! Kurzhaarteckel sind heute am wenigsten verbreitet, obwohl sie nichts von ihrer Jagdleidenschaft eingebüßt haben, und bei der geforderten dichten Behaarung ebenso widerstandsfähig sind wie ihre Vettern. 1879 wurden erstmals Rassekennzeichen festgelegt, danach machte die Rasse auch optisch große Fortschritte.

Charakter: Auf der Jagd muss ein Teckel unnachgiebig, mutig, selbstständig und selbstbewusst sein – dabei in seiner Familie zärtlich, anhänglich und verspielt.

Erziehung: Sie muss wegen seiner Dickköpfigkeit liebevoll, aber sehr konsequent sein, wobei sein Charme entwaffnend sein kann!

Dachshund Rauhaar – normale Größe

Schon lange gab es Teckelartige mit rauem Haar, entstanden aus stockhaarigen Dachs-Hunden, kleinen Barbets und Otterhounds; unklar ist, ob sie mit unseren heutigen Rauhaarteckeln zu tun haben. Züchter vor allem in Süddeutschland paarten Kurzhaar mit Zwergschnauzern jener Zeit - daher die gelegentlich fallenden pfeffer-salzfarbigen Rauhaarteckel. Fehler aus solchen Kreuzungen waren untypische Köpfe, kurzer Hals, tonnenförmiger Brustkorb, steile Hinterhand und kurzer Rücken. Züchter vorwiegend in Norddeutschland kreuzten Dandie Dinmont-Terrier ein, die mit Pferdetransporten auf den Kontinent gekommen waren. Und das Erbe dieser Rasse zeigt sich sogar heute noch gelegentlich im Rauhaarcharakter, aber auch im Aussehen: das weichere Haar, besonders der helle Haarschopf, der gewölbte Oberkopf, runde Augen und kürzere Behänge machen den Dandie-Ahnen deutlich. Außerdem jagt der Rauhaarteckel terrierartig über der Erde Igel, Ratten und Mäuse und ist sehr grabefreudig, dafür war er anfangs oft kaum spurlaut. Zur Eliminierung der Fehler wurde zeitweise die Einkreuzung von Kurzhaarteckeln empfohlen, was zu einigem Erfolg geführt hat. Rauhaarteckel liegen in der Beliebtheit unangefochten an der Spitze.

Charakter: Er ist misstrauisch zu Fremden, zäh, unabhängig, eigensinnig, verteidigt sein Eigentum und ist ein guter Familienhund.

Erziehung: Konsequenz mit liebevollem Durchsetzungsvermögen ist sehr zu empfehlen.

FCI-Gruppe 4

Dachshund (Rauhaar)

4

Ursprungsland
Deutschland

Anderer Name
Teckel, Dackel

Widerristhöhe
Rüde: 26 bis 37 cm
Hündin: 26 bis 37 cm

Farbe
Saufarben, dürrlaubfarben, sonst wie kurzhaar

Haarkleid
Dicht und drahtig

Dachshund Langhaar – Kaninchen

Dachshund Langhaar – Zwerg

Dachshund Kurzhaar – Kaninchen

Dachshund Rauhaar – Kaninchen

Dachshund Rauhaar – Zwerg

Dachshund Kurzhaar – Zwerg

Einleitung FCI-Gruppe 5

Spitze und Hunde vom Urtyp

In dieser Gruppe ist das Urgestein der Hundezucht vereint. Hundeliebhaber, die von ihrem Hund keinen bedingungslosen Gehorsam fordern, sondern partnerschaftlich mit viel Einfühlungsvermögen sein Wesen akzeptieren, werden hier die geeignete Rasse finden. Typisch für die Vertreter dieser Gruppe sind der kompakte, fast quadratische Körperbau, der spitze Fang und die aufrecht getragenen Ohren. Bis auf wenige Ausnahmen ist diesen Rassen ein großer Hang zu Eigenständigkeit, ja sogar Dickköpfigkeit zu eigen. Ihre Erziehung stellt recht hohe Anforderungen an die Geduld und den Hundeverstand ihrer Halter. Sicher ist, dass die Rassen der Gruppe 5 niemals verhätschelt wurden, sondern immer im Kampf um die Existenz mit dem Menschen ihre Arbeit verrichteten. In fast allen Regionen der Erde entwickelten sich aus den ersten domestizierten Hunden spitzartige Typen, die vielseitig von den Ureinwohnern eingesetzt wurden. Im hohen Norden, den kalten Gebieten um den Nordpol, entstanden Hunde, die den eisigen Temperaturen trotzten, so genügsam und widerstandsfähig wie ihre Besitzer waren. Nahrungsvorräte waren zu kostbar als dass sie an viele hungrige Mäuler verschwendet werden konnten. So mussten die in der Kälte lebenden Hunde vielfältige Aufgaben übernehmen. Die Arbeit vor dem Schlitten wurde genauso von den Allroundern gefordert wie der Einsatz als Jagd- und Hütehund. In den unwegsamen Gebieten ihrer Heimat waren immer Hunde von Vorteil, die eigenständig und auch in großem Abstand zu ihrem menschlichen Begleiter das Wild stellten oder die Herde zusammentrieben. Als Bewacher der Hütten und Zelte waren sie ebenfalls vonnöten. Erst mit zunehmendem Wohlstand ihrer Besitzer entwickelten sich die vielfältigen Rassen der Nordischen Spitze. Bis zum heutigen Tag sind die Nordischen Hunde in ihrem Wesen und Charakter relativ unverändert geblieben. Sie sind Hunde mit einem großen Bewegungsdrang und einem äußerst selbstbewussten Auftreten.

In Europa entstanden aus den ersten Hunden die Spitze, die wir heute noch in Form des Deutschen Spitzes kennen. Im Gegensatz zu ihren nordischen Verwandten wurden sie als Haus- und Hofhunde gehalten, die die kargen Lebensverhältnisse ihrer Besitzer teilten.

Der asiatische Raum brachte die ihm eigenen Spitzrassen hervor, die hauptsächlich als Wachhunde und eigenständige Jäger Verwendung fanden. Ein Kuriosum stellt der Eurasier dar. Während alle anderen Vertreter in dieser Sektion ihren Ursprung in Japan haben und auf eine lange Entwicklungsgeschichte zurückblicken können, ist der Eurasier eine der jüngsten Rassen und hat seinen Ursprung in Deutschland. Seine nahe Verwandtschaft zum Chow Chow ließ ihn wahrscheinlich in diese Sektion rutschen.

Hunde vom Urtyp wie Basenji und Kanaan-Hund lassen sich zum Teil zurückführen auf die Paria- und Schensihunde. Als Pariahunde werden eine Reihe von Naturschlägen bezeichnet, die halbwild in der Nähe von Wohnplätzen der Eingeborenen leben. Sie schließen sich dem Menschen soweit an, dass sie nicht verscheucht werden, aber ihre Selbständigkeit keinesfalls aufgeben müssen. Bei den Pariahunden handelt es sich vermutlich um verwilderte, einstmals domestizierte Haushunde. Die Schensihunde stellen eine Gruppe im Frühstadium der Domestikation dar. Sie werden weder von den Menschen gefüttert, noch gepflegt und erst recht nicht gezüchtet.

Aus den windhundähnlichen Pariahunden entwickelten sich im Lauf der Domestikation die Podenco-Rassen des Mittelmeerraumes.

Die genügsamen Grönlandhunde werden in ihrer Heimat auch heute noch zur Arbeit vor dem Schlitten, z. B. bei der berühmten „Sirius-Expedition", eingesetzt. Im Winter versorgt von den „Mushern", den Schlittenführern, bleiben die Hunde während der kurzen Sommermonate weitgehend sich selbst überlassen. Rangordnungskämpfe im Rudel sind dann an der Tagesordnung, so dass den Hunden zur Vermeidung ernsthafter Bissverletzungen bereits frühzeitig die Eckzähne gekappt werden.

Charakter: Der Hund besitzt das für Schlittenhunde typische freundliche, aber willensstarke und unabhängige Wesen. Er ist kein Einmannhund und trägt immer wieder Rangordnungskämpfe mit Artgenossen und auch mit seinem Besitzer aus. Trotz seines imposanten Aussehens ist er als Wach- oder Schutzhund völlig ungeeignet. Mit Artgenossen im Freien gehalten, fühlt er sich am wohlsten.

Erziehung: Der kräftige, knochenstarke Hund stellt hohe Anforderungen an seinen Besitzer. Nur mit viel Einfühlungsvermögen, Hundeverstand und Konsequenz wird der Grönlandhund zu einem sozial verträglichen Begleiter. Bewegungs- und Arbeitsdrang dieser Rasse sind nur schwerlich durch ausgedehnte Spaziergänge zu befriedigen. Er ist ein Arbeitshund, der körperlich und geistig ausgelastet sein will.

Pflege: Während des Fellwechsels verliert der Hund nicht nur das längere Deckhaar, sondern auch die dichte Unterwolle, die dann intensiv herausgebürstet werden muss.

FCI-Gruppe 5

5

Grönlandhund

Ursprungsland
Skandinavien

Widerristhöhe
Rüde: 66 cm und höher
Hündin: 55 cm und höher

Farbe
Alle Farben außer Albinos

Haarkleid
Dicht, gerade und steif

FCI-Gruppe 5

Samojede

Ursprungsland
Nordische Länder

Widerristhöhe
Rüde: etwa 57 cm
Hündin: etwa 53 cm

Farbe
Reinweiß, weiß und bisquit, cremefarben

Haarkleid
Reichlich, schwer, geschmeidig, dicht, lang, gerade und fest, kurze, weiche Unterwolle, längeres und harsches Deckhaar

Der Samojede findet seinen Ursprung im Norden von Zentralsibirien, wo er von einem Nomadenstamm, den Samojeden, als unermüdlicher Schlittenhund, verlässlicher Hüter der großen Rentierherden, sogar in den kalten Polarnächten als Wärmequelle im Zelt geschätzt wurde.. Zu dieser Zeit gab es in der Rasse auch schwarze oder gescheckte Exemplare mit blauen Augen. Pelzhändler brachten die ersten Exemplare zum Ende des 19. Jahrhunderts nach England, wo die Reinzucht begann.

Charakter: Das „Lächeln" des Samojeden, hervorgerufen durch die nach oben gezogenen Mundwinkel, zeigt bereits die Freundlichkeit dieses Hundes. Seine enge Bindung an den Menschen lässt ihn zu einem angenehmen Hausgenossen werden, der sich zwar aufgrund seiner Größe manchmal stürmisch, aber niemals aggressiv zeigt. Er ist kein Einmann-Hund, sondern verteilt seine Zuneigung auf die ganze Familie. Sein Jagdtrieb kann unterschiedlich ausgeprägt sein. Als Wachhund ist der Samojede absolut ungeeignet.

Erziehung: Als typischer Schlittenhund braucht er viel Beschäftigung und Aktivitäten, soll er sich nicht zu einem unangenehmen Kläffer entwickeln. Mit konsequenter, liebevoller Erziehung muss bereits dem jungen Hund seine untergeordnete Stellung in der Rangfolge verdeutlicht werden.

Pflege: Das üppige, doppelte Haarkleid bedarf regelmäßiger Pflege. Besonders während des Fellwechsels im Frühjahr und Sommer.

Der größte Vertreter der vier Schlittenhunderassen erhielt seinen Namen durch einen Eskimostamm in Alaska, den Malhemuit-Inuits, die diese Rasse Jahrhunderte lang als zuverlässige und unermüdliche Arbeitshunde vor dem Schlitten zu schätzen wussten. Hierbei kam es nicht so sehr auf Schnelligkeit als vielmehr auf Ausdauer und Durchhaltevermögen an. So wird der Malamute bis zum heutigen Tag gerne als die „Lokomotive des Nordens" bezeichnet. Die Reinzucht begann in den Anfängen des 20. Jahrhunderts in Nordamerika.

Charakter: Der souveräne, manchmal sture Malamute stellt hohe Anforderungen an seinen Besitzer. Er ist kein Einmannhund, sondern fühlt sich im „Rudel" am wohlsten. Mit Artgenossen ganzjährig im Freien oder als Einzelhund in der Familie braucht er den ständigen menschlichen Kontakt. Arbeit und Beschäftigung bei Wind und Wetter lassen ihn zu einem ausgeglichenen Familienmitglied werden.

Erziehung: Von Welpe an bis ins hohe Alter – nicht selten werden diese Hunde 13 Jahre und älter – versucht der Malamute immer wieder, die bestehende Rangordnung umzuwerfen und die Grenzen, die sein Besitzer ihm durch konsequente, aber liebevolle Erziehung vorgeben muss, auszutesten.

Pflege: Das dichte, doppelte Fell bedarf nur wenig Pflege. Während des Haarwechsels im Frühjahr und Herbst verliert der Hund seine Unterwolle in Büscheln und muss intensiv gebürstet werden.

FCI-Gruppe 5

Alaskan Malamute

5

Ursprungsland
USA

Anderer Name
Malhmut

Widerristhöhe
Rüde: 65 cm
Hündin:58 cm

Farbe
Alle Schattierungen von wolfsgrau bis schwarz mit hellen Abzeichen oder reinweiß

Haarkleid
Dicht und fest, weder lang noch weich, Unterwolle fest und wollig

FCI-Gruppe 5

Siberian Husky

Ursprungsland
Nordamerika

Anderer Name
Sibirischer Husky

Widerristhöhe
Rüde: 54 bis 60 cm
Hündin: 51 bis 56 cm

Farbe
Alle Farben, von schwarz bis reinweiß mit einer Vielfalt von Zeichnungen

Haarkleid
Mittellang, gerade, nie harsch, Unterwolle weich

Der Siberian Husky ist der in unseren Regionen wohl bekannteste Vertreter der vier Schlittenhunderassen. Für die „Chukchi", einen sibirischen Völkerstamm, waren die Hunde unentbehrliche Helfer vor dem Schlitten, um Jagdbeute über weite Strecken zum Lager zurückzubringen. Hierzu bedurfte es keiner übermäßig kräftigen oder schnellen Hunde, vielmehr waren über lange Distanzen mäßiges Tempo und Ausdauer gefordert. Zu Beginn des 20. Jahrhunderts fand diese Rasse ihren Weg nach Alaska, wo sie schon sehr bald zu Posttransporten oder Hunderennen eingesetzt wurde.

Charakter: Trotz aller Menschenfreundlichkeit und Offenheit haben sich diese Hunde ihre Ursprünglichkeit und Eigenständigkeit bis zum heutigen Tag bewahrt. Als typische Rudelhunde brauchen sie für ihr Wohlbefinden entweder andere Artgenossen oder engen Familienanschluss. Als Schutz- oder Wachhund ist die Rasse völlig ungeeignet. Der Siberian Husky ist und bleibt ein Arbeitshund, der sowohl körperlich als auch geistig gefordert und ausgelastet werden muss.

Erziehung: In einer festgefügten Rangordnung, die der Besitzer bereits dem Welpen mit konsequenter, liebevoller Erziehung vorgeben muss, wird sich der Hund zu einem idealen Begleiter für viele sportliche Aktivitäten entwickeln.

Fell: Wie bei allen Hunden mit doppeltem Haarkleid ist die Pflege während des Fellwechsels intensiv, ansonsten problemlos.

Seit je her werden Hunde dieses Typs in ganz Skandinavien zur Jagd eingesetzt. Aus diesen entwickelten sich die drei Elchhundrassen, von denen der graue Elchhund am häufigsten anzutreffen ist. In den Nordischen Ländern ist er einer der beliebtesten Jagdhunde, der vielfältigen Einsatz findet. Der Elchhund ist kein Hetzjäger, sondern arbeitet immer dicht am Jäger. Er wird als „Bandhund" bezeichnet. Bei kleinerem Wild wie Marder oder Wildhühnern nähert er sich schleichend und versucht, die Beute dem Jäger zuzutreiben; größeres Wild verfolgt er und stellt es durch Scheinangriffe, wobei er sich immer wieder zurückzieht, um sich selbst zu schützen. Standlaut gebend wartet er dann, dass das Wild erlegt wird. In Deutschland findet der mittelgroße Hund bisher nur wenige Liebhaber. Sein Einsatz als Jagdhund ist hier eine Seltenheit.

Charakter: Die seit Jahrhunderten bestehende enge Nähe zum Menschen lassen den Elchhund nicht nur zu einem aktiven Jagdgefährten, sondern auch zu einem angenehmen, freundlichen Begleit- und Familienhund werden. Sein ausgeglichenes Wesen macht ihn besonders geduldig im Umgang mit Kindern.

Erziehung: Bei konsequenter Erziehung von Welpe an ist der manchmal etwas sture Elchhund ein williger und gehorsamer Begleiter für Menschen, die bereit sind, viel Zeit mit ihrem Hund zu verbringen.

Pflege: Das längere Deckhaar und die dichte Unterwolle benötigen nur während des Haarwechsels intensive Pflege.

FCI-Gruppe 5

Norwegischer Elchhund (grau)

5

Ursprungsland
Norwegen

Widerristhöhe
Rüde: etwa 52 cm
Hündin: etwa 49 cm

Farbe
Verschiedene Grautöne mit schwarzen Haarspitzen

Haarkleid
Fest, dicht und reichlich

FCI-Gruppe 5

Norwegischer Elchhund (schwarz)

Ursprungsland
Norwegen

Widerristhöhe
Rüde etwa 47 cm
Hündin: etwa 44 cm

Farbe
Schwarzglänzend mit weißen Abzeichen

Haarkleid
Fest, dicht und reichlich

Von den drei Elchhundrassen ist der schwarze norwegische Elchhund der kleinste. Seit Jahrhunderten werden diese typischen nordischen Jagdhunde mit kleinen regionalen Unterschieden in Skandinavien gezüchtet. Der schwarze Elchhund ist etwas leichter gebaut und dadurch beweglicher als der schwedische Jämthund und der graue norwegische Elchhund. Alle drei Rassen sind keine Hetzjäger, sondern jagen als „Bandhunde". Sie bleiben an der Leine dicht beim Jäger, schleichen sich an das Wild an und versuchen es zu stellen. Den aufgespürten Elch verunsichern sie laut bellend durch Scheinangriffe, wobei sie sich immer wieder zurückziehen und in Sicherheit bringen. Außerhalb Skandinavens ist diese Rasse nahezu unbekannt.

Charakter: Diese Rasse ist, wie alle nordischen Jagdhunde, sehr eng mit dem Menschen verbunden. Nicht ganz so eigenständig und stur wie die beiden anderen Elchhundrassen, ist dieser lebhafte und aufgeweckte Hund ein angenehmer Familien- und Begleithund. Er zeigt sich freundlich und geduldig im Umgang mit Kindern.

Erziehung: Der aktive Hund fordert nicht nur körperliche, sondern auch geistige Beschäftigung. Bei konsequenter Erziehung von Welpe an ist er ein fröhlicher Begleiter bei Wind und Wetter.

Pflege: Das doppelte Haarkleid aus Deckhaar und Unterwolle schützt den Hund optimal vor Kälte. Es benötigt nur während des Fellwechsels im Frühjahr und im Herbst intensive Pflege.

Die Rasse ist benannt nach einem Vogel, dem Papageitaucher (Lunde), der die steilen Küsten der Fjorde und des Meeres bevölkert. In den zerklüfteten Felsen, die weder für Menschen noch andere Jagdhunde zugänglich sind, kommt der Lundehund zum Einsatz. Die anatomischen Besonderheiten, die ihn dazu befähigen, sind bei keiner anderen Hunderasse zu finden. Der wendige Hund ist in der Lage, zum Abstützen an den engen Höhlenwänden seine Vorderläufe im rechten Winkel seitwärts vom Körper abzuspreizen. Hierbei unterstützen die Pfoten mit mindestens sechs Zehen, wovon fünf bzw. an den Hinterläufen vier effektiv den Boden berühren. Zum Schutz vor eindringendem Schmutz kann er die Ohren so zusammenklappen, dass der Gehörgang völlig verschlossen wird. In engen Höhlen wird der kleine Kopf völlig nach hinten auf den Rücken gelegt. Anfang des vorigen Jahrhunderts waren die Papageitaucher vom Aussterben bedroht und die Jagd auf die Vögel wurde verboten. Das bedeutete auch für ihren Jäger fast das Aus. Glücklicherweise konnte die Rasse mit wenigen Zuchttieren erhalten werden. Heute ist der kleine Spitzhund bei Liebhabern der Rasse in Norwegen zu finden. Außerhalb seiner Heimat ist er kaum vertreten.

Charakter: Er ist ein aufmerksamer, trotz seiner Größe energischer Hund, der gern an allen Aktivitäten seiner Familie teilnimmt.

Erziehung: Die Rasse ist ein wenig dickköpfig, aber trotzdem gut erziehbar.

FCI-Gruppe 5

5

Norwegischer Lundehund

Ursprungsland
Norwegen

Anderer Name
Lundehund, Mostadhund

Widerristhöhe
Rüde: 35 bis 38 cm
Hündin: 32 bis 35 cm

Farbe
Rötlich bis rehbraun mit weiß kombiniert und mit schwarzen Haarspitzen; grau, weiß mit dunklen Flecken

Haarkleid
Dicht und fest

FCI-Gruppe 5

Russisch-Europäischer Laika

Ursprungsland
Russland

Widerristhöhe
Rüde: 52 bis 58 cm
Hündin: 50 bis 58 cm

Farbe
Schwarz, grau, weiß, salz und pfeffer, dunkel mit weißen Flecken, weiß mit dunkeln Flecken

Haarkleid
Fest, gerade und kurz

Diese nordische Jagdhunderasse stammt aus der Region um Moskau und Leningrad und ist sehr eng verwandt mit einer finnischen Rasse, dem karelischen Bärenhund. Als Laika werden in Russland alle Hunde nordischen Typs bezeichnet, übersetzt heißt der Begriff einfach nur „Beller" oder „bellender Hund". Von den im Ursprungsland existierenden verschiedenen Laika-Schlägen sind nur drei offiziell von der F.C.I. anerkannt, der westsibirische, der ostsibirische und der russisch-europäische Laika. Das Jagdverhalten all dieser Hunde ist gleich. Als mutiger Begleiter für die Jagd auf Elche, Bären, Schwarz- oder Rotwild verfolgt der Hund das Wild lautlos, bis er es laut bellend stellt und so den Jäger herbeiruft. Selbst in ihrer Heimat nur recht selten vertreten, findet die Rasse in Europa kaum Verbreitung.

Charakter: Die Jagd auf wehrhaftes Wild erfordert einen mutigen und entschlossenen Hund. Eigenständigkeit und Freiheitsliebe sind die Grundlagen seines Wesens. Da diese Rasse recht dominant ist, kann der Umgang mit Artgenossen sich schwierig gestalten.

Erziehung: In unseren Breiten ist die Haltung dieser aktiven Hunde vorrangig auf wenige Liebhaber beschränkt. Die rassegerechte Betätigung ist nur schwerlich möglich, andere hundesportliche Aktivitäten erfordern großes Einfühlungsvermögen des Besitzers. Der Hund besitzt zwar eine rasche Auffassungsgabe, weigert sich aber häufig, Befehle auszuführen, die er als nicht sinnvoll erachtet.

Der russische Begriff „Laika" bedeutet übersetzt Beller oder bellender Hund. Alle russischen Hunde nordischen Typs werden so genannt. Von den vielen in Russland vorkommenden Schlägen sind nur drei offiziell anerkannt: der russisch-europäische, der westsibirische und der ost-sibirische Laika. Letzterer entstand in der bewaldeten Zone Ostsibiriens durch Kreuzungen verschiedener Laiki und ist selbst in seiner Heimat nicht sehr häufig vertreten. Als typischer nordischer Jagdhund für Bär, Elch, Schwarz- und Rotwild arbeitet er sich lautlos an das Tier heran. Erst wenn die Beute gestellt ist, wird der Jäger durch lautes, eindringliches Bellen herbeigerufen. Die Liebhaber der Rasse schätzen den Hund als zuverlässigen und unermüdlichen Jagdbegleiter.

Charakter: Die harte Arbeit im Schnee erfordert einen ausdauernden und selbstbewussten Hund, der zwar eine enge Bindung an seinen Besitzer zeigt, aber seine Freiheit über alles liebt. Er ist lebhaft und schnell erregbar, was das Zusammenleben mit Artgenossen nicht gerade erleichtert.

Erziehung: Dieser Hund tut alles, um seinem Besitzer zu gefallen, wird er aber grob oder unfair behandelt, zerbricht dieses enge Band. Es ist hierzulande nur schwerlich möglich, dem Hund die ihm zustehende rassegerechte Betätigung zu verschaffen. Andere hundesportliche Ersatzaktivitäten scheitern häufig nicht an seiner mangelnden Auffassungsgabe, sondern an der ihm eigenen Dickköpfigkeit und Eigenständigkeit.

FCI-Gruppe 5

5

Ostsibirischer Laika

Ursprungsland
Russland

Widerristhöhe
Rüde: 55 bis 63 cm
Hündin: 53 bis 61 cm

Farbe
Schwarz, weiß, pfeffer und salz, grau, rot oder braun in allen Nuancen; gefleckt oder gemustert

Haarkleid
Lang, üppig, dicht und gerade, dichte Unterwolle

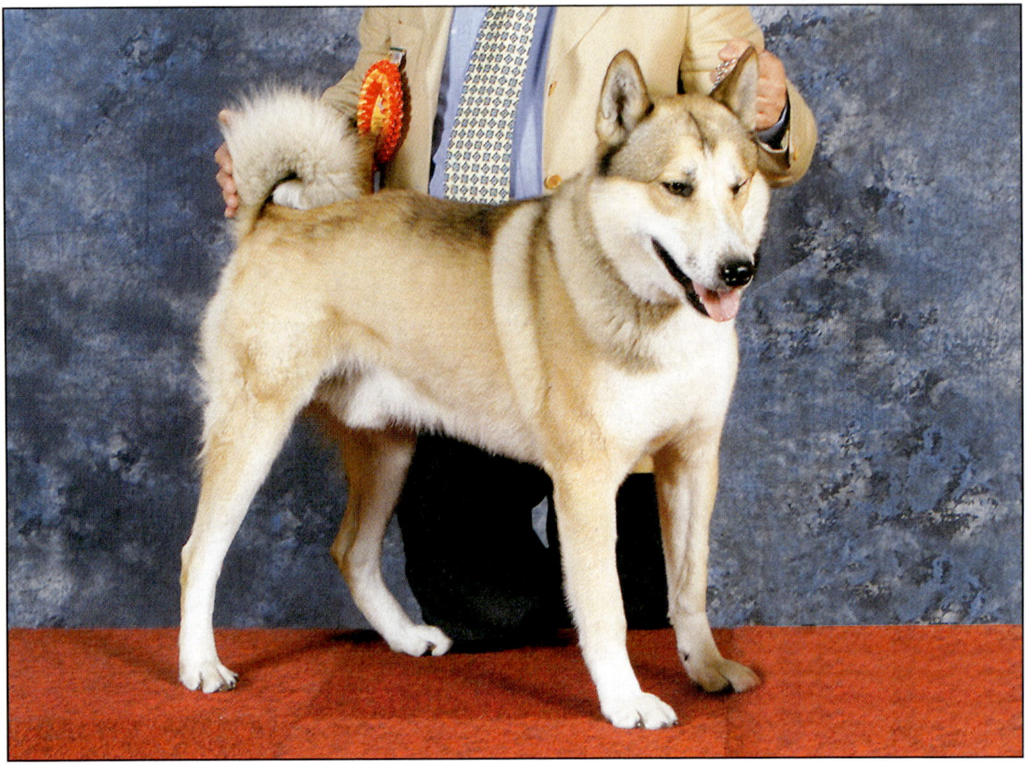

FCI-Gruppe 5

Westsibirischer Laika

Ursprungsland
Russland

Widerristhöhe
Rüde: 54 bis 60 cm
Hündin: 52 bis 58 cm

Farbe
Weiß, salz und pfeffer, rot oder grau in allen Tönen, schwarz ist gestattet

Haarkleid
Fest, gerade und kurz

Diese Rasse ist eine Kreuzung zwischen einigen nahe verwandten Laiki-Schlägen und den Hunden der russischen Jäger im Norden des Urals und Westsibiriens. Als Jagdhund ist der westsibirische Laika auch außerhalb seiner Heimat Russland weit verbreitet und wird von seinen Besitzern als unermüdlicher, mutiger Begleiter bei der Jagd auf Bären, Elche und Rotwild geschätzt. In der früheren Sowjetunion gab es spezielle staatliche Zuchtanstalten für diese Rasse und die Besitzer fühlten sich durch den Besitz eines solchen Hundes ausgezeichnet. Der kräftige Hund verfolgt, wie alle nordischen Jagdhunde, das Wild lautlos und ruft den Jäger durch lautes Gebell herbei, wenn die Beute gestellt ist. Der Name Laika heißt im Russischen einfach nur „Beller" oder „bellender Hund". Von den vielen in Russland existierenden Laiki- Arten sind nur drei offiziell anerkannt: der russisch-europäische, der ostsibirische und der westsibirische Laika. Diese Rasse ist in unseren Breiten kaum vertreten und befindet sich dann nur selten in Jägerhand.

Charakter: Der Einsatz bei der Jagd prägt Wesen und Charakter dieser Hunde. Sie sind selbstbewusst und eigenständig, lebhaft, aber doch ausgeglichen.

Erziehung: Der Westsibirische Laika geht eine enge Bindung zu seinem Besitzer ein, wenn dieser ihm ein notwendiges Maß an Freiheit lässt. Unterwürfiger Gehorsam ist von dieser Rasse nicht zu verlangen, dazu ist der Hund viel zu freiheitsliebend und dickköpfig.

Bereits seit der ersten Besiedlung des nördlichen Schwedens ist diese Rasse bekannt. Als eigenständige Rasse wurde der schwedische Elchhund oder auch Jämthund erst im Jahr 1946 anerkannt. Bis zu diesem Zeitpunkt waren die Experten irrtümlicherweise der Meinung, dass der kleinere norwegische Elchhund und der Jämthund ein und die selbe Rasse seien. Der kräftige und ausdauernde Hund wird, der Name lässt dies bereits vermuten, vorrangig bei der Elchjagd, früher auch zur Jagd auf Bären und Luchse eingesetzt. Die Hunde spüren das Wild auf und treiben es den Jägern zu. Es sind keine Hetzhunde, vielmehr arbeiten sie immer dicht in Nähe des Menschen. Stellen sie das Wild, geben sie Standlaut, um die Aufmerksamkeit des Jägers auf sich zu ziehen.

Charakter: Die enge Bindung an Menschen lässt ihn zu einem freundlichen, souveränen Familienhund werden. Häufig wird er als mutig und energisch, aber beherrscht und ruhig beschrieben. Im Umgang mit Kindern ist er manchmal ein wenig ungestüm, aber freundlich und geduldig.

Erziehung: Als typischer nordischer Jagdhund benötigt der Jämthund allein aufgrund seiner Kraft und Größe eine konsequente Erziehung. Sein Bewegungsdrang und seine Ausdauer machen ihn für sportliche, aktive Menschen zu einem geeigneten Begleiter.

Pflege: Das wetterunempfindliche doppelte Fell ist relativ pflegeleicht. Intensiv wird die Pflege nur während des Fellwechsels im Frühjahr und Herbst.

FCI-Gruppe 5

5

Jämthund

Ursprungsland
Schweden

Anderer Name
Schwedischer Elchhund

Widerristhöhe
Rüde: 58 bis 63 cm
Hündin: 53 bis 58 cm

Farbe
Dunkel-oder hellgrau mit elfenbeinfarbigen oder hellgrauen Abzeichen

Haarkleid
Lang und fest mit dunklen Spitzen

FCI-Gruppe 5

Norbottenspitz

Ursprungsland
Schweden

Widerristhöhe
Rüde: ca. 45 cm
Hündin: ca. 42 cm

Farbe
Alle Farbtöne zulässig; das ideale Haarkleid trägt gelbe und orange Flecken auf weißem Grund

Haarkleid
Kurz, fest und dicht

Nach dem zweiten Weltkrieg galt die Rasse als ausgestorben. Engagierte Liebhaber des kleinen nordischen Spitzes wurden in entlegenen Gebieten Schwedens fündig und bauten auf wenigen typischen Rassevertretern eine neue Zucht auf. Obwohl 1967 als Rasse wieder anerkannt, ist der Norbottenspitz außerhalb der skandinavischen Länder nahezu unbekannt. Ähnlich seinem einfarbigen Verwandten, dem leuchtend roten Finnenspitz, wird der lebhafte, wendige Hund bei der Jagd auf Vögel, vorrangig Birkwild und Haselhühner eingesetzt. Er verfolgt das Wild schweigend und scheucht es auf einen Baum, unter dem er dann laut bellend stehen bleibt und auf den Jäger wartet. Aber auch als Familienhund findet die Rasse zunehmend Verbreitung.

Charakter: Der Norbottenspitz ist nicht so bellfreudig wie viele andere nordische Jagdhunde, eine Eigenschaft, die ihn zu einem angenehmen Haus- und Familienhund werden lässt. Fremde kündigt er zwar mit kurzem Gebell an, gibt dann aber auch sehr schnell wieder Ruhe. Niemals scheu, nervös oder aggressiv ist der Hund im Umgang mit Kindern ausgesprochen freundlich und geduldig. Als Schutzhund ist er absolut ungeeignet.

Erziehung: Der bewegungsfreudige Hund ist sicherlich um einiges leichter zu erziehen als andere nordische Rassen. Willig und fröhlich folgt er konsequenten Befehlen.

Pflege: Trotz des doppelten Haarkleides ist das kurze Fell nicht sehr pflegeintensiv.

Dieser nordische Jagdhund ist sehr eng mit dem russisch-europäischen Laika verwandt. Die Unterscheidung fällt selbst Kennern der Rassen manchmal schwer. Sicher ist, dass beide gleichen Ursprungs sind. Nach dem zweiten Weltkrieg fast ausgestorben, förderte Finnland die Erhaltung der Rasse durch spezielle Zuchtprogramme. Selbst in seiner Heimat ist er nicht häufig zu finden. Der karelische Bärenhund ist ein wagemutiger Großwildjäger, vornehmlich bei der Jagd auf Bären und Elche eingesetzt. Schweigend und eigenständig verfolgt er das Wild, stellt es laut bellend und scheut sich auch nicht, das flüchtende Wild anzugreifen.

Charakter: Freundlich und offen in seiner Familie, ist er im Umgang mit Fremden eher zurückhaltend und unzugänglich. Der große Hund hat zwar eine enge Bindung an seinen Besitzer, bleibt aber immer ein sehr selbstbewusster, eigenständiger Hund, der seine eigenen Wege gehen will. Er eignet sich nicht als Schutz- oder Wachhund. Im Umgang mit Artgenossen ist er ausgesprochen dominant.

Erziehung: Nur schwerlich kann der Besitzer dem Hund eine rassegerechte Betätigung verschaffen. Die Erziehung eines Karelischen Bärenhundes kann problematisch werden. Eine hundesportliche Ausbildung ist möglich, aber aufgrund seiner Eigenwilligkeit mit viel Mühe verbunden. Nur wer sich auf die Selbstständigkeit und Eigenwilligkeit dieser Rasse bewusst einlassen will, sollte sich diesen Hund anschaffen.

FCI-Gruppe 5

Karelischer Bärenhund

5

Ursprungsland
Finnland

Widerristhöhe
Rüde: 57 cm
Hündin: 52 cm

Farbe
Schwarz, vorzugsweise mit leichtem Braunschimmer mit klaren weißen Abzeichen

Haarkleid
Steif und fest, Unterwolle weich und dicht

FCI-Gruppe 5

Finnenspitz

Ursprungsland
Finnland

Anderer Name
Finkie, Finnischer Spitz

Widerristhöhe
Rüde: 44 bis 50 cm
Hündin: 39 bis 45 cm

Farbe
Fahlgelb, fahlbraun mit weißen Abzeichen

Haarkleid
Weiche und dichte Unterwolle, Pflegeleicht

In früheren Zeiten wurde der Hund von den Lappen zur Nachsuche auf Elche und Bären eingesetzt, heute findet er vorrangig Verwendung bei der Vogeljagd. Der in seiner Heimat beliebte, kleine Hund sucht mit feiner Nase den Vogel und stellt ihn laut bellend unter einen Baum. Als Anerkennung erhält der Hund nach dem Erlegen des Wildes die Füße. Die sprichwörtliche Stimmgewalt des Finnenspitzes geht soweit, dass die besten Jagdhunde den Titel „King of Barking" (Bellkönig) verliehen bekommen.

Charakter: Der Finnenspitz ist ein freundlicher, selbstbewusster Hund, der nicht nur als Jagdhund, sondern auch als freundlicher Familienhund gehalten werden kann. Seine Aufmerksamkeit macht ihn zu einem guten Wachhund für Haus und Hof. Im Umgang mit Kindern ist er geduldig und souverän.

Erziehung: Bei der Anschaffung sollte die Bellfreudigkeit dieser Hunde berücksichtigt werden. Als Jagdhund stellt er recht hohe Anforderungen an seinen Besitzer, will dieser ihn abgeleint in Wald und Wiese führen. Hat der Finnenspitz ausreichend Bewegung und geistige Ansprache, wird er sich im Haus als ruhiges und angenehmes Familienmitglied zeigen.

Pflege: Wie alle Nordischen Hunde besitzt der Finnenspitz ein doppeltes Fell mit langen Deckhaaren und dichter Unterwolle. Intensive Pflege braucht das Haarkleid während des Wechsels im Frühjahr und Herbst. Die lose Unterwolle muss gründlich ausgebürstet werden.

Der Islandhund ist die einzige anerkannte Rasse Islands. Er kam mit den Wikingern, den ersten Siedlern, etwa im 9. Jahrhundert auf die Insel und passte sich im Laufe der Zeit den rauen Lebensbedingungen, der Art der Landwirtschaft und dem harten Überlebenskampf des isländischen Volkes an. Für die Bauern wurde beim Zusammentreiben des Viehs unentbehrlich.

Charakter: Der Islandhund ist ein robuster, wendiger, lauffreudiger Hütehund. Er ist von Natur aus wachsam und begrüßt jeden Besucher voller Begeisterung, ohne aggressiv zu sein. Sein Jagdinstinkt ist nur schwach ausgeprägt. Der Islandhund ist fröhlich, neugierig, verspielt und nicht ängstlich. Im Umgang mit Kindern ist er umgänglich und geduldig.

Erziehung: Der angeborene Hüteinstinkt macht die Erziehung dieser Rasse, im Vergleich zu andren nordischen Hunden, relativ leicht. Die vorhandene Bellfreudigkeit muss bereits beim Welpen konsequent unterbunden werden, soll dieser sich später nicht zu einem unangenehmen Kläffer und Haustyrann entwickeln. Menschen, die Freude an Aktivitäten im Freien bei Wind und Wetter haben, finden in diesem Hund den idealen Begleiter. Ein sowohl geistig als auch körperlich ausgelasteter Hund ist im Haus ruhig und ausgeglichen.

Pflege: Das typische nordische Fell, der Doppelmantel, erfordert während des Wechsels im Frühjahr und Herbst intensive Pflege. Deckhaar und Unterwolle müssen dann intensiv gebürstet werden.

FCI-Gruppe 5

5

Island Hund

Ursprungsland
Island

Anderer Name
Isländer Spitz, Iceland Sheepdog, Iceland dog

Widerristhöhe
Rüde: 42 bis 48 cm
Hündin: 38 bis 44 cm

Farbe
Weiß mit roten oder goldenen Abzeichen, helle Brauntöne mit schwarzen Spitzen

Haarkleid
Mittellang, dichte und weiche Unterwolle

FCI-Gruppe 5

5

Norwegischer Buhund

Ursprungsland
Norwegen

Widerristhöhe
Rüde: 43 bis 47 cm
Hündin: 41 bis 45 cm

Farbe
Weizengelb, Maske erlaubt; schwarz- einfarbig mit weißen Abzeichen an Kopf, Hals, Brust und weiße Pfoten

Haarkleid
Dicht, reichlich und hart, weiches und wolliges Unterhaar

Die sesshaft gewordenen skandinavischen Völkerstämme brauchten Hunde, die in der Lage waren, die Herden zu hüten, aber auch Haus und Hof zu bewachen, typische „Bauernhunde". „Bu" heißt übersetzt Heimat oder Gebirgshütte. Den Namen Buhund gaben die Bauern ihren kleinen, wendigen Hunden, die nicht nur zum Hüten von Schafen und Ziegen, sondern auch von Geflügel, wie Truthahn und Enten, eingesetzt wurden und bis heute in dieser Aufgabe Verwendung finden. Der aufgeweckte, freundliche Hund bewacht aber genauso gut die Hofstelle. In Norwegen ist diese Rasse weit verbreitet und beliebt als Familien- und Begleithund. In England hat sie viele Liebhaber gefunden. Dort wird der Hund nicht nur als Begleiter für Kinder, sondern sogar als Therapiehund geschätzt. Im restlichen Europa ist die Rasse nahezu unbekannt.

Charakter: Der norwegische Buhund ist trotz seiner geringen Größe ein mutiger, energischer Hund, der freudig bellend jeden Fremden ankündigt. Die enge Nähe zu seiner Familie ist für den Hund sehr wichtig.

Erziehung: Wie alle nordischen Hütehunde braucht der Buhund eine konsequente Erziehung. Ein Besitzer, der in der Lage ist, den Dickkopf und den Eigensinn dieses lernfreudigen Hundes in geordnete Bahnen zu lenken, wird viel Freude an ihm haben.

Pflege: Trotz des Doppelmantels ist die Pflege nicht sehr aufwändig. Das relativ kurze Deckhaar und die Unterwolle sind unempfindlich.

Seit Jahrhunderten haben die Lappen zum Hüten ihrer Herden spitzartige Hunde eingesetzt, die Wind und Wetter trotzen konnten. Lappland war nie ein eigenständiges Land, sondern wurde immer schon in Teilen Norwegen, Schweden und Finnland zugeordnet. Die Hunde, die von den Lappen gezüchtet wurden, hießen Lapphunde, je nach Region schwedische oder finnische Lapphunde. Die Unterschiede dieser beiden Rassen sind nur unwesentlich und beschränken sich vorrangig auf die Farbe. Während beim finnischen Lapphund alle Farben erlaubt sind, soll der schwedische vorzugsweise einfarbig bärenbraun sein. Der widerstandsfähige Hund hütet heute nicht nur Rentiere, sondern auch Rinder und Schafe. In Skandinavien ist er auch als Familienhund beliebt, im übrigen Europa ist dieser Hund fast unbekannt.

Charakter: Wie alle nordischen Hütehunde zeichnet sich der Lapphund durch eine gewisse Dickköpfigkeit und Eigenständigkeit aus. Er ist geduldig, wachsam und freundlich. Er braucht die enge Nähe zu seiner Familie, Zwingerhaltung lässt ihn zu einem verstörten und unglücklichen Hund werden. Gut sozialisiert, ist der Umgang mit Artgenossen problemlos. Als Schutzhund ist der Lapphund absolut ungeeignet.

Erziehung: Bei konsequenter Erziehung ist der bewegungsfreundliche, wetterfeste Hund ein idealer Begleiter für aktive Menschen.

Pflege: Das Haarkleid ist nur während des Fellwechsels im Frühjahr und Herbst recht pflegeintensiv.

FCI-Gruppe 5

5

Schwedischer Lapphund

Ursprungsland
Finnland

Anderer Name
Lappenspitz

Widerristhöhe
Rüde: 45 bis 50 cm
Hündin: 40 bis 45 cm

Farbe
Schwarz oder braun, einfarbig oder scheckig

Haarkleid
Lang, steif und dicht, weiche und dichte Unterwolle

FCI-Gruppe 5

Westgotenspitz

Ursprungsland
Schweden

Anderer Name
Swedish Vallhund, Gotenhund

Widerristhöhe
Rüde: 33 cm
Hündin: 31 cm

Farbe
Grau, grau-braun, grau-gelb oder rötlich-braun mit dunkler Schattierung

Haarkleid
Mittellang, hart, dicht und undurchlässig

Die Übereinstimmung dieses Hundes mit einer englischen Rasse, dem Welsh Corgi, ist unübersehbar. Bis zum heutigen Tag sind sich die Kynologen nicht einig, ob der Västgötaspets mit den Wikingern auf die Inseln kam und dort zum Begründer der Corgis wurde oder ob es umgekehrt war. Wahrscheinlich ist jedoch, dass der schwedische Hund der Ahnherr der königlichen Lieblingshunde ist. Auf Bauernhöfen wurde der Hund eingesetzt zum Hüten und Treiben der Herden, aber auch zum Bewachen des Anwesens. In den vierziger Jahren des vorigen Jahrhunderts fast vom Aussterben bedroht, gelang eine Wiederbelebung der Zucht mit einigen wenigen Hunden aus der schwedischen Region um Vara. Die kleinen, wendigen Hunde kommen entweder mit natürlicher Stummelrute oder mit über dem Rücken getragenen Rute vor. In seiner Heimat ist er ein beliebter Familienhund. Außerhalb Skandinaviens findet er in England und den Niederlanden Verbreitung.

Charakter: Seine äußere Erscheinung und der Ausdruck kennzeichnen einen wachsamen, energievollen und lebhaften Hund. Trotz seiner geringen Größe wirkt er furchtlos und energisch. Jeder Fremde wird laut bellend freudig begrüßt. Am wohlsten fühlt sich der kleine Hund in ständiger Nähe zu seiner Familie.

Erziehung: Der lustige, aufgeweckte Hund ist leicht zu halten. Konsequente Erziehungsversuche scheitern nur allzu häufig an seiner Pfiffigkeit und seinem schauspielerischen Talent.

Der finnische Lapphund ist sehr eng mit dem schwedischen Lapphund verwandt. Seit Jahrhunderten werden Hunde von diesem Typ zum Hüten und bewachen der Rentierherden eingesetzt. Die erste offizielle Anerkennung des finnischen Lapphundes fand aber erst 1945 unter dem Namen „lappländischer Hütehund“ statt. Um Verwechselungen mit dem schwedischen Verwandten zu vermeiden, wurde der Name der Rasse im Jahr 1993 noch einmal umgeändert in den heute gebräuchlichen „finnischen Lapphund“. In kurzer Zeit hat sich aus den anfänglich sehr unterschiedlichen Erscheinungsbildern ein einheitlicher Typ entwickelt und gefestigt. Heute ist der Suomen Lapinkoira als Haus und Familienhund beliebt und weit verbreitet in ganz Finnland.

Charakter: Der aufgeweckte Hund ist mutig und wachsam, jedoch niemals aggressiv. Fremde kündigt er laut bellend an. Am wohlsten fühlt er sich in enger Nähe zu seinem Besitzer.

Erziehung: Die Erziehung aller nordischen Hütehunde stellt sich aufgrund ihrer Jahrhunderte langen selbständigen Arbeit nicht so einfach dar wie bei ihren kontinentalen Verwandten. Häufig scheitern die Versuche, den finnischen Lapphund zu einem idealen Begleiter zu erziehen, nicht an seiner mangelnden Auffassungsgabe, sondern an der ihm angeborenen Sturheit. Ausdauernd und arbeitswillig erwartet er viel Aktivität.

Pflege: Das wetterunempfindliche Fell braucht nur während des Wechsels intensive Pflege.

FCI-Gruppe 5

5

Finnischer Lapphund

Ursprungsland
Finnland

Anderer Name
Suomen Lapinkoira

Widerristhöhe
Rüde: 46 bis 52 cm
Hündin: 40 bis 46 cm

Farbe
Schwarz mit hellen Abzeichen, grau-schwarz in verschiedenen Tönen, fahlrot mit Flecken

Haarkleid
Lang, gerade, eher abstehend und steif

FCI-Gruppe 5

Lapinporokoira

Ursprungsland
Finnland

Anderer Name
Finnischer Lapphund, Rentierhütehund

Widerristhöhe
Rüde: 49 bis 55 cm
Hündin: 43 bis 49 cm

Farbe
Verschiedene Schwarztöne mit oder ohne weiße Abzeichen

Haarkleid
Mittellang, gerade , eher abstehend und fest

Die ursprünglichen Hunde der Lappen waren nordische Jagdhunde, die mit ihnen die Rentiere erbeuteten. Mit dem Verschwinden der wilden Herden gingen die Menschen dazu über, gezähmte, domestizierte Tiere zu hüten. Hierzu brauchte es auch andere Hunde. Die nordischen Spitze wurden gekreuzt mit europäischen Hütehunden. Das Ergebnis war ein kräftiger, ausdauernder selbständig arbeitender nordischer Hütehund. Unempfindlich gegen Kälte wurden diese Hunde das ganze Jahr über bei Eis und Schnee eingesetzt. Sie hielten die Herden zusammen, trieben Ausreißer zurück und legten bis zu 100 km an einem Tag zurück. Die zunehmende Verbreitung der Schneemobile machte den Lapinporokoira fast arbeitslos, bis sich aufgrund der hohen Kosten für motorisierte Helfer die Lappen wieder auf ihre Hunde besannen. Das Interesse an der Zucht des Lapinporokoiras ist bei den Lappen nicht sehr groß, sie wollen vornehmlich Rüden halten, die sich besser für die harte Arbeit eignen. So ergab sich, dass die Hunde im Süden Finnlands gezüchtet werden und die Lappen dort ihre Arbeitshunde holen und als Deckrüden zur Verfügung stellen.

Charakter: Der Lapinporokoira ist ein natürlich veranlagter Hütehund mit gutem Wesen.

Erziehung: Der Hund bindet sich eng an seinen Besitzer und führt willig dessen Befehle aus, solange ihm diese sinnvoll erscheinen. Als Familienhund für aktive Menschen, die viel Bewegung im Freien bei jedem Wetter lieben, ist er ideal.

Alle europäische Spitze stammen vom Torfhund ab, der bereits in den steinzeitlichen Pfahlbauten zu finden war. Außerhalb Deutschlands ist der Wolfsspitz als Keeshond bekannt. Große, graue Spitze begleiteten im 18. Jahrhundert holländische Patrioten, die Keezen, bei ihrem Aufstand gegen Wilhelm V. von Oranien. Der Wolfsspitz findet seit Jahrhunderten Verwendung als unbestechlicher Wächter von Haus und Hof. Früher war er vorrangig bei den Bauern auf westfälischen und niederrheinischen Höfen zu Hause. Sogar auf Schleppkähnen auf dem Rhein war er zu finden. Der größte deutsche Spitz ist äußerst widerstandsfähig, robust und langlebig.

Charakter: Der Wolfsspitz bewacht alles, was seinem Besitzer gehört. Wie laut, ausdauernd und intensiv er dies tut, ist Erziehungssache. Absolut unbestechlich wird er jeden Eindringling ankündigen. Seine Familie liebt und beschützt er aus vollem Herzen. Der Jagdinstinkt ist dem Wolfsspitz weggezüchtet worden, er käme nie auf die Idee zu wildern. Daher eignet er sich hervorragend als Haus- und Familienhund auch in wildreichen Gebieten.

Erziehung: Die Erziehung zum ruhigen Hund muss bereits im Welpenalter beginnen, ist ansonsten aber problemlos. Er besitzt einen natürlichen Gehorsam, der ihn zu einem angenehmen Begleiter in Wald und Flur macht.

Pflege: Das üppige Haarkleid muss regelmäßig gebürstet werden. Sonst neigt es zu Verfilzungen.

FCI-Gruppe 5

5

Wolfsspitz

Ursprungsland
Deutschland

Widerristhöhe
45 bis 55 cm

Farbe
Wolfsgrau

Haarkleid
Lang, gerade, abstehend, weder gewellt, gekräuselt noch zottig

FCI-Gruppe 5

Großspitz

Ursprungsland
Deutschland

Widerristhöhe
42 bis 50 cm

Farbe
schwarz, weiß und braun

Haarkleid
Lang, gerade, abstehend, weder gewellt, gekräuselt noch zottig

Jahrhundertelang war der Deutsche Spitz ein idealer Wachhund. Je größer die Anwesen waren, die er beschützen sollte, desto größer waren die Hunde. Ob Adelsdomizil oder Fischerhütte, der Großspitz wurde in allen Bevölkerungskreisen geschätzt als unbestechlicher, treuer Gefährte. Der elegante weiße Großspitz galt zeitweise sogar als der Lieblingshund der englischen High Society und ist auf vielen Gemälden des 19. Jahrhunderts zu finden. In den 50er Jahren des vorigen Jahrhunderts waren diese robusten und langlebigen Hunde noch häufig vertreten. In jüngster Zeit nimmt die Beliebtheit des Großspitzes wieder zu. Abstammend von den steinzeitlichen Torfhunden ist der Spitz als Urvater vieler europäischer Rassen anzusehen.

Charakter: Der Großspitz ist in seiner Familie ein freundlicher, geduldiger und ausgeglichener Hund. Fremde werden laut bellend angekündigt. Das ihm häufig nachgesagte pausenlose Kläffen ist eine Verhaltensstörung, keine Rasseeigenschaft. Er ist weder ängstlich noch aggressiv. Sein fehlender Jagdtrieb prädestiniert ihn zum Wächter von Haus und Hof.

Erziehung: Bereits im Welpenalter muss durch konsequente Erziehung die natürliche Bellfreudigkeit unterbunden werden. Der deutsche Spitz ist lernwillig und tut freudig alles, um seinem Besitzer zu gefallen.

Pflege: Spitze bestechen durch ihr schönes Haarkleid, das durch reichlich Unterwolle absteht. Regelmäßige Pflege verhindert ein Verfilzen.

Der Mittelspitz ist der seltenste Vertreter der Deutschen Spitze. Trotz seiner handlichen Größe und seiner eleganten Erscheinung findet diese Rasse nur sehr wenig Verbreitung. In früheren Jahren war er der typische „Bauernhund", der als mutiger Wächter auf keinem Hof fehlen durfte. Sein Ursprung geht, wie bei allen europäischen Spitzen zurück auf den steinzeitlichen Torfhund und späteren „Pfahlbauspitz". Der Spitz ist die älteste Hunderasse Europas und Urvater vieler weiterer Rassen. Heute werden die Deutschen Spitze in fünf Größenklassen gezüchtet. Alle diese langlebigen, robusten Hunde besitzen identische Rassemerkmale.

Charakter: Der Deutsche Spitz ist stets aufmerksam, lebhaft und außergewöhnlich anhänglich gegenüber seiner Familie. Misstrauisch zu Fremden wird er jeden Besuch ankündigen. Unerwünschten Eindringlingen stellt er sich lautstark und mutig in den Weg, ohne jedoch wirklich anzugreifen. Dauer und Intensität der Lautäußerungen sind eine Frage der Erziehung. Der Mittelspitz ist glücklich„ wenn er an allen Aktivitäten seiner Familie beteiligt ist. Sein fehlender Jagdtrieb macht ihn zu einem idealen Begleiter .

Erziehung: Die Erziehung des Mittelspitzes ist problemlos. Er möchte seinem Besitzer gefallen, lernt schnell und freudig. Einzig die Bellfreudigkeit muss von klein auf unterbunden werden.

Pflege: Das üppige Haarkleid benötigt besondere Pflege während des Fellwechsels im Frühjahr und Herbst.

FCI-Gruppe 5

Mittelspitz

5

Ursprungsland
Deutschland

Widerristhöhe
30 bis 38 cm

Farbe
Schwarz, braun, weiß, orange, wolfsgrau, blau, creme, biberfarben und Schecken

Haarkleid
Lang, gerade, abstehend, weder gewellt, gekräuselt noch zottig

FCI-Gruppe 5

5

Kleinspitz

Ursprungsland
Deutschland

Widerristhöhe
23 bis 29 cm

Farbe
Weiß, schwarz, braun, orange, graugewolkt oder andersfarbig

Haarkleid
Lang, gerade, abstehend, weder gewellt, gekräuselt noch zottig

Abstammend vom Urvater aller spitzartigen, europäischen Hunde, dem Torfhund der Steinzeit, ist der Spitz die älteste Hunderasse Europas. Kleinspitze sind seit Jahrhunderten bekannt wegen ihrer hervorragenden Wacheigenschaften. In den Jahren nach dem 2. Weltkrieg war diese Rasse sehr beliebt. Jährliche Zahlen von 15 000 Welpen in Deutschland waren keine Seltenheit. In den nachfolgenden Jahren sank die Zahl drastisch. Die Welpenstatistik der letzten 10 Jahre spricht dafür, dass der Kleinspitz „wiederentdeckt" wird. Der aufgeweckte Hund ist nicht nur für Familien mit Kindern, sondern gerade auch für ältere und nicht mehr ganz so aktive Menschen ein idealer Begleiter. Aufgrund seiner geringen Größe findet er auch in einer kleinen Wohnung Platz.

Charakter: Der mutige, kleine Hund ist sehr anhänglich und genießt es, an allen Aktivitäten seiner Besitzer teilnehmen zu dürfen. Seine Familie liebt er überschwänglich, Fremde werden misstrauisch beäugt und verbellt.

Erziehung: Um zu verhindern, dass der pfiffige Hund mit der eindringlich lauten Stimme zu einem Kläffer wird, muss die Erziehung bereits im Welpenalter beginnen. Das Vorurteil vom ständig bellenden Spitz beruht nicht auf einer angeborenen Rasseeigenschaft, sondern auf einem Mangel an Erziehung. In dem Bestreben, seinem Besitzer zu gefallen, lernt der Spitz freudig und schnell.

Pflege: Die regelmäßige Pflege des Haarkleides macht den Spitz zu einer bestechenden Schönheit.

Der Zwergspitz ist der kleinste Vertreter der fünf deutschen Spitzrassen. Außerhalb Deutschland ist er unter dem Namen „Pomeranian" bekannt, zurückzuführen auf die Landschaft Pommern, wo vorrangig die weißen Spitze gezüchtet wurden. Als Schoßhund der adeligen Damen im England des 19. Jahrhunderts wurde ihm der Begriff „King Of Toy" verliehen, was bereits auf seine herausragende Stellung unter den Kleinhunden hindeutet. Bis heute hat sich in Großbritannien ein eigener Standard für den Pomeranian gehalten. In Deutschland waren die Zwergspitze lange Zeit aus der Rasseliste gestrichen und die Zucht wurde erst in den 70er Jahren des vorigen Jahrhunderts wiederbelebt. Heute stellt der Zwergspitz eine der beliebtesten Kleinhunderassen dar. Die Haltung in einer kleinen Wohnung ist genauso gut möglich wie ein Leben auf dem Bauernhof.

Charakter: Herausforderungen jeglicher Art lassen manchmal den Zwergspitz seine Größe vergessen. Egal ob er sich durch Eindringlinge in der Wohnung, Kühe auf dem Bauernhof oder andere Artgenossen in seinem Territorium bedrängt fühlt, stellt er sich mutig, energisch und laut bellend der vermeintlichen Gefahr. Ein großer Hund in einem kleinen Körper!

Erziehung: Die jahrhundertelange Nähe zum Menschen macht die Erziehung des Zwergspitzes sehr leicht. Lernwillig und freudig wird er den Befehlen seines Besitzers folgen. Das Bellverhalten muss konsequent beeinflusst werden.

FCI-Gruppe 5

5

Zwergspitz

Ursprungsland
Deutschland

Widerristhöhe
18 bis 22 cm

Farbe
schwarz, braun, weiß, orange, wolfsgrau, blau, creme, biberfarben und Schecken

Haarkleid
Lang, gerade, abstehend, weder gewellt, gekräuselt noch zottig

FCI-Gruppe 5

Volpino Italiano

Ursprungsland
Italien

Anderer Name
Italienischer Kleinspitz, Florentiner Spitz

Widerristhöhe
Rüde: 27 bis 30 cm
Hündin: 25 bis 28 cm

Farbe
Einfarbig weiß, einfarbig rot

Haarkleid
Buschig, fest, lang und abstehend

Er ist einer der Abkömmlinge jener frühzeitlichen Torfhunde, die in der Bronzezeit auf dem europäischen Kontinent beheimatet waren. So lässt sich der Italienische Volpino auf die gleichen Ahnen zurückführen wie der Deutsche Spitz, von dem er nicht abstammt, sondern zu dem er eine Seitenlinie bildet. In Italien wurde er sowohl in den exklusiven Adelspalästen als auch in den Hütten des einfachen Volkes gehalten. Hier wurde er besonders wegen seiner Wachsamkeit und seines Schutzinstinktes geschätzt. Er war der Hund der toskanischen Fuhrleute, jederzeit bereit, Fremde, die er auf seinem Weg traf, lautstark zu verbellen. Trotz ihrer langen Geschichte ist die Rasse in Italien nur sehr selten vertreten, in anderen Ländern ist sie fast gänzlich unbekannt.

Charakter: Seinen vertrauten Menschen gegenüber ist der Volpino sehr anhänglich. Fremden gegenüber ist er anfangs eher skeptisch. Der lebhafte, kleine Hund besitzt ein ausgelassenes fröhliches Temperament.

Erziehung: Ähnliche Rasseeigenschaften verbinden den deutschen mit dem italienischen Spitz. Der Wunsch, seinem Besitzer zu gefallen, macht die Erziehung dieses intelligenten Hundes recht einfach. Der Volpino ist lernwillig und leicht zu führen. Seine Lautfreudigkeit, die schnell zur Belästigung werden kann, sollte allerdings von klein auf unterbunden werden.

Pflege: Das lange, abstehende Haar muss intensiv gebürstet und gepflegt werden, da es zu Verfilzungen neigt.

Die Rasse, deren Herkunft im Dunklen liegt, wurde bereits 150 Jahre v. Chr. auf Wandreliefs und Töpferarbeiten in China dokumentiert. Der Name der Rasse gibt Anlass zu Spekulationen. Er kann sowohl aus dem bei Seefahrern üblichen „Pidgin English" stammen, wo er soviel wie Neuheit, Kuriosität oder auch Hund aus dem Orient bedeutet, als auch auf die Übersetzung des Chinesischen Wortes „Chou" – essbar – zurückzuführen sein. Tatsache ist, dass bis zum heutigen Tag in China zartes Hundefleisch als Delikatesse gilt. Der Export der Hunde war lange Zeit verboten. Erst im 19. Jahrhundert wurden die ersten Exemplare von Seefahrern herausgeschmuggelt. Als „Wildhunde aus China" wurden sie im Londoner Zoo ausgestellt und fanden später in Züchterkreisen Verbreitung. Markante Merkmale der Rasse sind der stelzende Gang und die blaugefärbte Zunge.

Charakter: Der Chow Chow ist ein ruhiger, ausgeglichener Hund, der sich Fremden gegenüber zurückhaltend, sogar abweisend verhält. Er ist freundlich zur eigenen Familie, wählt aber eine Person aus, der er seine ganze Zuneigung schenkt. Der Chow ist ein guter Wächter, der nur bellt, wenn es nötig ist.

Erziehung: Der vielleicht größte Individualist in der Hundewelt ist für Menschen, die völlige Unterordnung verlangen, absolut ungeeignet.

Pflege: Hunde, die das lange Fell besitzen benötigen, besonders während des Haarwechsels mehr Pflege als die kurzhaarigen Vertreter der Rasse.

FCI-Gruppe 5

Chow Chow

5

Ursprungsland
China

Widerristhöhe
Rüde: 48 bis 56 cm
Hündin: 46 bis 51 cm

Farbe
Einfarbig schwarz, rot, blau, rehbraun, creme oder weiß, häufig schattiert, nicht gefleckt oder mehrfarbig

Haarkleid
Langhaar: üppig, dicht, gerade und abstehend fest
Kurzhaar: üppig, dicht, plüschartig

FCI-Gruppe 5

Eurasier

Ursprungsland
Deutschland

Anderer Name
Wolf-Chow

Widerristhöhe
Rüde: 52 bis 60 cm
Hündin: 48 bis 56 cm

Farbe
Alle Farben außer reinweiß, weiß gescheckt und leberbraun

Haarkleid
Mittellang, anliegend und nicht zu dicht

Die Rasse entstand in den 1950er Jahren in Deutschland. Julius Wipfel aus Weinheim an der Bergstraße suchte einen freundlichen, natürlichen, spitzartigen Familienhund. Er kreuzte zuerst eine Wolfspitz-Hündin mit einem Chow Chow-Rüden, sortierte die wolfspitzartigen und chowähnlichen Welpen aus und züchtete mit den übrigen Hunden weiter. Die neue Rasse nannte er „Wolfs-Chow". Später wurde der Samojede mit seiner Eleganz und seiner robusten Gesundheit eingebracht. Hiermit hatten sich Erscheinungsbild und typische Wesensmerkmale gefestigt. Im Jahr 1973 wurde diese jüngste deutsche Rasse als Eurasier von der FCI anerkannt.

Charakter: Der Eurasier ist ein selbstbewusster, ruhiger ausgeglichener Hund mit hoher Reizschwelle. Er ist wachsam, ohne ein Kläffer zu sein. Zu seiner Familie hat er eine enge Bindung, Fremden gegenüber ist er zurückhaltend, nie aggressiv. Sein Jagdtrieb ist kaum ausgebildet. Er braucht den engen Kontakt zum Menschen, als Zwingerhund ist er ungeeignet.

Erziehung: Er ist kein klassischer Gebrauchshund. Da er natürlichen Appell hat und seinem Besitzer gefallen möchte, lernt er leicht. Die Ausbildung sollte nicht in fremden Händen erfolgen, da der Hund nur seinen eigenen Besitzer respektiert. Der bewegungsfreudige Hund ist für aktive Familien mit Kindern der ideale Begleiter.

Pflege: Das lange Deckhaar mit der dichten Unterwolle muss regelmäßig gepflegt werden.

Der Name lässt auf die Herkunft der Rasse schließen. Akita ist eine Region in Japan und Inu bedeutet übersetzt einfach nur Hund. In früheren Jahrhunderten zur Bärenjagd und für Hundekämpfe eingesetzt, entwickelte sich der Akita zu einer der beliebtesten Rassen Japans und wurde im Jahr 1931 zum „Denkmal der Natur" ernannt. Der Zweite Weltkrieg bedeutete fast das Aus der Rasse, da in Japan traditionell Hundefelle für die Herstellung von Militärkleidung verwandt wurden. Nach dem Krieg versuchte man aus den wenigen noch vorhandenen Hunden eine einheitliche Zucht aufzubauen. In Amerika, wo sich die Rasse ebenfalls zunehmender Beliebtheit erfreute, unterschieden sich die Zuchtziele stark von den japanischen. Im Jahr 1998 entschloss sich daher die FCI auf Drängen der japanischen Kynologen, diesen „amerikanischen" Akita umzubenennen in „Great Japanese Dog". In den USA hat er seinen Ursprungsnamen behalten und heißt Akita.

Charakter: Der Akita, der größte asiatische Spitz, ist ein robuster, starker, dominanter Hund mit ausgeprägtem Jagdtrieb. Besonders Rüden sind im Umgang mit anderen Artgenossen nicht sehr friedlich. Werden mehrere Akitas gehalten, sind Rangordnungskämpfe an der Tagesordnung.

Erziehung: Dieser kräftige Hund fordert einen erfahrenen, willensstarken Besitzer, der in der Lage ist, bereits dem Welpen seinen Platz in der Familie zu zeigen.

Pflege: Das Haarkleid ist nur während des Wechsels pflegeintensiv.

FCI-Gruppe 5

5

Akita Inu

Ursprungsland
Japan

Anderer Name
Japanischer Akita

Widerristhöhe
Rüde: 64 bis 70 cm
Hündin: 58 bis 64 cm

Farbe
Rot, sesam mit schwarzen Spitzen, weiß und gestromt

Haarkleid
Kurz, hart und gerade, Unterwolle weich und dicht

FCI-Gruppe 5

Hokkaido

5

Ursprungsland
Japan

Anderer Name
Ainu Ken

Widerristhöhe
Rüde: 48,5 bis 52 cm
Hündin: 45,5 bis 48,5 cm

Farbe
Gestromt (schwarz, rot, weiß...), schwarz, rot und braun

Haarkleid
Kurz, fest, gerade, weiche und dichte Unterwolle

Seine Namen Hakkaido und Ainu Ken weisen auf die Herkunft der Rasse hin. Ainu waren die Ureinwohner der japanischen Region Hokkaido, die diese Hunde zur Jagd auf Bären und anderes wehrhaftes Wild züchteten. Die damals überlebenswichtigen Eigenschaften sind bei der nur selten vertretenen Rasse auch heute noch erhalten geblieben. Die robuste Natur des Hokkaido befähigt ihn, eisige Kälte und dichten Schneefall zu ertragen. Wie alle asiatischen Spitze japanischen Ursprungs ist er in seiner Heimat so hochgeschätzt, dass er bereits 1937 zum „Denkmal der Natur" ernannt wurde. Er findet auch heute noch Einsatz als Jagdhund, hauptsächlich aber wird der Hokkaido in Japan als Haushund gehalten. Außerhalb Japans ist die Rasse so gut wie unbekannt.

Charakter: Von den Japanern wird der Hund als bemerkenswert ausdauernd, von natürlichem Wesen und vornehm in seinem Verhalten beschrieben. Im Temperament ist er fügsam, sehr aufgeweckt und mutig. Die wenigen Kenner der Rasse unterstreichen seine Dominanz sowohl zu Artgenossen als auch seinem Besitzer gegenüber.

Erziehung: Die Haltung und die Erziehung des Ken können in unseren Breiten und mit unserer europäischen Mentalität ein großes Problem werden. Nur wer bereit ist, sich mit viel Mühe, Einfühlungsvermögen und Konsequenz auf die Besonderheiten dieser Rasse einzulassen, findet in dem Hokkaido einen treuen Begleiter. Er ist nicht für Menschen geeignet, die keine Hundeerfahrung haben.

Der Kai stammt aus dem japanischen Distrikt Kai, einem von Bergen eingeschlossenem Gebiet. Häufig wird er in seiner Heimat auch Kai Tora-Ken, der Tigerhund aus Kai, genannt. Den Namen erhielt er wegen seines gestromten Haarkleides. Er zählt zu den Shika Inus genannten mittelgroßen, japanischen Hunden. Heute noch wird er für die Jagd auf Hirsch und Wildschwein eingesetzt. Er wurde von den Matagi, den japanischen Berufsjägern, als unermüdlicher und kämpferischer Begleiter geschätzt. Für einen Haushund ist er zu wild und ungestüm. Nur wenige Rassevertreter sind freundlich und ausgeglichen genug, dass ein Zusammenleben in der Familie möglich ist. Im Jahr 1937 wurde er mit einigen anderen Rassen in Japan zum „Denkmal der Natur“ ernannt. Außerhalb seiner japanischen Heimat ist der Kai nahezu unbekannt. Der Export wird durch den japanischen Zuchtverband auch nicht gefördert.

Charakter: Der Arbeitseinsatz als Jagdhund erfordert einen mutigen, unerschrockenen, selbständigen Hund, der lebhaft und aufgeweckt ist. Da er in der Regel in der Meute jagt, ist er relativ verträglich im Umgang mit seinen Artgenossen, was aber heftige Rangordnungskämpfe nicht ausschließt. Er ist ein klassischer Ein-Mann-Hund, der nur einen Besitzer anerkennt.

Erziehung: Die Wildheit und Eigenständigkeit des Kai lassen sich selbst durch konsequente Erziehung nur schwerlich in den Griff bekommen.

FCI-Gruppe 5

5

Kai

Ursprungsland
Japan

Anderer Name
Kai Inu, Tora, Kai Toraken, Kohshu-Tora

Widerristhöhe
Rüde: 50 bis 56 cm
Hündin: 46 bis 50 cm

Farbe
Schwarz- und rotgestromt, rot, weiß, schwarz und sesam

Haarkleid
Kurz, fest und gerade, weiche und dichte Unterwolle

FCI-Gruppe 5

Kishu

Ursprungsland
Japan

Anderer Name
Kishu-Inu, Kyushu

Widerristhöhe
Rüde: 51,5 cm
Hündin: 45,5 cm

Farbe
Weiß, rot, schwarz, sesam und gestromt

Haarkleid
Kurz, fest und gerade, weiche und dichte Unterwolle

5

Diese Rasse stammt von mittelgroßen Hunden ab, die früher in Japan lebten. Sie wurde in der bergigen Gegend von Kishu, einer japanischen Region, gezüchtet. Geschätzt wurden sie von den Matagi, den Berufsjägern, als mutige Hunde für die Wildschweinjagd. Ihre Aufgabe bestand darin, das Wild zu treiben und solange zu stellen, bis der Jäger zum Schuss kam. Dabei wurde von dem Hund ein hoher körperlicher Einsatz erwartet. So ist es nicht verwunderlich, dass ein erfolgreicher Kishu berühmt war für seine Narben und Blessuren. Im Jahr 1937 wurde die Rasse in Japan zum „Denkmal der Natur" ernannt. Früher wie heute ist der Hund nicht nur als Jagdhund, sondern auch als Wach- und Familienhund bei seinen Besitzern geschätzt. Nur wenige Exemplare fanden bisher ihren Weg nach Europa. Der Export wird von dem japanischen Zuchtverband streng überwacht und reglementiert.

Charakter: Im Wesen ist er fügsam und sehr aufgeweckt. Weiterhin wird er als bemerkenswert, ausdauernd, dabei edel und würdevoll beschrieben. Seine sehr natürliche und eigenständige Wesensart lässt ihn im Umgang mit Artgenossen, aber auch mit Menschen recht dominant erscheinen.

Erziehung: Der Kishu ist sicher kein Hund für Menschen ohne entsprechende Erfahrung. Von Welpe an muss ihm sein Platz in der Rangfolge der Familie verdeutlicht werden. Ein gut sozialisierter Hund ist ein aktiver Begleiter bei Wind und Wetter und in der Familie ein ruhiger, ausgeglichener Partner.

Die ersten in Europa auftauchenden Exemplare des Japanspitzes wurden manchmal als „Bonsai-Samojeden" bezeichnet aufgrund ihrer Ähnlichkeit mit dem großen, weißen nordischen Schlittenhund. Man nimmt aber an, dass der Japan Spitz von weißen deutschen Großspitzen abstammt, die um das Jahr 1920 ihren Weg über Sibirien und Nord-Ost-China nach Japan fanden. In Tokio wurden bereits kurz darauf die Hunde als Japan Spitze bei einer Hundeausstellung vorgestellt. Zur Rasseverbesserung wurden in den folgenden Jahren immer wieder weiße Großspitze aus Kanada, USA, Australien und China importiert. Im Jahr 1948 erkannte der japanische Zuchtverband die Rasse offiziell an. In Deutschland gewinnt der Japan Spitz immer mehr Freunde.

Charakter: Der Japan Spitz ist ein kluger, fröhlicher, aufgeweckter Hund und besitzt nicht das etwas misstrauische Wesen der deutschen Spitze. Er ist ein robuster, freundlicher Kamerad für die ganze Familie.

Erziehung: Obwohl der japanische Standard vorschreibt, dass der Hund keinen Lärm machen darf, sind sich die Kenner der Rasse einig, dass dieses Wesensmerkmal durch eine konsequente Erziehung unterstützt werden muss. Der Hund ist immer bemüht, seinem Herrn zu gefallen, so stellt die Erziehung keine großen Anforderungen an die Besitzer. Sein Jagdtrieb lässt sich recht leicht unterbinden.

Pflege: Das üppige Haarkleid der Hunde bedarf einer intensiven Pflege, soll es nicht verfilzen.

FCI-Gruppe 5

5

Japan Spitz

Ursprungsland
Japan

Widerristhöhe
Rüde: 30 bis 38 cm
Hündin: 30 bis 35 cm

Farbe
Reinweiß

Haarkleid
Gerade, abstehend,
Unterwolle weich und dicht

FCI-Gruppe 5

Shiba

Ursprungsland
Japan

Anderer Name
Shiba Inu, Kleiner Japanischer Hund

Widerristhöhe
Rüde: 38 bis 41 cm
Hündin: 35 bis 38 cm

Farbe
Rot, sesam, schwarz mit sesam, rot mit sesam, schwarz und loh, gestromt, weiß und hellgrau; stets mit hellem Anflug an der Körperunterseite

Haarkleid
Kurz, hart, gerade, pflegeleicht

„Inu" ist das japanische Wort für Hund. Das Wort Shiba deutet auf etwas Kleines hin, auf einen kleinen Hund. Sein natürlicher Lebensraum war die Bergwelt am japanischen Meer, wo er für die Jagd auf Vögel und kleines Wild eingesetzt wurde. Ähnlich beliebt und verehrt wie sein großer Bruder, der Akita Inu, wurden beide Rassen im Jahr 1937 zu „Denkmälern der Natur" ernannt. Aufgrund seines attraktiven Erscheinungsbildes nimmt die Beliebtheit dieser Rasse auch bei uns immer mehr zu. Die Zucht in Europa begann mit wenigen Exemplaren aus dem Ursprungsland, denen dann weitere Zuchttiere aus Amerika folgten.

Charakter: Der Shiba ist ein „großer Hund in einem kleinen Körper". Trotz seiner geringen Körpergröße ist er ein ausgesprochen selbstbewusster, sogar dominanter Hund, der es nicht scheut, sich mit großen Artgenossen anzulegen. In seiner Familie ist er friedlich, ausgeglichen und ruhig. Sein Jagdtrieb ist ausgeprägt. Er eignet sich weder als Schutz- noch als Wachhund. Am wohlsten fühlt er sich bei seiner Familie.

Erziehung: Die Erziehung wird schwierig, wenn seine Besitzer es versäumen, bereits den jungen Hund zu disziplinieren und ihm seinen Rang klarzumachen. Bei konsequenter Erziehung ist er ein angenehmer Begleiter für aktive Menschen. Als Anfängerhund ist er nur bedingt geeignet.

Pflege: Das doppelte Haarkleid erfordert nur im Frühjahr und im Herbst intensive Pflege.

Diese Jagdhunderasse wird mit zwei anderen mittelgroßen, japanischen Hunden, dem Kai und dem Kishu, zusammengefasst zu den Shika Inus. Seine Heimat sind auf der Insel Shikoku die bergigen Gebiete der Region Kochi. Deshalb wird er auch manchmal Kochi Ken, Hund aus Kochi, genannt. Die Unzugänglichkeit der Bergregion ließ einen einheitlichen Hundetyp entstehen, dessen Erscheinungsbild sich im Laufe der Jahrhunderte prägte und immer mehr festigte. Die Magati, japanische Berufsjäger, setzten die Rasse vorrangig für die Jagd auf Wildschweine ein. Um solch eine Beute zu stellen, bedarf es eines mutigen, wendigen Hundes, der sich dem angreifenden Wild auch kämpferisch zur Wehr setzt. Die Zahl der heute noch gehaltenen Hunde ist selbst im Ursprungsland überschaubar. Der Shikoku wird von Liebhabern der Rasse als Jagdbegleiter geschätzt, als Haushund ist er aber zu wild und ungestüm.

Charakter: Er ist ein leidenschaftlicher Jäger, dabei bemerkenswert ausdauernd und aufgeweckt. Energisch und sehr wachsam, gehorcht er manchmal nur widerwillig einem Menschen. Er wird von den Kennern der Rasse als Einmannhund beschrieben, der sein Dominanzverhalten nicht nur bei anderen Artgenossen, sondern auch Menschen gegenüber zeigt.

Erziehung: In unseren Breiten lassen die Ursprünglichkeit und das ausgeprägte Selbstbewusstsein des Shikoku eine Erziehung zum gut sozialisierten Partner Hund nur schwerlich zu.

FCI-Gruppe 5

5

Shikoku

Ursprungsland
Japan

Anderer Name
Kohchi Ken

Widerristhöhe
Rüde: max. 52 cm
Hündin: max. 52 cm

Farbe
Schwarz, rot, weiß, sesam und gestromt

Haarkleid
Hartes Deckhaar, weiche Unterwolle, lang an der Rute

FCI-Gruppe 5

Koreanischer Jindo

Ursprungsland
Korea

Anderer Name
Korea Jindo Dog

Widerristhöhe
Rüde: 50 bis 55 cm
Hündin: 45 bis 50 cm

Farbe
Rehbraun, weiß, schwarz, schwarz mit rehbraun, wolfsgrau, sowie gestromt

Haarkleid
Fest und kurz; weiche, dichte und helle Unterwolle

Die wenigen Kenner der Rasse sind der Meinung, dass der Korea Jindo Dog eine eingeborene Rasse in Korea sei. Schriftliche Aufzeichnungen darüber sind nicht zu finden. Der Hund ist seit einigen Jahrhunderten auf der Insel Jindo heimisch; diese Insel befindet sich an der süd-westlichen Spitze der koreanischen Halbinsel. Die früheren schwierigen Verkehrsverhältnisse haben dazu beigetragen, die Rasse in ihrem ursprünglichen Erscheinungsbild zu erhalten. In Korea heißt der Hund auch Jindokae oder Jindo-kyon, beides Wörter, die auf koreanisch „Hund“ bedeuten. Früher war der Korea Jindo Dog ein beliebter Jagdhund, heute wird er eher als Wachhund in vielen koreanischen Familien gehalten. Außerhalb seines Heimatlandes ist die Rasse fast unbekannt und nur äußerst selten auf Ausstellungen zu finden.

Charakter: Der koreanische Jindo hat einen sehr stark entwickelten Jagdtrieb, ist unerschrocken, mutig, wachsam und doch vorsichtig. Seinem Besitzer gegenüber ist er absolut treu, Fremden begegnet er zurückhaltend, sogar abweisend. Im Allgemeinen ist er nicht sehr verträglich mit anderen Hunden. Er ist ein typischer Ein-Mann-Hund, der nur schwerlich einen neuen Besitzer akzeptiert.

Erziehung: Die Rasseeigenschaften verdeutlichen bereits die Probleme, die bei der Haltung eines koreanischen Jindo bestehen. Es ist selbst für erfahrene Hundehalter nur schwerlich möglich, ihn zu einem gut sozialisierten und angepassten Hund zu erziehen.

Nach der Gründung des Staates Israel setzte sich das Kynologenehepaar Menzel das Ziel, eine einheimische Rasse zur Bewachung der Kibbuzim zu züchten. Paria-Hunde, die seit Jahrhunderten halbwild in Nähe der Beduinenzelte leben und verwilderte Nachkommen alter Rassen sind, bildeten hierfür die Grundlage. Die Menzels fanden eine Reihe verschiedener Naturschläge, teils Hirtenhund, teils Windhund. Ein weiterer Typ mit glatter Behaarung und leichtem Körperbaus wurde zur Grundlage der Kanaan Hund Zucht. Die Zuchtbasis waren eingefangene, halbwüchsige Hunde, die sich relativ schnell an die Zivilisation gewöhnten. Heute gehen die Kynologen davon aus, dass der Typ des Kanaan Hundes bereits bei den alten Israeliten als Hütehund bestand und nach der Zerstreuung der Kanaaniter diese Hunde verwilderten. In Israel ist diese Rasse als Familienhund sehr beliebt.

Charakter: Der Kanaan Hund ist lebhaft, reaktionsschnell und voller Verteidigungsbereitschaft. Das Eigentum seines Besitzers wird nicht nur Menschen gegenüber lautstark bewacht. Fremden begegnet er misstrauisch. Aus der Zeit vor der Redomestikation stammt der noch immer erhaltene Fluchtreflex.

Erziehung: Der Kanaan Hund ist lernwillig und leicht zu erziehen. Vollständige Unterwerfung ist ihm fremd, er sieht sich eher als Partner. Für einfühlsame Hundehalter ist diese Rasse ein anspruchsvoller Begleiter bei vielen hundesportlichen Aktivitäten.

FCI-Gruppe 5

5

Kanaan Hund

Ursprungsland
Israel

Widerristhöhe
Rüde: 50 bis 60 cm
Hündin: 50 bis 60 cm

Farbe
Sandfarben bis rotbraun, weiß, schwarz, weiß mit braun,mit oder ohne Maske

Haarkleid
Kurz bis mittellang, fühlt sich steif und rau an

FCI-Gruppe 5

Pharaonenhund

Ursprungsland
Malta

Anderer Name
Kelb tal Fenek

Widerristhöhe
Rüde: 56 bis 63,5 cm
Hündin: 53 bis 61 cm

Farbe
Rehbraun mit weißen Abzeichen an Rutenspitze, Brust, Zehen und Gesicht

Haarkleid
Kurz, glatt, fein, dicht, glänzend und harsch

Abbildungen sehr ähnlich aussehender Hunde finden sich bereits in den ägyptischen Mumiengräbern. Die Ähnlichkeit mit dem Totengott Anubis, der die Verstorbenen ins Jenseits begleiten sollte, ist unübersehbar. Lange vor der Zeit der ägyptischen Dynastien trieben die Phönizier im gesamten Mittelmeerraum intensiv Handel. Bei ihren Fahrten brachten sie immer wieder Hunde zu den Handelsstützpunkten, so auch nach Malta. Durch die isolierte Lage der Insel blieben die Hunde dort unter sich und vermischten sich nicht mit anderen Rassen. So entwickelte sich der heutige Nationalhund Maltas, der Pharaonenhund. Um 1930 wurden die ersten Exemplare nach England gebracht, fanden dort aber keine Liebhaber und verschwanden recht schnell wieder. Erst 1968 wurde diese windhundartige Rasse von der FCI anerkannt. Heute wird der Kelb Tal Fenek, der Kaninchenhund, von Liebhabern auf der ganzen Welt geschätzt. Außerhalb der FCI wird er in der Gruppe der Windhunde geführt.

Charakter: Im Wesen ist er freundlich, zutraulich, ja sogar verspielt. Er liebt seine Menschen über alles, ist aber reserviert zu Fremden. Niemals aggressiv, meldet er jeden eindringlich mit lautem Gebell.

Erziehung: Der temperamentvolle, bewegungsfreudige Hund erwartet von seinen Besitzern viel Aktivität. Die Erziehungsversuche scheitern meist nicht an der mangelnden Auffassungsgabe der Hunde, sondern an ihrem eigenwilligen Wesen. Ausgelastet ist er ein angenehmer Haushund.

Der Name des mexikanischen Nackthundes (sprich: Scho-lo-itz-quintle) geht zurück auf den Gott Xolotl, als dessen irdischer Vertreter er angesehen wurde. Bereits die Azteken schätzten ihn nicht nur als Bettwärmer, sondern auch als kulinarische Delikatesse. Als Opfergabe sollte er die Seelen der Verstorbenen bis zu ihrer ewigen Ruhestätte begleiten. Nach der spanischen Eroberung verschwanden die beliebten Haus- und Gesellschaftshunde. Mitte des vorigen Jahrhunderts verhalf der bekannte mexikanische Künstler Diego Rivera der Rasse zu neuem Leben. Die Verbindung des Perro sin pelo mexicano zu den in weiten Teilen der Welt verbreiteten Paria-Hunden ist sowohl in ihren Verhaltensweisen als auch im Körperbau unverkennbar. Ganz haarlos ist der Xoloitzcuintle nicht, es kommen vereinzelte kurze, borstige und dichtstehende Haare auf der Stirn und im Nacken vor. Häufig sind auch die Pfoten und das Ende der Rute mit rauem Haar bedeckt. Das Merkmal Haarlosigkeit geht einher mit Zahnverlusten, so dass die Powderpuffs, die behaarten „Nackthunde", die in vielen Würfen geboren werden, zur Gesunderhaltung der Rasse notwendig sind.

Charakter: Es ist ein ruhiger, ausgeglichener, wachsamer Wohnungshund, der nicht viel bellt. Fremden begegnet er reserviert.

Erziehung: Die Erziehung des lernwilligen Hundes bereitet keine Schwierigkeiten.

Pflege: Die verletzungsanfällige Haut benötigt besondere Aufmerksamkeit und Pflege.

FCI-Gruppe 5

5

Xoloitzcuintle

Ursprungsland
Mexiko
Anderer Name
Mexikanischer Nackthund, Perro Pila
Widerristhöhe
Rüde: 30 bis 50 cm
Hündin: 30 bis 50 cm
Farbe
Anthrazit, schiefer, rötlichgrau, leberfarben, bronze oder schokoladenfarbig
Haarkleid
Kurze, steife Haarbüschel am Schädel, gekräuselte Haare am Ende der Rute

FCI-Gruppe 5

5

Peruanischer Nackthund

Ursprungsland
Peru

Anderer Name
Perro sin Pelo del Peru, Inka Nackthund

Widerristhöhe
25 bis 60 cm nach Varietät

Farbe
Schwarz, schieferschwarz, elefantenschwarz, blauschwarz, alle Grautöne, dunkelbraun, sowie hellblond, jeweils einfarbig oder rosa gefleckt

Die Herkunft dieser exotischen Hunderasse liegt weitgehend im Dunkel. Bereits in der Vorinkazeit 300 v.Chr. tauchen die ersten Abbildungen auf. Von den Inkas wurde der peruanische Nackthund als heilig verehrt. Sicher ist, dass die Hunde lange Zeit als Gesellschaftshunde und angenehme Bettwärmer in Peru äußerst beliebt waren. Heute sind sie in ihrem Ursprungsland nur noch selten vertreten. Nackthunde sind entgegen der landläufigen Meinung genauso widerstandsfähig wie viele andere Rassen. Die Länder, aus denen sie stammen, kennen zwar große Hitze, aber auch drastische Temperaturstürze sind an der Tagesordnung. Zur Gesunderhaltung der Rasse kann bei der Zucht auf die behaarten Exemplare, die in vielen Würfen anzutreffen sind, nicht verzichtet werden. Diese „Powderpuffs" (Puderquasten) haben ein vollzahniges Gebiss, während der Haarverlust immer mit gravierenden Zahnverlusten einhergeht. Für Allergie belastete Hundeliebhaber bietet der Peruanische Nackthund eine echte Alternative.

Charakter: Die Rasse ist lebhaft und aufgeweckt. In der Familie freundlich, zeigt der Hund sich zu Fremden misstrauisch und reserviert. Obwohl er wachsam ist, bellt er nur wenig.

Erziehung: Wie alle Hunde vom Urtyp ist auch der Peruanische Nackthund trotz seiner Eigenständigkeit lernwillig und relativ leicht zu erziehen. Der lauffreudige Hund möchte an allen Aktivitäten der Familie teilnehmen.

Diese alte Hunderasse stammt, wie zum Beispiel auch der Pharaonenhund und der Podenco Ibicenco von den frühen Paria-Hunden ab, von denen sich noch einige Merkmale bis in unsere Zeit gerettet haben, so die Stirnfalten, die das typische Aussehen der Basenji ausmachen oder der Zyklus der Hündinnen, der nur einmal im Jahr stattfindet. Bis zum heutigen Tag werden diese Hunde in ihrer Heimat, dem Kongo, als Jagdhunde auf kleines Wild hoch geschätzt. Da sie lautlos jagen, tragen sie häufig eine Glocke um den Hals. Wegen dieser Rasseeigenschaft ist der Basenji auch in unseren Breiten beliebt. Er bellt nicht, sondern erklärt seinen Unmut oder seine Freude durch ein Jodeln oder glucksendes Lachen – ideal für einen Wohnungshund. Im Jahr 1936 fanden die ersten Hunde ihren Weg nach England, wo sie unter dem Namen „African Bush Dog" bekannt waren. Ihr jetziger Name heißt in einem afrikanischen Dialekt „Busch".

Charakter: Der Basenji ist ein liebevoller Hund, wachsam und intelligent, der seine Unabhängigkeit schätzt. Fremden gegenüber verhält er sich häufig reserviert.

Erziehung: Der Hund muss voll und ganz in seine Familie eingebunden sein und an allen Aktivitäten teilnehmen können, sonst entwickelt er sich zu einem unglücklichen Hund, der seinen Unmut durch Zerstörungswut äußert.

Pflege: Da der Basenji fast nach Katzenart ein sehr reinlicher Hund ist, braucht er über das normale Bürsten hinaus keine besondere Pflege.

FCI-Gruppe 5

5

Basenji

Ursprungsland
Zentralafrika, Kongo

Anderer Name
Kongo Terrier, Cheops Hund

Widerristhöhe
Rüde: 43 cm
Hündin: 40 cm

Farbe
Schwarz mit weiß, rot mit weiß, schwarz, lohfarben, weiß

Haarkleid
Kurz, glänzend, dicht und sehr fein

FCI-Gruppe 5

5

Podenco Canario

Ursprungsland
Spanien

Widerristhöhe
Rüde: 55 bis 64 cm
Hündin: 53 bis 60 cm

Farbe
Rot mit weiß bevorzugt, bis mahagonirot

Haarkleid
Glatt, kurz und dicht

Ähnlich den anderen Podenco-Rassen begründet sich wahrscheinlich auch der Canario auf Hunde, die von den Phöniziern auf ihren Handelsreisen auf die Inseln rund um das Mittelmeer gebracht wurden. Spuren ihrer Vorfahren sind bis heute in den Pharaonengräbern in Ägypten erhalten. Der Totengott Anubis weist deutliche Züge dieser Hunde auf. Auf allen kanarischen Inseln, aber besonders auf Gran Canaria und Teneriffa ist er auch heute noch weit verbreitet. Sein Überleben verdankt der kanarische Podenco zweifellos seinen jagdlichen Fähigkeiten, die ihn über Jahrhunderte zu einem unentbehrlichen Helfer der Jäger gemacht haben. Er ist in erster Linie ein Fährtenhund, der während der Nasenarbeit weder bellen noch die Beute greifen soll. Normalerweise hält er die Kaninchen im Fang und apportiert sie. Es kommt aber sehr häufig vor, dass der Hund seine Beute lieber selbst verspeist.

Charakter: Er ist ein ausdauernder, unermüdlicher Läufer. Er ist mutig und temperamentvoll, Fremden gegenüber zwar reserviert, aber nie aggressiv. Sein Jagdtrieb ist sehr ausgeprägt.

Erziehung: Viele dieser Hunde finden über Tierschützer in letzter Zeit den Weg zu uns. Die Erziehung der Podencos erfordert Konsequenz, Geduld und Einfühlungsvermögen. Die liebenswürdigen Hunde können sich zwar eng an den Menschen binden, trotzdem stellt die Erziehung zum freilaufenden Begleiter ein Problem dar, denn abgeleint verfolgen sie mit Intensität jedes Wild.

Hunde des alten „Pharaonentyps" fand und findet man noch heute auf den Inseln rund um das Mittelmeer, wobei der Podenco Ibicenco der Balearen und Pityusen die bekannteste Rasse darstellt. Sie zeichnen sich alle durch eine große Ähnlichkeit aus, sowohl im Körperbau als auch in ihrer Jagdweise. Wahrscheinlich brachten bereits die Phönizier auf ihren Handelszügen diese Hunde mit. Die Isolation der Inseln verhinderte eine Vermischung mit anderen Rassen. Nach Meinung vieler Hundekenner ist es das Kaninchen, das die Erhaltung der Rasse gefördert hat. Die Balearen waren bereits im Altertum bekannt für ihren Kaninchenreichtum. Die Inselbewohner brauchten einen selbständig arbeitenden Hund, der in der Lage war, die Zahl der kleinen Schädlinge einzudämmen. Üblicherweise jagt der Podenco Ibicenco in Meuten, die fast ausschließlich nur aus Hündinnen bestehen. Rüden sind zu streitsüchtig. Gemeinsam stöbern sie ihre Beute auf, verfolgen, stellen und töten sie. Sie apportieren gut, es kommt allerdings auch vor, dass der Leckerbissen sofort verspeist wird.

Charakter: Die Mischung aus Windhund und Spürhund macht den Podenco Ibicenco zu einem temperamentvollen, lauffreudigen Hund mit ausgeprägtem Jagdtrieb. Zu seiner Familie ist er freundlich und anhänglich, Fremden zeigt er sich eher abweisend.

Erziehung: Die Erziehung zum freilaufenden Hund stellt selbst erfahrene Hundeführer vor eine kaum zu bewältigende Aufgabe.

FCI-Gruppe 5

Podenco Ibicenco

5

Ursprungsland
Spanien

Anderer Name
Balearenlaufhund, Balearen Windhund, Ibiza Windhund

Widerristhöhe
Rüde: 66 bis 72 cm
Hündin: 60 bis 67 cm

Farbe
Einfarbig weiß oder rot, weiß und rot, löwengelb

Haarkleid
Glatt, rau, mind. 5 cm lang

FCI-Gruppe 5

Podengo Portugues

Ursprungsland
Portugal

Anderer Name
Portugiesischer Podenco, Portugiesischer Windhund

Widerristhöhe
Groß: 55 bis 70 cm
Mittelgroß: 40 bis 55 cm
Klein: 20 bis 30 cm

Farbe
Gelb, fahlrot, verwaschenes schwarz, einfarbig oder mit weißen Abzeichen, weiß mit gelben oder schwarzen Abzeichen

Haarkleid
Kurz, glatt, dicht oder lang und steif

Auch der portugiesische Podengo stammt von den „Pharao-Hunden" ab, die einst durch die Handelsreisen der Phönizier im gesamten Mittelmeerraum Verbreitung fanden. Die Hunde vom Urtyp wurden und werden auch heute noch zur Jagd eingesetzt. Es entwickelten sich beim portugiesischen Podengo drei verschiedene Größen. Jede Größe kommt laut Standard in zwei verschiedenen Haararten vor: kurzes Glatthaar und langes Rauhaar in Form von Wildsauborsten. Die Rasseeigenschaften sind für alle gleich. In ihrem Körperbau weichen die Portugiesischen Podengos deutlich von den anderen Podenco-Rassen ab. Sie sind weniger windhundartig, weshalb einige Kynologen sie nicht zu den primitiven Windhunden zählen.
Der Podengo Portugues Grande, der größte der Rasse, wird nicht nur zur Kaninchenjagd, sondern auch zur Jagd auf größeres Wild z.B. Wildschweine eingesetzt. Zudem ist er bei den Bauern als Wachhund beliebt. Während die glatthaarige Variante fast ausgestorben scheint, kommt der rauhaarige große Hund wieder vermehrt vor. Der Podengo Portugues Medio, ein mittelgroßer kräftiger Hund, ist auch bei Nichtjägern als Haushund recht beliebt. Vorrangig allerdings geht er jagdlichen Aufgaben nach. Podengo Portugues Pequeno ist der kleinste Vertreter aller Podenco-Rassen. Als niederläufiger Hund ist er bestens zur Kaninchenjagd geeignet. Er kann auch zur Jagd unter der Erde eingesetzt werden. Nicht nur bei Jägern beliebt, entwickelt sich der Kleine immer mehr zu einem angenehmen Familien-

hund. Selbst in Portugal stellen die verschiedenen Vertreter dieser Rasse noch immer eine Seltenheit dar, den Weg auf internationale Ausstellungen finden sie kaum.

Charakter: Die portugiesischen Podengos sind lebhaft, genügsam und robust. Sie sind wachsam und kündigen jeden Fremden mit lautem Gebell an. Im Umgang mit anderen Artgenossen sind selbst die kleinen selbstbewusst und dominant.

Erziehung: Die lernwilligen Hunde zeigen sich offen für jede Beschäftigung. Nur einfühlsame, geduldige und erfahrene Hundehalter werden in der Lage sein, die recht eigenständigen Hunde zu hundesportlichen Aktivitäten zu bewegen.

FCI-Gruppe 5

Cirneco dell`Etna

Ursprungsland
Italien

Anderer Name
Sizilianischer Windhund

Widerristhöhe
Rüde: 46 bis 50 cm
Hündin: 42 bis 46 cm

Farbe
Fahlrot, fahlrot mit weiß, isabellfarben, sandfarben

Haarkleid
Steif und glatt

Bisher ging man davon aus, dass der Cirneco dell'Etna von den alten Jagdhunden abstammt, die zur Pharaonenzeit im Nildelta gezüchtet wurden und dann über Handelswege der Phönizier bis nach Sizilien gekommen sind. Neuere Forschungen sagen, dass es sich bei dieser Rasse auch um einen alteingesessenen Hund sizilianischen Ursprungs handeln könnte. Sicher ist, dass der Cirneco seit Jahrhunderten an den felsigen Hängen des Ätna zur Jagd auf Kaninchen eingesetzt wird. Er jagt immer mit der Nase auf dem Boden wie die Spürhunde, stöbert seine Beute auf und verfolgt sie über viele Kilometer ohne den Jäger. Nur selten bringt er das Kaninchen zu seinem Herrn zurück, meist verzehrt er es an Ort und Stelle. Bekannt war die Rasse auch in Cyrenaica, eine lateinische Bezeichnung für das heutige Libyen, woraus sich vielleicht der Name der Hunde ableiten lässt. Im gesamten Mittelmeerraum gibt es Hunde ähnlichen Typs. Der Cirneco dell'Etna ist nicht nur in seiner Heimat selten, auch im Ausland sieht man ihn kaum.

Charakter: Der aufmerksame, temperamentvolle Hund besitzt einen ausgeprägten Jagdtrieb. Er ist sanft und liebevoll zu seiner Familie, Fremden gegenüber eher zurückhaltend.

Erziehung: Die Erziehung dieses eigenwilligen Hundes kann auch einen erfahrenen Hundehalter vor ernste Probleme stellen. Einmal von der Leine gelassen, verschwindet er in vielen Fällen für Stunden – immer auf der Suche nach jagdbarem Wild.

Nicht nur im früheren Rhodesien, sondern auch in Thailand entstand eine Hunderasse mit dem Rigde auf dem Rücken. Ein Ridge besteht aus einem Streifen Haare, die in entgegengesetzter Richtung wachsen. Bereits in alten thailändischen Handschriften gibt es die ersten Hinweise auf einen Hund mit diesem Erscheinungsbild. Der Hund wurde besonders in den östlichen Gebieten Thailands zur Jagd auf kleines und großes Wild eingesetzt. Als selbständig arbeitender Helfer seines Herrn stöbert er das Wild, vorrangig Wildschweine, auf und stellt es, bis der Jäger zum Schuss kommt. Beliebt war diese Rasse auch als Begleiter der Fuhrwerke und als Wachhund. Das Sprungvermögen des Thai ist legendär. Aufgrund der territorialen Isolation des Landes gab es kaum Einkreuzungen anderer Rassen in den Urtyp. Der Thai Ridgeback Dog ist heute recht beliebt in seiner Heimat und wird als Nationalhund verehrt. Liebhaber auf der ganzen Welt zeigen einige wenige Exemplare auf Ausstellungen.

Charakter: Der Thai besitzt einen großen Jagdtrieb. Er ist wachsam, aber nicht angriffslustig. Selbst zu seinem Besitzer geht er keine enge Bindung ein, zu Fremden ist er sogar abweisend. Im Umgang mit Artgenossen sind besonders die Rüden häufig sehr dominant und rauflustig.

Erziehung: Die Selbstständigkeit des Thailand Ridgeback macht die Rasse nur schwer erziehbar. Sogar einen einfühlsamen, geduldigen und erfahrenen Hundehalter stellt der Hund vor Probleme.

FCI-Gruppe 5

Thai Ridgeback

5

Ursprungsland
Thailand

Widerristhöhe
Rüde: 56 bis 61 cm
Hündin: 51 bis 56 cm

Farbe
Kastanienrot, rein schwarz, silber und blau

Haarkleid
Kurz, und glatt

Einleitung FCI-Gruppe 6

Laufhunde, Schweißhunde und verwandte Rassen

Einer der ursprünglichsten und wichtigsten Verwendungszwecke des Hundes war und ist seine Hilfe bei der Jagd. Dies wird auch heute noch deutlich, sieht man sich die Vielzahl der modernen Rassehunde an, die aus Jagdhunden entstanden bzw. noch heute fast ausschließlich zur Jagd verwendet werden. Die FCI-Gruppe 6 unterstreicht diese Tatsache deutlich. In ihr finden wir die Lauf- und Schweißhunde, zwei Hundegruppen, die sich aus hochspezialisierten, für die Jagd bestimmten Rassen zusammensetzen. Viele dieser Rassen findet man, im Gegensatz zu den Jagdhunden der Gruppen 7 und 8, auch heute fast ausschließlich in den Händen von Jägern, nur wenige haben ihren Weg zum Begleit- und Familienhund gefunden. Viele Rassen sind zudem kaum oder gar nicht überregional bekannt. So erklärt es sich, dass diese rassestärkste Gruppe der FCI tatsächlich die geringsten Welpenzahlen innerhalb des VDH aufweist.

Der größte Teil der Rassen stammt aus Europa, sehr viele aus Frankreich. Die wenigen Rassen der neuen Welt lassen sich problemlos auf ihre europäischen Vorfahren zurückführen. Die Hunde arbeiten bei der Jagd sowohl einzeln oder in kleineren Gruppen (Brackenjagd) oder in größeren Gruppen (Meutejagd). Die vor allem in Frankreich beliebte Parforcejagd, eine Meutehetzjagd zu Pferde, ist in Deutschland verboten. Die Zukunft vieler Rassen dieser Gruppe ist ungewiss, denn in Europa werden geeignete Jagdgebiete imer seltener und auch die Jagd immer unpopulärer.

Laufhunde

Einst gehörte es sich für jeden Adelshof, seine Meute zu besitzen. Vor allem in Frankreich entstanden so sehr viele regionale Rassen. Die Hunde wurden speziell für die Jagd gezüchtet. Nur wenige Rassen fanden ihren Weg zum Familienhund. Der bekannteste ist sicher der Beagle. Aufgrund ihrer feinen Nase werden heute einige Rassen dieser Sektion mit Erfolg zu Spürhunden ausgebildet, bekannte Beispiele sind der Bluthund und auch der Beagle.

Schweißhunde

Schweißhunde verrichten ihre jagdliche Arbeit traditionell nach dem Schuss, indem sie die Schweißfährte, in der Jägersprache steht Schweiß für Blut, des angeschossenen Tieres aufnehmen. So helfen Sie dem Jäger das gejagte Wild schnell zu finden und es von unnötiger Qual zu erlösen. Heutzutage helfen die Hunde auch verstärkt durch den Straßenverkehr verletztes Wild aufzuspüren. Die wenigen Rassen dieser Sektion sind allesamt nicht als Familien- oder Begleithunde zu empfehlen. Sie gehören ihren Fähigkeiten und Haltungsansprüchen entsprechend in Jägerhand.

Verwandte Rassen

Zwei der bekanntesten Rassen dieser Gruppe finden sich in dieser Sektion: der Dalmatiner und der Rhodesian Ridgeback. Ist die Zuordnung des ursprünglich in Südafrika jagenden Ridgebacks noch nachvollziehbar, obwohl auch eine Verwandschaft zum Thai-Ridgeback diskutiert wird, der bekanntlich der Gruppe 5 angehört, ist der Dalmatiner hier sehr auf sich allein gestellt. Die Rasse erlangte ihre kynologische Bekanntheit als Kutschenbegleihund und Maskottchen der Feuerwehrleute. Ob Vorfahren des Dalmatiners jemals jagten, ist ungewiss, auch wenn aus dem südeuropäischen Raum von gefleckten Jagdhunden berichtet wurde.

Der Bluthund, hierzulande besser als Bloodhound bekannt, ist sicher für viele einer der typischsten Spürhunde. Woher der Namensteil Blut bzw. Blood herrührt, ist nicht geklärt. Die meisten Autoren führen ihn auf die Rassereinheit, also die Reinheit des Blutes dieser Hunde zurück. Sicher ist, dass hiermit nicht auf eine etwaige Blutrünstigkeit oder Schärfe hingewiesen wird. Beides sind sicher keine Eigenschaften des Bloodhounds. Die Vorfahren der Rasse sind die St. Hubertushunde, die ihren Name vom gleichnamigen Kloster in den Ardennen haben, und auch der weiße Talbot aus England. Beide Rassen sind heute ausgestorben. Die Nasenleistung des Bloodhound ist berühmt. Die Hunde werden als Such- und Spürhunde ausgebildet und konnten schon viele Vermisste aber auch die Spuren von flüchtigen Verbrechern finden. Die Suche erstreckt sich dabei manchmal über viele Kilometer. Auch noch Tage nach dem Geschehen kann ein Bloodhound der richtigen Fährte folgen.

Charakter: Die Hunde sind eigenständiges Handeln gewöhnt und ordnen sich nicht gerne unter. Dabei sind sie aber keinesfalls aggressiv, sondern ausgesprochen ruhig und bedächtig. Anderen Hunden treten sie eher gleichgültig gegenüber, zu fremden Menschen sind sie offener.

Erziehung: Die Erziehung dieser dickköpfigen Hunde ist nicht einfach, erfordert viel Einfühlungsvermögen und Konsequenz.

Pflege: Achten Sie besonders auf Entzündungen der Lider und Ohren.

FCI-Gruppe 6

6

Bluthund

Ursprungsland
Belgien

Anderer Name
Bloodhound,
Chien de St. Hubert

Widerristhöhe
Rüde: etwa 67 cm
Hündin: etwa 60 cm

Farbe
Schwarz-loh, braun-loh, einfarbig loh

Haarkleid
Kurz und fest am Körper, sanft und seidig an den Ohren und am Schädel

FCI-Gruppe 6

Poitevin

Ursprungsland
Frankreich

Anderer Name:
Chien du Haut-Poitou

Widerristhöhe
Rüde: 62 bis 72 cm
Hündin: 60 bis 70 cm

Farbe
Dreifarbig: weiß, schwarz und loh, mit schwarzen Mantel oder breiten Flecken, weiß, orange, Wolfshaar

Haarkleid
Kurz und glänzend

Der Poitevin gehört sicher zu den elegantesten Laufhunden, vielleicht ist er sogar der eleganteste unter ihnen. Von seinem Körperbau sehr an einen Windhund erinnernd, wurde er zur Veredlung vieler anderer Laufhunde Frankreichs eingesetzt. Er kommt aus der Gegend um Poitier in Westfrankreich. Wie bei vielen der alteingesessenen französischen Laufhund-Rassen möchte man auch seine Blutlinie am liebsten bis zu den berühmten Weißen Königshunden verfolgen, aber damit hat man auch bei dieser sicher alten Rasse seine Probleme. Zur Verbesserung seiner jagdlichen Leistungen wurden im Laufe der letzten Jahrhunderte verschiedene andere Laufhund-Rassen auch in den Poitevin eingekreuzt. Unter den französischen Rassen waren dies mit einiger Sicherheit die inzwischen ausgestorbenen Larrye und Céris, aber es kam auch zu Paarungen mit englischen Rassen. An erster Stelle ist sicher der Foxhound zu nennen. Der Poitevin ist ein sehr schneller, nicht sonderlich robuster Hund, der dennoch erfolgreich auch Wildschwein und Hirsch jagt.

Charakter: Als reinrassiger Meutejagdhund ist der Poitevin nicht als Familienhund geeignet. Er ist Menschen gegenüber freundlich, aber keineswegs für ein anderes Leben als das für die Jagd gezüchtet worden.

Erziehung: Die Ausbildung dieser seltenen Rasse gehört in Jägerhände. Für ein Stadtleben ist dieser Hund nicht geeignet, er braucht viel Beschäftigung.

Um das Jahr 1870 begann Gaston Hublot du Rivault einen für die Jagd in der Meute geeigneten Laufhund zu züchten. Hierfür kreuzte er mit dem Céris, dem Larrye und dem Montemboeuf drei uralte französische Laufhundrassen, die heute leider ausgestorben sind. Rivault achtete bei der Auswahl seiner Zuchthunde immer auf deren Eignung und auf ein perfektes Äußeres, denn er wollte einen hellen Laufhund züchten. Besonders der Montemboeuf lässt sich direkt auf die Weißen Königshunde des 16. Jahrhunderts zurückführen. So ist der Billy, der nach dem Landsitz seines Züchters benannt wurde, eng mit dem Poitevin verwandt, der die Weißen Königshunde ebenfalls zu seinen Ahnen zählen mag. Nachdem sich die Zuchtbasis des seltenen Hundes nach dem 2. Weltkrieg dramatisch verengt hatte, war es notwendig, die Blutlinien aufzufrischen. Der Poitevin und der Porcelaine boten sich aufgrund ihrer engen Verwandtschaft an. Die Rekonstruktionsversuche von Rivaults Sohn waren erfolgreich. Die Rasse überlebte, auch wenn der Billy nach wie vor selbst in Frankreich selten ist. Er eignet sich hervorragend für die Jagd auf Rehe.

Charakter: Der Billy ist ein reiner Jagdhund. Er ist kein Familien- oder Begleithund für die Stadt. Die Hunde sind zu Menschen zwar ausgesprochen freundlich, doch brauchen sie Beschäftigung und sind ein Leben in der Meute gewöhnt

Erziehung: Die Ausbildung des Billy gehört in die Hände eines erfahrenen Jägers.

FCI-Gruppe 6

6

Billy

Ursprungsland
Frankreich

Widerristhöhe
Rüde: 60 bis 70 cm
Hündin: 58 bis 62 cm

Farbe
Weiß-gelb, weiß-hellorange oder milchkaffeefarbig

Haarkleid
Kurz und glatt

6

Français tricolore FCI-Nr. 219

Ursprungsland
Frankreich

Widerristhöhe
Rüde: 62 bis 72 cm
Hündin: 62 bis 68 cm

Farbe
Weiß und loh mit schwarzen Mantel

Haarkleid
Glatt und dicht

Français blanc et orange FCI-Nr. 220

Ursprungsland
Frankreich

Widerristhöhe
Rüde: 62 bis 70 cm
Hündin: 62 bis 70 cm

Farbe
Weiß-zitronenfarben, weiß-orange

Haarkleid
Glatt, kurz, dicht und fest

Français blanc et noir FCI-Nr. 316

Ursprungsland
Frankreich

Widerristhöhe
Rüde: 65 bis 72 cm
Hündin: 62 bis 68 cm

Farbe
Alle Farben

Haarkleid
Kurz, glatt, dicht und fest

Laufhunde haben in Frankreich eine lange Tradition. Fast jedes Adelshaus hatte seine eigene Meute, die nicht selten mehrere hundert Hunde zählte. Jeder züchtete nach seinem eigenen „Rezept" und es entstanden zahlreiche Lokalschläge. So wird die Gruppe der Laufhunde in der rassevielfalt von französischen Hunden dominiert. Doch auch englische Hounds hatten einen stetig wachsenden Einfluss auf das Zuchtgeschehen in Frankreich. Vor allem Foxhounds prägten das Erscheinungsbild der französischen Laufhunde immer stärker, zumal im Zuge der französischen Revolution viele Laufhundmeuten als Symbol des Adels regelrecht abgeschlachtet wurden. Neben den klassischen französischen Laufhunden wie Poitevin, Griffon Vendéen und vielen anderen entstand eine Gruppe von Mischlingen aus den verschiedenen französischen und englischen Laufhunden. Einige ähnelten in ihrem Äußeren mehr dem englischen Foxhound-Typ, andere standen den französischen Originalen näher. Erst im 1957 sollte Klarheit in diese Ansammlung recht unterschiedlicher Hunde gebracht werden. Hunde, die mehr dem französischen Typ entsprachen, wurden als Français anerkannt, Hunde, die dem englischen Typ folgten, registrierte man als Grand anglo-francais. Beide Typen gibt es jeweils in den Farben tricolor, blanc et noir und blanc et orange. Insgesamt erkennt die FCI sie als sechs unterschiedliche Rassen an. Dies macht durchaus Sinn, wenn man bedenkt, dass sich diese sechs Rassen nicht nur farblich, sondern auch in ihrer Entstehungsgeschichte voneinander unterscheiden.

Français tricolor
Ziel der Züchter war die Rekonstruktion des im frühen 19. Jahrhunderts ausgestorbenen Chien normand, einem recht schweren, dreifarbigen Laufhund. Als Ausgangsrasse diente ihnen der Grand anglo-français-tricolor.

Français blanc et noir
Diese in Frankreich recht verbreitete Rasse lässt sich auf den Gascon Saintongeois und den inzwischen ausgestorbenen Levesque zurückführen.

Français blanc et orange
Zu den Ausgangsrassen dieser Français-Varietät gehören sicher der Billy und vermutlich auch der orange-weiße Poitevin. Selbst in Frankreich sieht man die Rasse selten.

Grand anglo-français tricolor
Unter den Grand anglo-français ist der tricolor am bekanntesten. Er hat in Frankreich auch die größte Verbreitung. Die Rasse ist das Ziel von Kreuzungen zwischen englischen Foxhounds und Poitevins.

Grand anglo-français blanc et noir
Auch der weiß-schwarze Grand anglo-français lässt sich direkt auf den Gascon Saintongeois zurückführen. In seinen Adern fließt zudem das Blut des Bleu de Gascogne und natürlich etwas vom englischen Foxhound.

Grand anglo-français blanc et orange
Die weiß-orange Varität ist auch beim Grand anglo-français die seltenste. Die Rasse entstand durch Kreuzungen zwischen englischen Foxhounds und dem Billy.

Grand anglo-français tricolore
FCI-Nr. 322
Ursprungsland
Frankreich

Widerristhöhe
Rüde: 60 bis 70 cm
Hündin: 60 bis 70 cm

Farbe
Weiß-loh, meist mit schwarzen Mantel

Haarkleid
Glatt, kurz und fest

Grand anglo-français blanc et noir
FCI-Nr. 323
Widerristhöhe
Rüde: 60 bis 70 cm
Hündin: 60 bis 70 cm

Farbe
Weiß-schwarz, ausgedehnte schwarze Flecken, schwarze, blaue oder lohfarbene Tüpfelung

Haarkleid
Kurz, glatt und fest

Grand anglo-français blanc et orange
FCI-Nr. 324
Widerristhöhe
Rüde: 60 bis 70 cm
Hündin: 60 bis 70 cm

Farbe
Weiß-gelb, weiß-orange

Haarkleid
Kurz, glatt und fest.

FCI-Gruppe 6

Grand Bleu de Gascogne FCI-Nr. 22

6

Ursprungsland
Frankreich

Widerristhöhe
Rüde: 65 bis 72 cm
Hündin: 62 bis 68 cm

Farbe
Schwarz-weiße Tüpfelung, mehr oder weniger schwarze Flecken, lohfarbene Abzeichen

Haarkleid
Kurz, sehr dicht und sehr dick

Der Grand Bleu de Gascogne ist der ursprünglichste französische Laufhund. Seine Ahnen sollen sich bis zu den Hunden der Kelten, den Segusiern, zurückverfolgen lassen. Sein Blut fließt in den Adern vieler französischer Laufhund-Rassen. Der Bleu de Gascogne ist heute in drei Größen bekannt und in vier Rassen anerkannt. Stammvater ist sicher der Grand Bleu de Gascogne, vom dem sich der kleinere **Petit Bleu de Gascogne**, der kleinere rauhaarige **Griffon Bleu de Gascogne** und der niederläufige **Basset Bleu de Gascogne** direkt ableiten lassen. Einkreuzungen des Griffon Nivernais oder des Griffon Vendéen sind beim Griffon Bleu de Gascogne wahrscheinlich. Ebenso weiß man, dass der Basset Bleu de Gascogne im 20. Jahrhundert aus dem Grand Bleu de Gascogne und dem inzwischen ausgestorbenen Basset d'Artois rekonstruiert wurde, nachdem er gegen Ende des 19. Jahrhunderts nahezu ausgestorben war. Alle Rassen werden sowohl zur Jagd auf Hasen wie auch auf Rehe eingesetzt. Sie zeichnen sich wie fast alle französischen Laufhunde durch ein ausgesprochen wohlklingendes Geläut aus. Mit dem Grand Bleu de Gascogne jagte man früher zudem erfolgreich Wölfe.

Charakter: Als klassische Meute-Jagdhunde eignen sie sich bis auf den Basset nicht als Familienhunde, obwohl sie durchaus freundlich zum Menschen sind.

Erziehung: Wird der Bleu in der Familie gehalten, sind eine konsequente Erziehung und eine frühe Sozialisation notwendig.

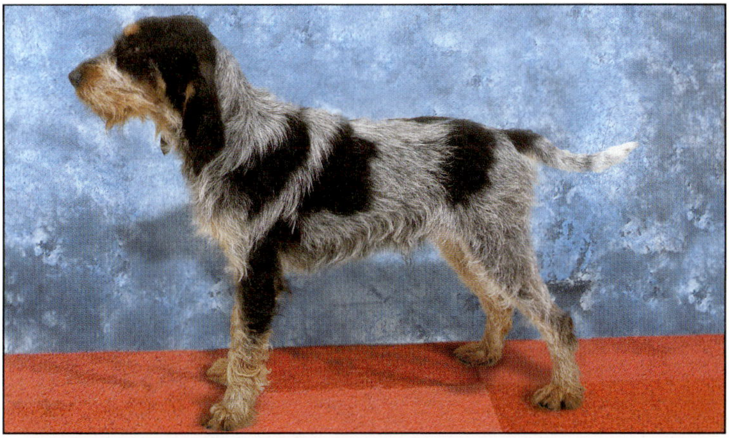

6

Griffon Bleu de Gascogne
FCI-Nr. 32

Ursprungsland
Frankreich

Anderer Name
Blauer Gascogne Griffon

Widerristhöhe
Rüde: 50 bis 57 cm
Hündin: 48 bis 55 cm

Farbe
Bläulich schimmernd, großflächige schwarze Abzeichen

Haarkleid
Hart, rau, struppig

Petit Bleu de Gascogne
FCI-Nr. 31

Ursprungsland
Frankreich

Widerristhöhe
Rüde: 52 bis 60 cm
Hündin: 50 bis 56 cm

Farbe
Schwarz-weiße Tüpfelung, mehr oder weniger schwarze Flecken, lohfarbene Abzeichen

Haarkleid
Kurz, sehr dicht und sehr dick

Basset Bleu de Gascogne
FCI-Nr. 35

Ursprungsland
Frankreich

Anderer Name
Blauer Basset der Gascogne

Widerristhöhe
Rüde: 34 bis 38 cm
Hündin: 34 bis 38 cm

Farbe
Bläulich schimmernd

Haarkleid
Kurz, sehr dicht

6

Grand Gascon Saintongeois

Ursprungsland
Frankreich

Widerristhöhe
Rüde: 65 bis 72 cm
Hündin: 62 bis 68 cm

Farbe
Grundfarbe weiß, schwarzgefleckt oder getüpfelt, lohfarbene Abzeichen

Haarkleid
Kurz und dicht

Petit Gascon Saintongeois

Ursprungsland
Frankreich

Anderer Name
Chien de Virelade

Widerristhöhe
Rüde: 52 bis 58 cm
Hündin: 50 bis 56 cm

Farbe
Grundfarbe weiß, schwarzgefleckt oder getüpfelt, lohfarbene Abzeichen

Haarkleid
Kurz und dicht

Der Grand Gascogne Saintongeois ist das Ziel einer langen Reihe von Kreuzungen zwischen dem inzwischen ausgestorbenen Saintongeois und dem Bleu de Gascogne, sowie dem Poitevin und englischen Foxhounds. Der Saintongeois, benannt nach der gleichnamigen Küstenregion im Westen Frankreichs, wurde ursprünglich zur Jagd auf den dort noch bis zur Mitte des 19. Jahrhunderts weit verbreiteten Wolf eingesetzt. Nachdem dieser weitgehend ausgestorben war, schien auch die Zeit des Saintgeois vorbei zu sein, zumal sich die Zuchtbasis durch die Revolutionswirren auf ganze drei Hunde verengt hatte. Doch konnte der alte Typ durch Einkreuzungen des Bleu de Gascogne nahezu erhalten bleiben. Eine weitere Typverbesserung konnte durch die Einkreuzung des Poitevin erreicht werden. Doch die Hunde waren zu langsam für die Jagd auf Fuchs und Hase. Einkreuzungen des Foxhounds sollten die Hunde schneller machen. Doch bis heute jagt man in Frankreich mit dem Grand Gascon Saintongeois größeres Wild. Außerhalb Frankreichs ist die Rasse kaum bekannt. Die kleinere Varietät, der **Petit Gascon Saintongeois**, ist als eigene Rasse anerkannt und eignet sich gut für die Jagd auf Hase und Kaninchen.

Charakter: Als Meutehunde sind die Rassen verträglich mit anderen Hunden. Dem Menschen ordnen sich die intelligenten Hunde unter, beide Rassen sind aber sicher keine idealen Familienhunde.

Erziehung: Ihre Ausbildung gehört in Jägerhände.

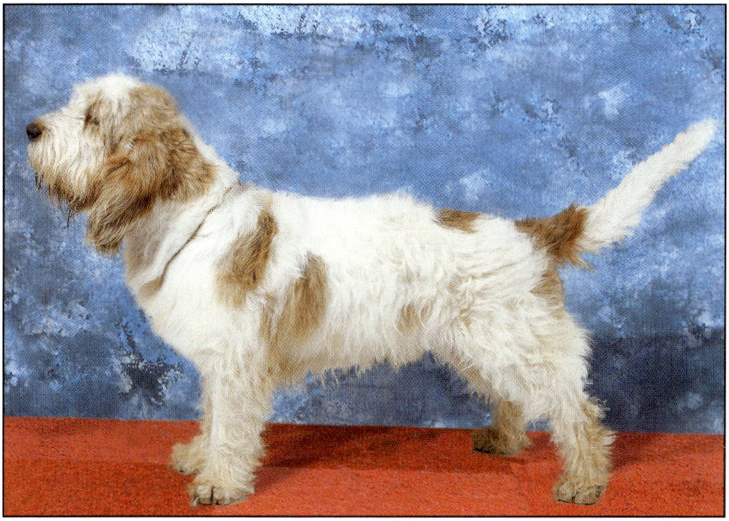

Der Griffon Vendeen, aus der gleichnamigen Region an der Atlantikküste Frankreichs, ist einer der ältesten Laufhunde Frankreichs. Ihre Ahnen sind vermutlich direkte Nachkommen der Hunde, die die Kelten mit in diesen Landstrich brachten. Die heute ausgestorbenen Griffon de Bresse, die grauen Saint-Louis-Hunde und die Weißen Königshunde sind die Ausgangsrassen für den Griffon Vendeen und bilden gleichzeitig die Brücke zu den Segusiern der Kelten.
Den Griffon Vendeen gibt es in den vier Größenvarianten

- **Grand Griffon Vendeen**
- **Briquet Griffon Vendeen**
- **Grand Basset Griffon Vendeen**
- **Petit Basset Griffon Vendeen**

Alle vier erkennt die FCI als eigenständige Rassen an. Ihrer Größe entsprechend wurde und wird mit ihnen vom Kaninchen bis zum Wolf, vom Wildschwein bis zum Hirsch jegliches Tier gejagt. Das dichte, harte Fell schützt die Hunde dabei auch im dicken, dornigen Gestrüpp. Die beiden an dieser Stelle besprochenen größeren Typen werden auch heute noch als Jagdgebrauchshunde geführt.

Charakter: Der beiden großen Griffons Vendeens sind unabhängige, draufgängerische Hunde. Als Begleithund werden sie selten gehalten. Sie sind zwar sehr anhänglich, aber nicht unbedingt einfach. Mit anderen Hunden verstehen sie sich jedoch gut. Ihr Jagdeifer ist bis in unsere Tage ungebrochen.

Erziehung: Die selbstständigen Hunde ordnen sich nicht gerne unter, weshalb der Grand und der Briquet Griffon Vendeen als Familienhunde nicht zu empfehlen sind.

6

Briquet Griffon Vendeen
FCI-Nr. 19

Ursprungsland
Frankreich

Widerristhöhe
Rüde: 50 bis 55 cm
Hündin: 48 bis 53 cm

Farbe
weiß-schwarz, schwarz-loh, weiß-orange, tricolor

Haarkleid
Lang, manchmal buschig, rau anzufassen

Grand Griffon Vendeen
FCI-Nr. 282

Ursprungsland
Frankreich

Widerristhöhe
Rüde: 60 bis 65 cm
Hündin: 60 bis 65 cm

Farbe
Einfarbig: loh, hasenfarben, weiß
Zweifarbig: weiß-orange, weiß-schwarz, weiß-grau, weiß-loh
Dreifarbig: weiß, schwarz, loh oder weiß, grau und loh

Haarkleid
Lang, harsch, weder seidig noch wollig

FCI-Gruppe 6

Foxhound

6

Ursprungsland
Großbritannien
Anderer Name
English Foxhound
Widerristhöhe
Rüde: 58 bis 64 cm
Hündin: 58 bis 64 cm
Farbe
Alle für Laufhunde erlaubten Farben
Haarkleid
Kurz, glänzend und dicht

Die Fuchsjagd hat vor allem in England eine lange Tradition, die sich bis ins 10. Jahrhundert zurückverfolgen lässt. Sie war nicht nur ein Zeitvertreib der kleinen Leute. Bereits im 16. Jahrhundert waren die Großwildbestände auf der Insel derart dezimiert, dass große Jagden kaum mehr möglich waren. Auch der Adel jagte notgedrungen vermehrt Fuchs und Hase. Von einer Rassehunde-Zucht im heutigen Sinn war man aber noch weit entfernt, obwohl schon früh Zuchtbücher geführt wurden und in die Haltung der Hunde viel Geld investiert wurde. Welche Hunde zur Zucht eingesetzt wurden, ist dennoch kaum bekannt. Man vermutet verschiedene Terrier, den Talbot aber auch französische Laufhunde unter den Ahnen. Einen guten Fuchsjäger zu züchten war damals das einzige Ziel der Kreuzungen. Vor dem 18. Jahrhundert war jeder Jagdhund ein Hound. Sie wurden nur bedingt nach ihrem Aussehen oder ihrer Größe gezüchtet, ausschlaggebend war ihre Gebrauchstüchtigkeit. Erst im 19. Jahrhundert gewann die moderne Rassehunde-Zucht an Gewicht. Nun war nicht mehr nur die Gebrauchstüchtigkeit, sondern auch das Aussehen der Hunde wichtig.

Charakter: Diese in der Meute jagenden Hunde sind naturgemäß sehr verträglich mit anderen Hunden. Einzeln gehalten sind sie gute Familienhunde, die eine feste Bindung zu ihren Menschen eingehen können.

Erziehung: Die Erziehung dieser recht dickköpfigen Hunde muß mit liebevoller Konsequenz erfolgen.

Der Fischotter war in England nachweislich schon im 12. Jahrhundert eine Bedrohung für die Fischbestände und wurde seitdem gnadenlos gejagt. Für die Jagd war jeder Hund recht, der keine Angst vor dem Otter und dem Wasser zeigte. Ganz im Gegenteil mussten die Hunde dem flinken Otter auch im Wasser folgen können. Es gab kein einheitliches Äußeres dieser Otterhounds, allein die Gebrauchseignung war wichtig. Als recht mühsam bis unmöglich erweist sich somit auch die Suche nach den Vorfahren des damaligen Otterhounds. Einfacher wird es hingegen, wenn wir uns nach den Wurzeln des modernen, durch die Rassehundezucht des 19. Jahrhunderts geprägten Otterhound machen. Hier können wir recht sicher sagen, dass die Hunde aus französischen Griffons (Nivernais und Vendeen) und sehr sicher englischen Terriern und Foxhounds entstanden sind. Ob indes auch Bloodhound-Blut in seinen Adern fließt, ist ungeklärt. Die Jagd auf den Fischotter fand in Meuten statt, die Hunde mussten untereinander verträglich sein.

Charakter: Otterhounds sehen sehr gutmütig aus und sind es auch. Als Familienhund eignet sich solch ein Jagdhund dennoch immer nur bedingt. Sie müssen seinen Dickkopf zu nehmen wissen. Mit anderen Hunden sind sie sehr verträglich, aber stets verteidigungsbereit.

Erziehung: Als Familienhund gehalten muss er früh sozialisiert und konsequent erzogen werden.

FCI-Gruppe 6

6

Otterhound

Ursprungsland
Großbritannien

Widerristhöhe
Rüde: etwa 67 cm
Hündin: etwa 60 cm

Farbe
Alle für Laufhunde erlaubten Farben

Haarkleid
Dicht, rau, hart mit einer Länge von 4 bis 8 cm

FCI-Gruppe 6

American Foxhound

6

Ursprungsland
USA

Widerristhöhe
Rüde: 56 bis 64 cm
Hündin: 53,3 bis 61 cm

Farbe
Alle Farben

Haarkleid
Rau, dicht und mittellang

Mit den Siedlern kamen im 17. Jahrhundert auch ihre Hunde in die Neue Welt, darunter auch die verschiedensten Laufhunde aus den unterschiedlichsten Ländern. Der American Foxhound entstand aus Kreuzungen vor allem englischer Foxhounds und französischer Bracken. Man darf aber mit Sicherheit annehmen, dass er auch das Blut anderer Laufhunde in sich trägt. Die europäischen Rassen mussten den veränderten Jagdbedingungen der Neuen Welt angepasst werden. Waschbären oder das Opossum beispielsweise flüchten auf Bäume, das kannten die Hunde von Hase oder Fuchs nicht. Auch brauchte man für die Jagd auf den in Amerika heimischen Graufuchs nicht so schnelle Hunde wie für die auf den europäischen Rotfuchs. Erst als auch der Rotfuchs in Amerika angesiedelt wurde, verlangte die Zucht nach schnelleren Laufhunden, als dies der American Foxhound damals war. Eine vermehrte Einkreuzung seines englischen Bruders war die Folge, so dass die Verwandtschaft der beiden Rassen heute kaum mehr übersehbar ist. Der American Foxhound wird hauptsächlich jagdlich geführt, wobei er selten in der Meute jagt. Man sieht ihn in Amerika immer häufiger auch auf Ausstellungen.

Charakter: Die Hunde mögen die Gesellschaft des Menschen, sind aber keine Familienhunde. Sie haben sich ihre Unabhängigkeit bewahrt und können recht dickköpfig sein .

Erziehung: Eine frühe Sozialisation ist wichtig, wenn er als Familienhund gehalten werden soll.

Waschbären wurden wegen ihres schönen Pelzes, aber auch wegen ihres schmackhaften Fleisches schon immer gerne gejagt. Die nachtaktive Lebensweise dieser Tiere und ihr natürlicher Fluchtinstinkt auf Bäume stellten die Jagdhunde vor besondere Schwierigkeiten. Die Jäger brauchten Hunde, die über genügend Jagdtrieb und eine sehr gute Nase verfügten. Die Kreuzung aus Foxhound, englischen und vor allem amerikanischen, und Bloodhounds erwies sich als ideal. Die Hunde verfolgten die Waschbären des Nachts zuverlässig und zeigten dem Jäger an, wenn die Waschbären auf Bäume flüchteten. Es gab und gibt vom Coonhound verschiedene Varietäten, die sich in der Hauptsache farblich unterscheiden. Neben der Jagd auf den Waschbären (und das Opossum) eignet sich dieser Hund auch zur Großwild- und Raubkatzenjagd.

Charakter: Coonhounds sind im Vergleich zu vielen anderen Rassen dieser Gruppe gute Familienhunde, die mit Kindern sehr verträglich sind. Doch man muss bedenken, dass auch diese Rasse einen großen Jagdtrieb besitzt, der meist mit einer Neigung zum Streunen verbunden ist. So ist der Coonhound kein Stadthund und sollte auf Spaziergängen immer angeleint bleiben.

Erziehung: Möchte man den Coonhound als Begleit- und Familiehund halten, muss ihm viel Beschäftigung geboten werden. Eine frühe umfangreiche Sozialisation ist sehr wichtig für ein gutes Verhältnis zum Menschen.

FCI-Gruppe 6

6

Black and Tan Coonhound

Ursprungsland
USA

Anderer Name
Schwarz-roter Waschbärenhund

Widerristhöhe
Rüde: 58 bis 68 cm
Hündin: 58 bis 68 cm

Farbe
Schwarz mit roten Brandabzeichen

Haarkleid
Kurz, pflegeleicht und dicht

6

Bosanski Ostrodlaki Gonic Barak
FCI-Nr. 155

Ursprungsland
Bosnien (FCI)

Anderer Name
Rauhaariger Bosnischer Laufhund

Widerristhöhe
Rüde: 46 bis 56 cm
Hündin: etwas kleiner

Farbe
Weizengelb, gelbrot, erdgrau oder schwarz; oft weiße Abzeichen; auch bi-/tricolor

Haarkleid
Lang, hart, struppig und zerzaust

Posavski Gonic
FCI-Nr. 154

Ursprungsland
Kroatien

Anderer Name
Savetal-Bracke, Posavatz Laufhund

Widerristhöhe
Rüde: 46 bis 58 cm
Hündin: 46 bis 58 cm

Farbe
Rotes Weizen, weiße Abzeichen, aber nicht mehr weiß als ein Drittel der Körperoberfläche

Haarkleid
Dicht, drahtig und anliegend bei einer Länge von 2 bis 3 cm

Der **Bosanski Ostrodlaki Gonic Barak** war bis 1973 als Illyrischer Laufhund bekannt. Seine genaue Abstammung ist bis heute ungewiss. Sicher erscheint aber, dass die Rasse schon lange existiert. Erste Erwähnungen finden sich schon etwa 400 v. Chr. Die glatthaarige Varietät gilt heute als ausgestorben, auch die rauhaarigen Hunde sind selten geworden. Der Rauhaarige Bosnische Laufhund ist mutig, fröhlich und Menschen gegenüber offen und freundlich. Als Familienhund nicht ungeeignet.

Der **Posavski Gonic** war früher in den drei Fellarten kurz, lang und stichelhaarig bekannt. Heute wird nurmehr der kurzhaarige Posavski gezüchtet. Die auch als Savetal-Bracke bekannte Rasse trägt den Namen ihrer Entstehungsregion, der Talebene Posavien am Fluss Save, wo sie seit dem frühen 18. Jahrhundert gezüchtet wird. Hauptsächlich jagt man mit ihr Hase und Fuchs, durch ihren kräftigen Körperbau und ihr mutiges Wesen eignet sie sich aber auch zur Jagd auf Hirsch und Schwarzwild.

Istrische Kurzhaarige Bracke
FCI-Nr. 151

6

Ursprungsland
Kroatien

Anderer Name
Kurzhaarige Istrische Bracke

Widerristhöhe
Rüde: 44 bis 56 cm
Hündin: 48 cm

Farbe
Schneeweiß;
manchmal orangefarbener Behang

Haarkleid
Kurz, dünn, dicht und glänzend

Istrische Rauhaarige Bracke
FCI-Nr. 152

Ursprungsland
Kroatien

Anderer Name
Rauhaarige Istrische Bracke

Widerristhöhe
Rüde: 46 bis 56 cm
Hündin: etwa 50 cm

Farbe
Schneeweiß;
manchmal orangefarbener Behang

Haarkleid
Hart, glanzlos, struppig,
5 - 10 cm lang

Die **Istrische Kurzhaarige Bracke** ist die häufigste Bracke Kroatiens und des gesamten Balkans. Eine überregionale Verbreitung hat dieser schöne und sehr fähige Laufhund aber nie gefunden. Erste Erwähnungen dieser Hunde finden sich bereits im 14. Jhd. Die sehr ursprünglichen Hunde sind wahrscheinlich direkte Nachfahren der alten Keltenbracken. Sie dienten zur Jagd auf Hase und Fuchs, jagen aber auch größeres Wild wie Wildschweine, und eignen sich wie viele Bracken zur Schweißarbeit.

Die **Istrische Rauhaarige Bracke** ist sehr eng mit der Bosnischen Rauhaarigen Bracke verwandt. Man geht sogar davon aus, dass es sich ursprünglich um die gleiche Rasse handelte. Wie ihre kurzhaarige Verwandte wurde sie zur Jagd auf Hase und Fuchs gezüchtet und auch heute noch zu diesem Zweck eingesetzt. Ebenso eignen sich die unterordnungsbereiten Hunde zur Schweißarbeit. Die Istrische Rauhaarige Bracke ist sehr kälteresistent. Als Familienhund ist diese Rasse nicht ungeeignet.

FCI-Gruppe 6

Sabueso español

Ursprungsland
Spanien

Anderer Name
Spanischer Laufhund

Widerristhöhe
Rüde: 52 bis 57 cm
Hündin: 48 bis 53 cm

Farbe
Rotweiß

Haarkleid
Dicht, kurz, fein und anliegend

Der Sabueso Español ist einer der wenigen spanischen Jagdhunde. Die Jagd war dort niemals sehr populär, bei weitem nicht so wie im Nachbarland Frankreich. Somit ist auch dieser Jagdhund in Spanien nicht sehr häufig, außerhalb der Landesgrenzen ist er so gut wie unbekannt. Die Heimat des Spanischen Laufhundes ist der Norden. Hier wurde er vor allem für die Hasenjagd gezüchtet, findet aber auch Verwendung zur Jagd auf Fuchs und Wildschwein. Die Hunde sind vergleichsweise schwer und kräftig gebaut, die Vermutung liegt nahe, dass sie als sehr ursprüngliche Jagdhunde sehr nahe mit den Bracken der Kelten verwandt sind. Näher belegen lässt sich diese Vermutung aber nicht. Die Rasse war einst in zwei Schlägen bekannt. einem großen Schlag und einem kleineren. Der derzeit von der FCI anerkannte Standard beschreibt nur den größeren Schlag, die züchterischen Bemühungen, die umfangreich erst seit dem Zweiten Weltkrieg bestehen, konzentrieren sich somit auf diese Hunde. Die Zukunft des Sabueso ist ungewiss. Die Jagd, auch die auf Hasen, ist in Spanien nach wie vor nicht sehr populär. Als Familien- und Begleithund ist der Hund nie gezüchtet worden und hat seine Aufgabe bei der Jagd. Es bleibt zu hoffen, dass die geringen Bestände von motivierten Züchtern weiterhin gut betreut werden.

Charakter: Der Sabueso ist kein Familienhund. Durch seine unabhängige Art öffnet er sich kaum.

Erziehung: Die Rasse gehört in erfahrene Jägerhände.

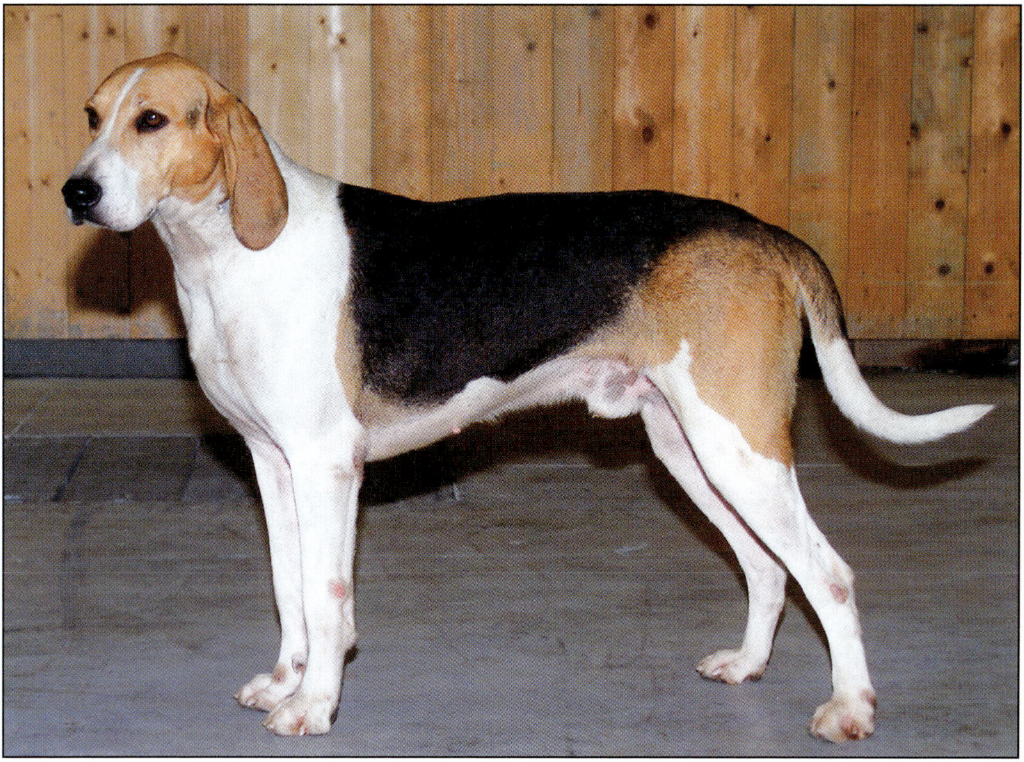

Die Jagd war in Frankreich sehr populär. Die Hohe Jagd war ein Privileg des Adels. Mit riesigen Meuten von mehreren hundert Hunden wurden diese zu prunkvollen Spektakeln inszeniert. Letztendlich trat die Jagd an sich immer mehr in den Hintergrund, das gesellschaftliche Spektakel trat in den Vordergrund. Die meisten der großen Laufhunde Frankreichs waren für diese Jagden bestimmt. Doch es gab auch die Kleine Jagd, die petite vénerie. Sie unterschied sich nicht nur in dem Aufwand, der im Umfeld betrieben wurde, auch bei dem zu jagenden Wild zeigte man sich bescheidener. Vor allem Hasen gehörten zur Beute der in mehr oder weniger großen Meuten antretenden Hunde. Zu diesem Zweck züchteten die Franzosen den Anglo-Français de petite vénerie. Welche Rassen bei der Zucht dieser modernen Jagdhunderasse beteiligt waren, lässt sich schwer eingrenzen. Verschiedenste französische Laufhunde wie Poitevin, Bleu de Gascogne, Saintongeois und Porcelains waren ebenso beteiligt wie die englischen Jagdhundrassen Beagle, Foxhound und Harrier. Das vorrangige Zuchtziel war ein guter Hasenjäger, ohne sich dabei zu sehr vom französischen Typ hin zum Beagle zu bewegen.

Charakter: Die intelligenten Hunde ordnen sich dem Menschen nur bedingt unter. Aufgrund ihrer Meute-Vergangenheit sind sie verträglich mit Artgenossen, besitzen eine große Jagdleidenschaft und sind als Familien- und Begleithunde wenig geeignet.

FCI-Gruppe 6

6

Anglo-Français de petite vénerie

Ursprungsland
Frankreich

Anderer Name
Mittelgroßer Anglo, Französischer Laufhund

Widerristhöhe
Rüde: 48 bis 56 cm
Hündin: 48 bis 56 cm

Farbe
Weiß, schwarz mit lohfarbenen Abzeichen; weiß und orange

Haarkleid
Kurz, dicht und glatt

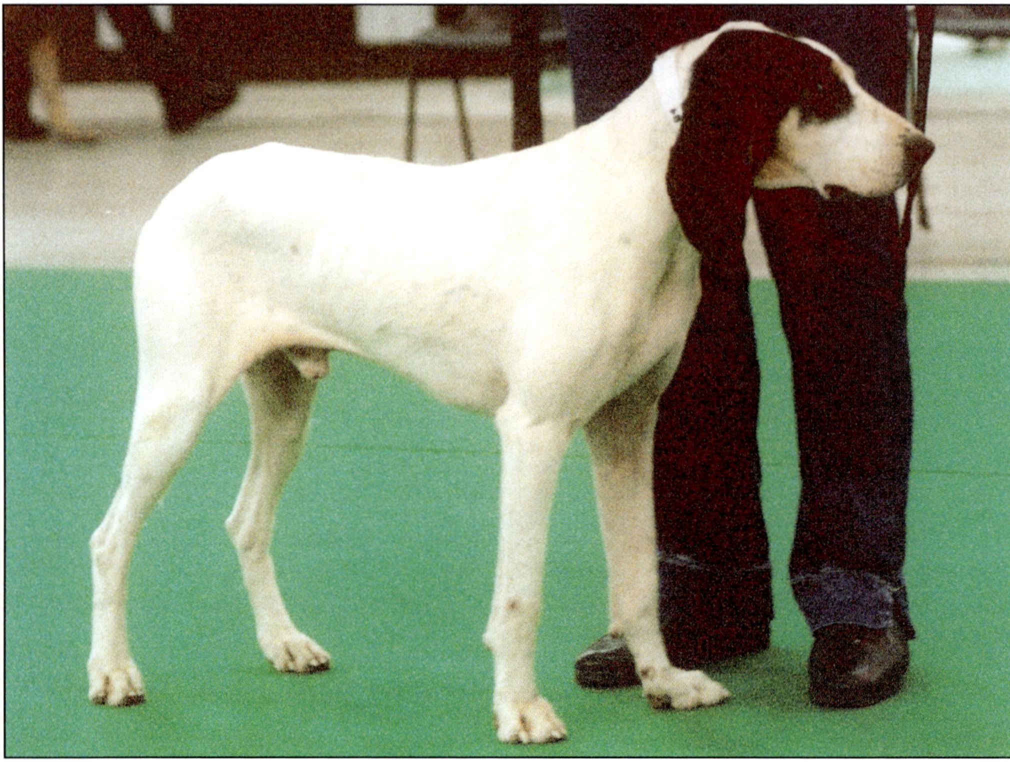

FCI-Gruppe 6

Ariègeois

Ursprungsland
Frankreich

Anderer Name
Laufhund von Ariége

Widerristhöhe
Rüde: 52 bis 58 cm
Hündin: 50 bis 56 cm

Farbe
Weiss mit schwarzen, klar abgegrenzten Abzeichen

Haarkleid
Kurz, fein und dicht

Bei seiner Größe von annähernd 60 cm glaubt man kaum, dass der Ariègeois vor allem für die Hasenjagd gezüchtet wurde. Doch er ist schnell, wendig und bestens an das trockene, heiße Klima angepasst, das man in seinem Herkunftsgebiet, der Ariège, in den östlich gelegenen Gebieten der französischen Pyrenäen findet. Dort, im Südwesten Frankreichs, jagd man gerne mit diesem Hund in den steinigen, felsigen Regionen. Außerhalb seiner Heimat ist dieser Laufhund, wie die meisten Rassen dieser Gruppe, weitgehend unbekannt. Unklar ist, aus welchen Rassen der Ariègeois entstanden ist. Vermutlich ist er ein Mix aus verschiedenen französischen Briquets, dem Bleu de Gascogne und dem Gascon Saintongeois. Ob von den beiden letztgenannten Rassen auch die kleinen Schläge eingekreuzt wurden, ist noch unklar. Manche Kynologen gehen davon aus, dass auch der Anglo-Français de petite vénerie sein Blut hinzugab. Unterstützt wird diese Annahme vor allem durch die vorzüglichen Jagdeigenschaften dieser Rasse auf Hasen. Der Ariègeois ist in Frankreich sehr selten, jedoch scheint der Fortbestand der Rasse nicht gefährdet, denn es gibt genügend Züchter, die die Rasse seit Generationen betreuen.

Charakter: Die menschenfreundlichen Hunde sind unterordnungsbereit, eignen sich aber nicht zum Familienhund, dazu ist ihre Jagdleidenschaft zu groß. Sie brauchen viel Auslauf und eine Aufgabe.

Erziehung: Die Hunde gehören in die Hände erfahrener Jäger.

Der Beagle Harrier ist eine französische Hunderasse, obgleich die beiden Rassen, aus denen er gezüchtet wurde, Beagle und Harrier, durch und durch englisch sind. Doch die Züchtungen, die zu der Rasse führten, fanden ungefähr am Ende des 19. Jahrhunderts auf französischem Boden statt. Die Züchter strebten einen Hundetyp an, in dem sich die Jagdleidenschaft des Beagle und die Größe und die gute Nase des Harriers wiederfanden. Der Beagle war früher tatsächlich größer als heute, doch die Tendenz ging zu immer kleineren Hunden, die sich zwar gut für die Jagd auf Kaninchen, aber kaum mehr für die Jagd auf Hasen und größeres Wild eigneten. Dies war der Hauptgrund, warum die Franzosen begannen, den Beagle Harrier zu kreieren. Es gelang den Züchtern tatsächlich, das angestrebte Ziel auch zu erreichen. Der Beagle Harrier vereint die positiven Eigenschaften und Körpermerkmale perfekt. Die robusten Hunde sind sehr gute Jäger auf Hase und Reh, haben aber auch den Mut, Hirsch und Schwarzwild zu verfolgen.

Charakter: Beagle Harrier sind ausdauernd und kräftig gebaut. Die ausgesprochen große Jagdleidenschaft des Beagle findet sich deutlich in ihnen wieder. Sie sind verträglich mit anderen Hunden, können recht dickköpfig sein und ordnen sich nicht immer leicht unter.

Erziehung: Eine konsequente Erziehung und viel Bewegung sind unbedingt notwendig, dann ist der Beagle Harrier ein wunderbar anhänglicher Familienhund.

FCI-Gruppe 6

Beagle Harrier

6

Ursprungsland
Frankreich

Anderer Name
Harehound

Widerristhöhe
Rüde: 45 bis 50 cm
Hündin: 45 bis 50 cm

Farbe
Dreifarbig: fahlrot mit weißem und schwarzem Mantel, grau, dreifarbig grau

Haarkleid
Kurz und dicht

FCI-Gruppe 6

Chien d'Artois

6

Ursprungsland
Frankreich

Anderer Name
Artois Hound, Briquet, Chien Picard

Widerristhöhe
Rüde: 53 bis 58 cm
Hündin: 53 bis 58 cm

Farbe
Tricolor dunkelfahl, Kopf fahl, manchmal berußt

Haarkleid
Kurz, dick und recht flach

Der Chien d'Artois stammt aus der gleichnamigen Region Artois in Nordfrankreich. Die kräftig gebauten Hunde wurden vor allem für die Jagd auf größeres Wild eingesetzt. Ihre ausgezeichnete Nase machte sie früher zu beliebten Jagdhunden, die jedoch schon bald, gegen Ende des 19. Jahrhunderts, dem Artésien-normand weichen mussten. Dieser Hund wirkte eleganter in seiner Erscheinung und war bei den Jägern allgemein beliebter. Die Wiederbelebung des Chien d'Artois begann erst nach 2. Weltkrieg. Es ist nicht bekannt, welche Rassen zur Rückkreuzung verwendet wurden. Unwahrscheinlich bleibt, dass der kleine Bestand am Ende des Zweiten Weltkrieges ausreichend war, um die Rasse zu erhalten. Noch heute ist der Hund auch in Frankreich sehr selten, außerhalb seiner Heimat ist er nahezu unbekannt. Aufgrund der immer beschränkteren Jagdmöglichkeiten ist leider auch die Zukunft dieses wunderschönen Laufhundes mit klaren Wesenszügen der an seiner Entstehung beteiligten Bracken ungewiss. Der Artois wird heute vermehrt zur Hasenjagd eingesetzt. Seinen Weg zum Familien- und Begleithund wird auch er nur schwer finden, zu stark wurde er über Jahrhunderte alleine zum Zwecke der Jagd gezüchtet.

Charakter: Die intelligenten Hunde voller Jagdleidenschaft brauchen viel Bewegung und eine rassegerechte Beschäftigung bei der Jagd.

Erziehung: Die Erziehung des Chien d'Artois gehört in die Hände erfahrener Jäger.

Der Porcelaine ist ein ausgesprochen edler Laufhund, dessen Herkunft bisher nicht vollends geklärt werden konnte. Als französische Rasse bei der FCI geführt, gibt es doch einige Anzeichen dafür, dass an der heutigen Erscheinung der Hunde Schweizer Laufhunde zumindest beteiligt waren. Dafür spricht zum einen, dass das Hauptverbreitungsgebiet der Rasse an der französischen Grenze zur Schweiz liegt, zum anderen kam es während der Französischen Revolution nicht selten vor, dass Adelige Teile ihrer Meuten zum Schutz in die Schweiz gaben. Die Einzucht geeigneter, wahrscheinlich orange-weißer Schweizer Laufhunde ist somit durchaus möglich. Porcelaine-Meuten überstanden denn auch die Kriegswirren und bis zum Ende des 19. Jahrhunderts wurde mit ihnen tatsächlich noch in Frankreich gejagt. Doch die Meuten wurden immer kleiner und der Inzuchtgrad somit immer höher. Die Zeiten, da die Meuten teils mehrere hundert Hunde umfassten, gehörten nun schon der Vergangenheit an. Der Porcelaine konnte, auch durch die Einkreuzung von Harriern und Schweizer Laufhunden, gerettet werden. Der Hund ist sehr vielseitig und wird für die Jagd von Hase und Reh, aber auch von Schwarzwild eingesetzt. Der Name leitet sich wahrscheinlich von der hellen Farbe der Hunde ab.

Charakter: Die freundlichen, menschenbezogenen Porcelaines sind verträglich mit anderen Hunden.

Erziehung: Die Ausbildung gehört in die Hand des erfahrenen Jägers.

FCI-Gruppe 6

Porcelaine

6

Ursprungsland
Frankreich

Anderer Name
Chien de Lunéville,
Chien de Franche-Comté

Widerristhöhe
Rüde: 55 bis 58 cm
Hündin: 53 bis 56 cm

Farbe
Weiß mit orangen Flecken

Haarkleid
Mittellang, am Ansatz kräftig, an der Spitze dünner

Griffon fauve de Bretagne
Sektion 1.2 Mittelgroße Laufhunde

6

Ursprungsland
Frankreich

Widerristhöhe
Rüde: 48 bis 56 cm
Hündin: 48 bis 56 cm

Farbe
Fahlfarben, weizengold und ziegelrot, manchmal weißer Bruststern

Haarkleid
Hart, trocken und kurz

Basset fauve de Bretagne
Sektion 1.3 Kleine Laufhunde

Ursprungsland
Frankreich

Widerristhöhe
Rüde: 32 bis 38 cm
Hündin: 32 bis 38 cm

Farbe
Fahlrot

Haarkleid
Kurz, hart, rau und trocken

Der **Basset fauve de Bretagne** ist die kurzläufige Variante des Griffon fauve de Bretagne. Mit ihm jagte man in Frankreich erfolgreich kleineres Wild wie Hase, Fuchs oder Dachs. Die mutigen Hunde eigneten sich aber auch zur Jagd auf Wildschweine. Ihr dichtes, robustes Haarkleid gibt ihnen den notwendigen Schutz, um auch im undurchdringlichen Dickicht zu jagen. Die Hunde sind keine Meutejäger und mit Artgenossen eher unverträglich. Auch wenn die Rasse sehr schön aussieht und nicht allzu groß ist, ist sie als Begleit- oder Familienhund nicht geeignet.

Der **Griffon fauve de Bretagne** wurde zur Jagd auf Fuchs und Wildschwein eingesetzt. Die Rasse ist vermutlich schon sehr alt, sie lässt sich bis ins 14. Jahrhundert zurükkverfolgen. Im 19. Jahrhundert war der Griffon dann fast ausgestorben, denn sein kleiner Bruder, der Basset fauve de Bretagne, hatte ihn fast vollständig verdrängt. In der Mitte des 19. Jahrhunderts war er zu einem unspezialisierten, verwilderten Jagdhund verkommen. Doch schon am Ende des 19. Jhd. war die Rekonstruktion aus dem Basset gelungen. Der Griffon wird zur Wildschweinjagd eingesetzt.

Der Name des Griffon Nivernais leitet sich vom Namen der Stadt Never ab, wo diese Rasse zuerst gezüchtet wurde. Dieser Griffon ist eine sehr alte Rasse, deren Vorfahren sich in direkter Linie von den alten Keltenbracken ableiten lassen. Entsprechend ursprünglich zeigt sich der Griffon Nivernais auch noch heute. Er ist ein klassischer Meutehund. Ein Hund, mit einem klaren Verwendungszweck: der Meutejagd. Fast zwangsläufig zeigt die Geschichte der Rasse Höhen und Tiefen. Die Jagdmethoden änderten sich und die Französische Revolution führte dazu, dass viele Jagdhunde des Adels getötet wurden und große Jagden nicht mehr stattfinden konnten. So sah es denn im 19. Jahrhundert nicht gut für den Fortbestand dieser Hunde aus, die erfolgreich auch Schwarzwild, Wölfe und früher sogar Bären jagten. Der Griffon Nivernais war schon immer ein Draufgänger. Um die enge Zuchtbasis zu verbreitern wurde der Griffon Vendeen eingekreuzt. Heute scheint der Bestand der Rasse gesichert zu sein, Kreuzungen mit anderen Rassen finden selbstverständlich nicht mehr statt.

Charakter: Der Griffon Nivernais ist ein ausdauernder und harter Hund für die Meutejagd. Erst mit anderen Hunden sehr verträglich. Trotz seiner Unterordnungsbereitschaft ist er aber nicht als Familien- oder Begleithund geeignet, dies war nie das Zuchtziel.

Erziehung: Die Ausbildung des Griffon Nivernais gehört in Jägerhände. Hier ist er ein zuverlässiger und führiger Hund.

FCI-Gruppe 6

6

Griffon Nivernais

Ursprungsland
Frankreich

Widerristhöhe
Rüde: 55 bis 60 cm
Hündin: 53 bis 58 cm

Farbe
Wolfsgrau, blaugrau, unreines schwarz, saufarben, falbfarbene Abzeichen

Haarkleid
Lang, struppig, borstig, recht kräftig und drahtig

FCI-Gruppe 6

6

Harrier

Ursprungsland
Großbritannien

Anderer Name
Harehound

Widerristhöhe
Rüde: 48 bis 55 cm
Hündin: 48 bis 55 cm

Farbe
Grundfarbe weiß mit allen Tönen von schwarz bis orange, dreifarbig mit schwarzen Mantel

Haarkleid
Kurz und flach

Der Harrier ist einer der ältesten Jagdhunde Englands. Seine Geschichte läst sich recht gut zurück bis ins 13. Jahrhundert verfolgen. Insgesamt ist die Geschichte des Harriers zugleich die Geschichte der Meutejagd in England. So werden erfolgreiche Meuten immer wieder erwähnt und führen zu einem roten Faden der Rasseentwicklung bis in unsere Zeit. Im Jahr 1260 wird das erste Mal eine Harrier-Meute erwähnt. Der Name der Rasse leitet sich von hare hound ab (hare = Hase). Die Hunde, deren Vorfahren wahrscheinlich von den Normannen mit auf die Insel gebracht wurden, wurden früher vor allem von der ärmeren Bevölkerung zur Hasenjagd eingesetzt. Einkreuzungen von Beagle und Foxhound steigerten durch ersteren die Jagdleidenschaft, der Foxhound steuerte seine Größe und Schnelligkeit bei, so dass heute auch vom Pferd aus, und nicht zu Fuß wie früher, mit dem Harrier Hase und Fuchs gejagt werden können. Äußerlich gleicht der moderne Harrier eher einem Foxhound, auch wenn die Einflüsse des Beagle auch heute nicht zu übersehen sind.

Charakter: Der Harrier ist als Meutehund verträglich mit anderen Hunden, zeigt sich eigensinnig und ist wenig unterordnungsbereit. Er ist als Familien- oder Begleihund weniger zu empfehlen, denn er geht zum Menschen in der Regel keine feste Bindung ein.

Erziehung: Der Harrier gehört in die Hände des Jägers. Soll er in der Familie gehalten werden, muss er sehr konsequent erzogen werden.

Auch in Griechenland besitzt man seit vorchristlicher Zeit Laufhunde für die Jagd. Erwähnt werden diese Hunde bereits 400 v. Chr. Nur vereinzelt existieren Zeichnungen dieser Hunde. Sie waren außerhalb der Grenzen des Landes nahezu unbekannt, kynologisch nur von geringem Interesse. Es finden sich auch in der modernen Literatur kaum Quellen der griechischen Laufhunde. Findet man sie, so zeigen und beschreiben sie einen eher windhundartigen Hundetyp. Mit diesem hat der moderne Hellinikos Ichnilatis kaum mehr etwas gemeinsam. Man muss heute davon ausgehen, dass der ursprüngliche Typ des griechischen Laufhundes ausgestorben ist. Am meisten Ähnlichkeit scheinen die windhundartigen Podencos des Mittelmeerraumes mit ihm zu haben. Der Hellinikos zeigt eine deutliche Vermischung vor allem mit dem italienischen Segugio. Nichts desto trotz ist der Griechische Laufhund ein guter Jäger auf Hase und Kaninchen genauso wie auf Füchse. Die Zukunft dieser Rasse ist ungewiss. Zum einen durch eine starke Bastardierung, zum anderen durch die ungewisse Zukunft der Jagdmöglichkeiten in Griechenland. Zum Familien- und Begleithund ist er kaum geeignet, so dass er auch in Privathänden keiner gesicherten Zukunft entgegensehen kann.

Charakter: Die Hunde sind mutig, zeigen ein ausgeprägtes Selbstbewustsein, wodurch sie recht eigensinnig erscheinen. Sie sind keine geeigneten Familienhunde.

Erziehung: Der Hund gehört in die Hände erfahrener Jäger.

FCI-Gruppe 6

Hellinikos Ichnilatis

Ursprungsland
Griechenland

Anderer Name
Griechischer Laufhund, Griechische Bracke

Widerristhöhe
Rüde: 47 bis 55 cm
Hündin: 45 bis 53 cm

Farbe
Schwarz und lohfarben, manchmal weißer Fleck an der Brust

Haarkleid
Kurz, dicht, etwas hart und glatt am Körper anliegend

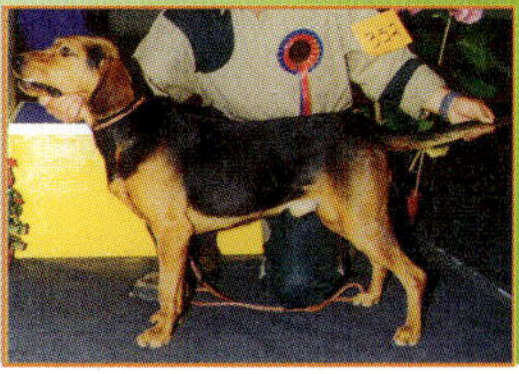

FCI-Gruppe 6

Segugio Italiano
FCI-Nr. 337 kurzhaarig
FCI-Nr. 198 rauhaarig

Ursprungsland
Italien

Anderer Name
Italienische Bracke

Widerristhöhe
Rüde: 52 bis 60 cm
Hündin: 48 bis 58 cm

Farbe
Einfarbiges Falb

Haarkleid
Kurz, harsch, dicht, engstehend und gleichmäßig glatt

Der Segugio Italiano existiert in einer kurzhaarigen und einer rauhaarigen Varietät, die beide als eigenständige Rassen von der FCI anerkannt werden. Die Herkunft dieser italienischen Laufhundrasse ist weitgehend ungeklärt, jedoch wird über eine sehr lange Ahnenkette spekuliert, die bis ins zweite Jahrtausend vor Christus zu den Jagdhunden der Ägypter und den Bracken der Kelten reicht. Der windhundartige Körperbau des Segugio macht eine ebenfalls diskutierte Verwandschaft zu den französischen Laufhunden eher unwahrscheinlich. Der Segugio ist eindeutig kleiner und drahtiger als die französischen Jagdhunde. Der Segugio wurde und wird hauptsächlich zur Jagd auf Hasen eingesetzt, er eignet sich aber auch für die Jagd auf Rehe und Hirsche und so wehrhaftes Wild wie Wildschweine. Dabei jagt er in der Meute kann aber auch allein der Fährte folgen. Die Zuchtgeschichte des italienischen Laufhundes ist von vielen Höhen und Tiefen gekennzeichnet. Eine Wiederbelebung der Rasse nach dem Zweiten Weltkrieg brachte zunächst nicht den gewünschten Durchbruch, doch scheinen neuere Zuchtbemühungen eine gewisse Konstanz mit sich zu bringen. Der Fortbestand der Rasse scheint heute gesichert, auch wenn die Hunde außerhalb der Grenzen Italiens kaum bekannt und verbreitet sind.

Charakter: Der Segugio ist intelligent und mutig, er hat seinen eigenen Kopf, ist kein Familienhund.

Erziehung: Die Hunde gehören die Hände erfahrener Jäger.

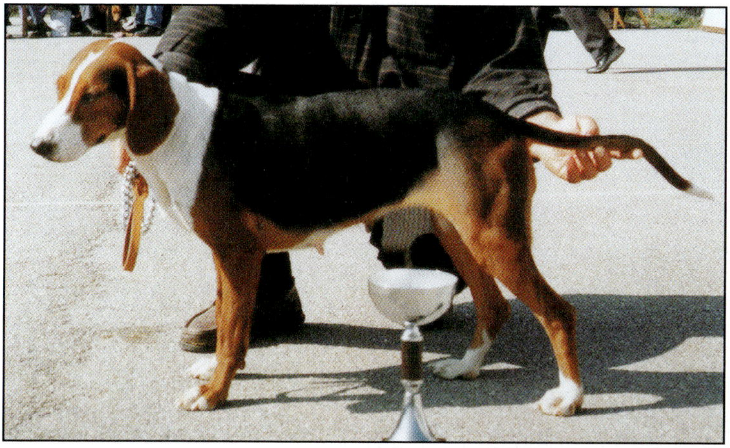

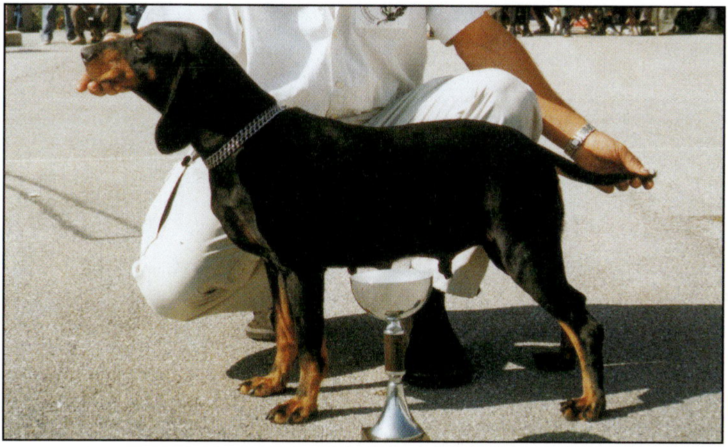

Der **Jugoslavenski Trobojni Gonic** ist selbst in seiner Heimat sehr selten anzutreffen. Gezüchtet wurde die Rasse zur Jagd auf Hase und Fuchs. Die Hunde jagen nicht in der Meute, sondern höchsten als Paar, oft auch einzeln. Der Dreifarbige Jugoslawische Laufhund gehört in die Hände von Jägern und ist keinesfalls ein Familien- oder Begleithund.

Der **Planinski Gonic** kommt aus der Planina im Süden Jugoslawiens. Der Jugoslawische Gebirgslaufhund scheint sehr eng mit der Österreichischen Brandlbracke verwandt zu sein. Die Hunde sind nahezu identisch, auch ihre Standards gleichen sich. So fordern beide die typischen braunen Flecken über den Augen. Einige Kynologen sind der Meinung, dass es sich bei den Hunden um die gleiche Rasse handelt. Dennoch ist die Zukunft des Planinski Gonic ungewiss, denn in seiner Heimat besteht kaum ein Interesse an seiner Reinzucht.

Der **Srbski Gonic** kam wahrscheinlich mit den Türken nach Serbien. Mit ihm werden vor allem Hase und Fuchs aber auch Hirsch und Wildschwein gejagt. Die Rasse ist sehr selten und wenig bekannt.

6

Jugoslavenski Trobojni Gonic
FCI-Nr. 229

Ursprungsland
Jugoslawien

Anderer Name
Dreifarbige Jugoslawische Bracke

Widerristhöhe
Rüde: 45 bis 55 cm
Hündin: 45 bis 55 cm

Farbe
Rotbraun und schwarz mit weißen Abzeichen

Haarkleid
Kurz, dicht und glänzend

Planinski Gonic
FCI-Nr. 279

Ursprungsland
Jugoslawien

Anderer Name
Jugoslawischer Gebirgslaufhund

Widerristhöhe
Rüde: 49 bis 50 cm
Hündin: 48 bis 49 cm

Farbe
Schwarz mit roten Abzeichen

Haarkleid
Kurz, dicht, rauh, glänzend, glatt und anliegend

Serbski Gonic
FCI-Nr. 150

Ursprungsland
Jugoslawien

Anderer Name
Balkanski Gonic, Serbische Bracke

Widerristhöhe
Rüde: 46 bis 54 cm
Hündin: 44 bis 52 cm

Farbe
Fuchsrot, weizenfarbig, schwarz

Haarkleid
Kurz, dicht, glänzen, grob und glatt anliegend

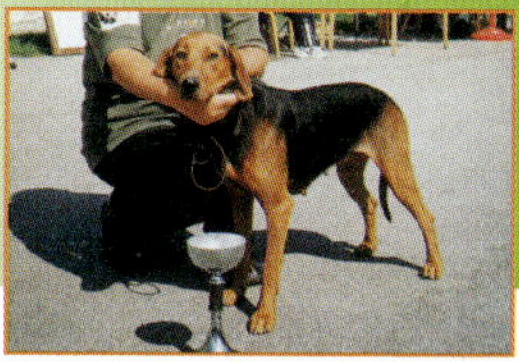

FCI-Gruppe 6

Erdélyi Kopó

6

Ursprungsland
Ungarn

Anderer Name
Siebenbürger Bracke

Widerristhöhe
Rüde: 45 bis 50 cm
Hündin: 55 bis 65 cm

Farbe
Klein: rotbraun
Groß: schwarz mit Brandabzeichen, weiße Flecken

Haarkleid
Klein: kurz und gerade
Groß: länger und dichter

Der Erdélyi Kopó, oder auch Siebenbürger Bracke, ist eine ungarische Rasse, die aus Kreuzungen vieler Laufhunde aus den unterschiedlichsten europäischen Ländern entstanden ist. Die Rasse ist ein richtiger Allzweckhund, geeignet für die Jagd auf großes und kleines Wild ebenso wie für die Schweißarbeit. Ihre Ahnen sind österreichische und polnische, aber auch englische und französische Bracken. Die Hochzeit der Jagd war in Ungarn das 19. Jahrhundert. Jeder Adelshof, der etwas auf sich hielt, züchtete seine eigenen Hunde. Als die Jagd im 20. Jahrhundert immer weiter zurückgedrängt und immer unpopulärer wurde, nicht zuletzt wurde auch das zu jagende Wild immer seltener, starb auch dieser schöne Laufhund beinahe aus. Die niederläufige Varietät hat diese Zeit anscheinend nicht überlebt, aber der hochläufige Erdélyi Kopó konnte durch den Einsatz engagierter Züchter im 20. Jahrhundert gerettet werden. Die Hunde sind auch heute noch fast ausschließlich in Jägerhand und jagen nicht nur kleines Wild, sondern zeigen sich auch mutig bei der Jagd auf Schwarzwild.

Charakter: Die intelligenten, mutigen Hunde zeigen einen starken Jagdinstinkt, haben eine sehr gute Nase. Sie binden sich eng an ihren Menschen, sind aber nicht als Familienhund zu empfehlen, denn sie müssen unbedingt jagdlich gefordert werden.

Erziehung: Die Ausbildung und Erziehung dieser Hunde gehört unbedingt in die Hände erfahrener Jäger.

Obwohl der **Dunker** eine sehr interessante Fellfärbung zeigt, ist er außerhalb Norwegens so gut wie unbekannt. Benannt wurde die Rasse nach ihrem ersten Züchter, Hauptmann Wilhelm Dunker. Er schuf in der ersten Hälfte des 19. Jahrhunderts einen auf die Hasenjagd spezialisierten Hund, der eher durch seine Zuverlässigkeit und sein angenehmes Wesen beeindruckt als durch seine Schnelligkeit. Ausgangsrassen waren deutsche, osteuropäische und französische Bracken, die mit dem englischen Foxhound gekreuzt wurden. Der für die Scheckung verantwortliche Merle-Fakto, kann zu Taubheit oder Blindheit führen.

Der von der FCI 1952 anerkannte **Haldenstövare** jagt Hase und Fuchs. Sein Name erinnert an die Stadt Halden, in der die Hunde seit dem 19. Jahrhundert gezüchtet werden.

Der **Hygenhund** trägt den Namen seines Züchters, des Rechtsanwaltes H. F. Hygen. Sicher fließt im Hygenhund eine Menge Foxhound- und Harrier-Blut, auch deutsche Bracken dürften an der Erschaffung beteiligt gewesen sein. Die Verwandschaft zum Dunker ist noch ungeklärt.

6

Dunker
FCI-Nr. 203

Ursprungsland
Norwegen

Widerristhöhe
Rüde: 50 bis 55 cm
Hündin: 48 bis 53 cm

Farbe
Schwarz, blau mamoriert mit hellen falbfarbenen oder weißen Abzeichen

Haarkleid
Kurz, dicht und gerade

Haldenstövare
FCI-Nr. 267

Ursprungsland
Norwegen

Anderer Name
Halden- Bracke

Widerristhöhe
Rüde: 47 bis 55 cm
Hündin: 44 bis 52 cm

Farbe
Weiß, lohfarben und schwarz

Haarkleid
Glatt und sehr dicht

Hygenhund
FCI-Nr. 266

Ursprungsland
Norwegen

Anderer Name
Hygenbracke

Widerristhöhe
Rüde: 47 bis 55 cm
Hündin: etwas kleiner

Farbe
Schwarz und loh mit oder ohne weiß, braun, gelb-falb; weiß mit schwarz und Brand; weiß mit Brandabzeichen und gelben Flecken

Haarkleid
Kurz, glänzend und dicht

FCI-Gruppe 6

Brandlbracke
FCI-Nr. 63

Ursprungsland
Österreich

Anderer Name
Vieräugl, Österreichische glatthaarige Bracke

Widerristhöhe
Rüde: 50 bis 56 cm
Hündin: 48 bis 54 cm

Farbe
Schwarz mit gut abgegrenzten, lohfarbenen Abzeichen

Haarkleid
Glatt, dicht, fest anliegend, bei einer Läge von etwa 2 cm

Von der FCI werden derzeit drei Bracken aus Österreich anerkannt, von denen die **Brandlbracke** die bekannteste und auch in Österreich die verbreitetste ist. Ihre lohfarbenen Abzeichen über den Augen haben ihr im Volksmund den Namen Vieräugl gebracht. Österreichische Bracken haben eine lange Geschichte und können bis ins 15. Jahrhundert zurückverfolgt werden. Wahrscheinlich entsprachen diese Bracken im Typ schon recht genau der heutigen Brandlbracke. Ihre Ahnen sind unter den alten Keltenbracken zu suchen. Eine enge Verwandschaft mit deutschen Bracken und den Schweizer Laufhunden ist ebenfalls anzunehmen, wenn hierüber auch keine genauen Aufzeichnungen vorliegen. Die Reinzucht begann auch bei diesem Hund erst gegen Ende des 19. Jahrhunderts. Die Brandlbracke ist ein klassischer Laufhund. Sie jagt Hase und Fuchs sehr gut, kann aber auch hervorragend zur Schweißarbeit verwendet werden.

Charakter: Bracken sind allgemein sehr führerbezogene Hunde, die sich allerdings ihren eigenen Kopf bewahrt haben. Man verlangt von ihnen schließlich bei der Jagd auch weitgehend eigenständiges Handeln. Als Familienhunde sind sie aus diesem Grund und wegen ihres ausgeprägten Jagdinstinkts und Bewegungsdrangs weniger geeignet. Brandlbracken gelangen nur selten in die Hände von Nicht-Jägern.

Erziehung: Die Ausbildung dieses typischen Laufhundes gehört ausschließlich in Jägerhand.

Die **Tiroler Bracke** wird in Österreich etwa seit der Mitte des 19. Jahrhunderts reingezüchtet. Ein Standard folgte am Ende des Jahrhunderts. Die Vorfahren dieser Bracke sind unter den alten Wildbodenhunden zu suchen, die vor allem im südlichen Deutschland anzutreffen waren. Diese Hunde glichen in ihrem Äußeren schon nahezu den modernen Bracken, lassen sich aber noch weiter bis zu den berühmten Keltenbracken zurückverfolgen. Erste schriftliche Erwähnungen der Wildbodenhunde reichen bis ins 15. Jahrhundert zurück. Die Tiroler Bracke wird heute vor allem zur Schweißarbeit im Hochgebirge eingesetzt, eignet sich aber nach wie vor zur Jagd auf Hase und Fuchs. Dabei jagt sie nicht in der Meute, sondern allein mit dem Jäger.

Am Ende des 19. Jahrhunderts schuf Karl Peintinger die **Steirische Rauhaarbracke**, einen für die schwierige Arbeit im Gebirge geeigneten Schweißhund. Als Ausgangsrassen wählte er die Rauhaarige Istrianer Bracke und den Hannoverschen Schweißhund. Inwieweit auch Blut der Brandlbracke in der Rasse fließt, ist nicht geklärt. Die Istrianer Bracke brachte die Eignung für die Arbeit im Gebirge mit sich, der Hannoversche Schweißhund die gewünschten jagdlichen Fähigkeiten, doch war er für die Arbeit im Gebirge zu schwer gebaut. Peintinger hatte mit seinen Zuchtversuchen innerhalb kürzester Zeit guten Erfolg und so konnte bereits 1888 ein erster Standard für die neue Rasse aufgestellt werden. Die seltene Bracke wird rein jagdlich geführt.

Tiroler Bracke
FCI-Nr. 68

6

Widerristhöhe
Rüde: 44 bis 50 cm
Hündin: 42 bis 48 cm

Farbe
Falb, schwarz und loh, schwarz und loh mit roten Abzeichen, dreifarbig: falb, loh und schwarz

Haarkleid
Kurz und glatt

Steirische Rauhaarbracke
FCI-Nr. 62

Anderer Name
Peintinger Bracke

Widerristhöhe
Rüde: 47 bis 53 cm
Hündin: 45 bis 51 cm

Farbe
Rot und fahlgelb, manchmal weißer Bruststern

Haarkleid
Rauhaar, glanzlos, hart, grob, nicht zottig

FCI-Gruppe 6

Ogar Polski

Ursprungsland
Polen

Anderer Name
Polnische Bracke

Widerristhöhe
Rüde: 56 bis 65 cm
Hündin: 55 bis 60 cm

Farbe
Schwarz, fahlrot und lohfarben

Haarkleid
Mittellang und dick

Der Ogar Polski ist ein erstaunlich kräftiger Laufhund, was aber durchaus typisch für die Hunde aus den osteuropäischen Ländern ist. Die Rasse entstand aus Kreuzungen zwischen französischen St. Hubertushunden und polnischen und wahrscheinlich auch russischen Lauf- und Windhunden. Die Beziehungen zwischen den Ländern waren früher sehr gut und es fand ein reger Austausch von Hunden über die Grenzen hinweg statt. Der Ogar Polski jagd nicht in der Meute, höchstens zwei Hunde gehen gemeinsam auf die Jagd; häufig sind die Hunde auch allein mit dem Jäger unterwegs. Im Gegensatz zu Frankreich war in Polen das Jagen mit größeren Meuten nicht möglich. Die Hunde jagen neben Schalenwild auch Fuchs und Hase, die sie sehr ausdauernd verfolgen. Der Zweite Weltkrieg setzte der Zucht des Ogar Polski stark zu. Der Fortbestand der Rasse konnte nur durch den Import von typgleichen Hunden aus Russland gesichert werden.

Charakter: Der Ogar Polski ist ein unterordnungsbereiter, freundlicher Hund, der eine starke, meist personenbezogene Bindung an den Menschen zeigt. Er ist, im Gegensatz zu vielen anderen Hunden dieser Gruppe, auch als Familienhund geeignet, zumal er keine all zu großeJagdleidenschaft zeigt und nicht zum Streunen neigt.

Erziehung: Die Erziehung muss konsequent aber sehr liebevoll erfolgen. Die Hunde sind nicht übermäßig aktiv, doch fordern sie ihren regelmäßigen Auslauf und Beschäftigung.

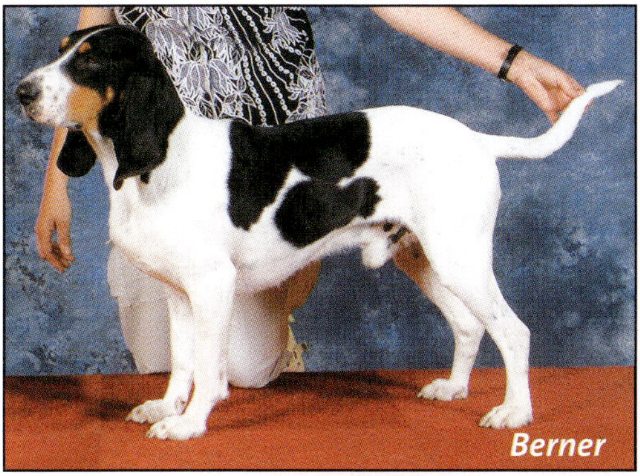
Berner

Schwyzer

Luzerner

Jura

Die Schweizer Laufhunde haben eine lange Tradition, ihre Ursprünge können bis ins 15. Jahrhundert zurückverfolgt werden, doch es existieren bereits Abbildungen von Laufhunden in der Schweiz aus Zeiten römischer Besatzung. Die Rasse gibt es derzeit anerkannt in vier Varietäten: den Berner, den Schwyzer, den Luzerner und den Jura Laufhund. Letzteren kannte man in zwei Varietäten: Der Typ Bruno entspricht dem heutigen Jura Laufhund, der Typ St. Hubert ist deutlich bluthundartiger. Seine Rekonstruktion wird zur Zeit vorangetrieben. Die Schweizer Laufhunde sind sehr eng mit den Laufhunden Frankreichs verwandt. Es hat über die letzten Jahrhundert immer einen blühenden Austausch unter den Züchtern gegeben. Im 19. Jahrhundert, mit dem Untergang der Feudalwirtschaft und dem damit verbunden Recht für jeden, auf die Jagd gehen zu dürfen, gerieten die Laufhunde in starken Misskredit. Viele Hunde verwilderten, die arme Bevölkerung jagte rigoros, die knappen Rotwildbestände, die erst kurz zuvor aus Deutschland angesiedelt wurden, waren kurz vor dem Aussterben. Diese Situation hat sich heute zum Glück stark verbessert. Die Zukunft der Rasse scheint trotz immer kleineren Jagdrevieren gesichert.

Charakter: Die Hunde sind erstaunlich anhängliche und treue Familienhunde. Allerdings tragen sie auch noch einen starken Jagdinstinkt in sich.

Erziehung: Ein konsequente Erziehung und frühe Sozialisation sind sehr wichtig.

FCI-Gruppe 6

6

Berner, Jura, Luzerner, Schwyzer

Ursprungsland
Schweiz

Widerristhöhe
Rüde: 49 bis 59 cm
Hündin: 47 bis 57 cm

Farbe
Berner: Weiß mit schwarzen Flecken
Jura: Lohfarben, schwarz und brand
Luzerner: Verbindung von schwarzen und weißen Haaren, schwarze Flecken, brandfarbene Abzeichen
Schwyzer: Weiß mit orangen Flecken

Haarkleid
Kurz, glatt, dicht und sehr fein

FCI-Gruppe 6

Slovensky Kopov

Ursprungsland
Slowakei

Anderer Name
Slowakischer Laufhund, Slowakische Bracke

Widerristhöhe
Rüde: 45 bis 50 cm
Hündin: 40 bis 45 cm

Farbe
Schwarz mit braunen bis mahagonifarbenen Abzeichen

Haarkleid
2 - 5 cm lang, mittelmässig derb, anliegend und dicht

Der Slovensky Kopov kann in seiner Heimat auf eine lange Geschichte zurückblicken. Er wird dort vor allem von der ärmeren Bevölkerung schon lange nicht nur als Jagdhund eingesetzt, denn er ist eigentlich wesentlich vielseitiger als die meisten Rassen dieser Gruppe. So dient er seinem Besitzer häufig gleichzeitig als Wachhund und erfüllt bei der Jagd neben den klassischen Aufgaben des Laufhundes auch die Schweißarbeit sehr zuverlässig. Hierbei profitieren Hund und Jäger auch von dem ausgesprochen guten Orientierungssinn des Slowakischen Laufhundes. Bei der Jagd wird der mutige, scharfe Hund nicht nur auf Hase und Fuchs eingesetzt, sondern vor allem auf Schwarzwild. Dabei kommt dem Hund neben seinem Mut auch sein für einen Laufhund sehr kräftiger Körperbau zugute. Es ist gerade diese Vielseitigkeit, die in letzter Zeit zu einer immer stärkeren Verbreitung des Slovensky Kopov über die Grenzen seiner Heimat geführt hat. Der Hund kann nicht nur zur Jagd eingesetzt werden. Er ist zwar kein einfacher Familienhund, in den Händen von erfahrenen Hundehaltern und Menschen mit dem notwendigen Hundeverstand ist er aber bestens aufgehoben. Die Zukunft der Rasse scheint somit gesichert, die in ihrer Heimat auch in einer niederläufigen, nicht anerkannten Varietät verbreitet ist.

Charakter: Die freundlichen, aber auch scharfen Hunde können in der Familie gehalten werden.

Erziehung: Eine konsequente Erziehung mit früher Sozialisation ist unbedingt notwendig.

In Finnland sind vor allem nordische Hunde des Spitz-Typs heimisch. Bracken suchte man hier bis ins frühe 19. Jahrhundert meist vergeblich. Doch die Bracken aus den benachbarten skandinavischen Ländern, aus Polen, Russland und Deutschland eigneten sich hervorragend zur Jagd auf Hasen und Füchse und wurden regelmäßig importiert. Eine planmäßige Zucht einer eigenen Brackenrasse fand jedoch nicht statt. Diese wurde erst in der Mitte des 19. Jahrhunderts aufgebaut. Ausgangsrassen waren die verschiedenen bis dahin importierten Bracken. Den Hauptanteil an der Finnenbracke tragen ganz unzweifelhaft die schwedischen und deutschen Brackenschläge. Die bemerkenswert schöne Rasse ist in ihrer Heimat und dem gesamten skandinavischen Raum sehr beliebt und auch recht häufig anzutreffen. Außerhalb Skandinaviens findet man sie hingegen selten. Die Finnenbracke eignet sich vor allem für die Jagd auf Hasen und zeigt sich hierbei als leidenschaftlicher Jäger.

Charakter: Der Suomenajokoira ist ein sehr umgänglicher, freundlicher Jagdhund. Bestens für die Jagd im hohen Norden geeignet ist er robust und ausdauernd. Für die Haltung als reiner Familienhund ist er wie die meisten Laufhunde nicht zu empfehlen, auch wenn dies bei ausreichender Beschäftigung durchaus möglich ist.

Erziehung: Als Familienhund gehalten braucht die Rasse eine gute Sozialisation und eine konsequente Erziehung.

FCI-Gruppe 6

6

Suomenajokoira

Ursprungsland
Finnland

Anderer Name
Finnenbracke, Finskstövare

Widerristhöhe
Rüde: 55 bis 61 cm
Hündin: 52 bis 58 cm

Farbe
Dreifarbig: loh, schwarz und weiß; schwarzer Mantel

Haarkleid
Mittellang, gerade und dicht

FCI-Gruppe 6

Hamiltonstövare
FCI-Nr. 132

Ursprungsland
Schweden

Anderer Name
Hamilton Hund, Schwedischer Foxhound

Widerristhöhe
Rüde: 50 bis 60 cm
Hündin: 46 bis 57 cm

Farbe
Dreifarbig: kastanienbraun, schwarz und weiß

Haarkleid
Kurz, fest und dicht

Der **Hamiltonstövare** trägt den Namen seines bedeutendsten Züchters, des Grafen A. P. Hamilton. Als Ausgangsrassen dienten ihm deutsche und englische Laufhunde, vielleicht auch noch andere europäische Bracken, worüber aber keine näheren Informationen vorliegen. Die Reinzucht dieser in Schweden sehr beliebten Rasse begann in den 1920er Jahren. Zuvor waren es vor allem spitzähnliche Rassen, die das Hundebild Skandinaviens prägten. Heute wird der Hamitonstövare aufgrund seines menschenbezogenen, freundlichen und offenen Wesens auch gerne als Familien- und Begleithund gehalten. So findet die Rasse, im Gegensatz zu vielen anderen skandinavischen Rassen, auch außerhalb Schwedens zunehmend Liebhaber. Ihr Züchter, Graf Hamilton, war übrigens ein sehr aktiver Hundeliebhaber und gründete im Dezember 1889 auch den Svenska Kennelklubben, den schwedischen Kennel Club.

Die **Schiller-Bracke** wurde nach ihrem ersten Züchter Per Schiller benannt, der die Rasse Ende des 19. Jahrhunderts schuf. Im Gegensatz zur gleichzeitig gezüchteten Hamiltonbracke darf sie keine weißen Abzeichen tragen. Diese Bracke eignet sich vor allem zur Jagd auf Hase und Fuchs. Als vor allem der Fuchs zur Mitte des 20. Jahrhunderts nahezu ausgestorben war, ging auch der Bestand an Schillerstövaren merklich zurück. Doch schafften es einige Liebhaber, die Rasse bis heute zu stabilisieren. Dieser reine Jagdhund eignet sich weniger als Familienhund.

Schillerstövare
FCI-Nr. 131

6

Ursprungsland
Schweden
Widerristhöhe
Rüde: 50 bis 60 cm
Hündin: 46 bis 47 cm
Farbe
Schwarz und loh
Haarkleid
Kurz, kräftig und glänzend

Smalandstövare
FCI-Nr. 129

Ursprungsland
Schweden
Anderer Name
Småland-Bracke
Widerristhöhe
Rüde: 46 bis 54 cm
Hündin: 42 bis 52 cm
Farbe
Schwarz und loh,
manchmal weiße
Abzeichen
Haarkleid
Rauh, mittellang und dicht anliegend

Die **Smaland-Bracke** trägt den Namen der südschwedischen Region Smaland, in der sie ursprünglich gezüchtet wurde. Ausgangsrassen des recht schweren Allzweck-Laufhundes waren sowohl einheimische Hundeschläge als auch (ost-) europäische Bracken. Diese skandinavische Brackenrasse kommt teilweise mit angeborener Stummelrute zur Welt. Hauptsächlich jagt man mit ihr Fuchs und Hase, sie eignet sich aber auch für die Jagd auf größeres Wild. Die Rasse wurde erst 1921 von der FCI offiziell anerkannt. Aus den recht uneinheitlichen Laufhunden Smalands wurde dieser Typ herausgearbeitet und reingezüchtet. Außerhalb ihrer Heimat sieht man diese schwedische Bracke nur sehr selten.

6

Deutsche Bracke
FCI-Nr. 299

Ursprungsland
Deutschland

Widerristhöhe
Rüde: 37 bis 38 cm
Hündin: 36 bis 37 cm

Farbe
Hirschrot mit oder ohne schwarze Stichelung, schwarz und loh

Haarkleid
Gerade, dicht, fest bei einer Länge von 3 bis 5 cm

Westfälische Dachsbracke
FCI-Nr. 100

Ursprungsland
Deutschland

Anderer Name
Dachsbracke

Widerristhöhe
Rüde: 30 bis 38 cm
Hündin: 30 bis 38 cm

Farbe
Rot bis gelb mit schwarzem Mantel, weiße Brackenabzeichen

Haarkleid
Fest, dicht und kurz

Die **Deutsche Bracke**, diesen Namen trägt die Rasse seit 1900, muss als das züchterische Überbleibsel einer einst großen Zahl regionaler deutscher Brackenschläge bezeichnet werden. In ihr fließt hauptsächlich das Blut der Westfälischen Bracke, doch zählen auch viele andere regionale Brakkenschläge zu ihren Vorfahren. Die Deutsche Bracke, oft auch Finnentroper oder Olper Bracke genannt, ist ein sehr vielseitiger Laufhund, der sich auch für die Schweißarbeit eignet. Die Hunde werden in erster Linie von Jägern gehalten. Die treuen, unterordnungsbereiten Hunde eignen sich aber auch sehr gut als Familien- und Begleithunde für bewegungsfreudige, sportliche Menschen.

Mit der **Westfälischen Dachsbracke** jagt man Hase und Fuchs - ja sogar Wildschweine. Sie eignet sich ebenfalls zur Schweißarbeit. Im Prinzip erfüllt sie die gleichen Aufgaben wie die Alpenländische Dachsbracke. Die Verwandtschaft zu dieser ist unklar und wird eher verneint. Ihre Reinzucht wird seit dem Ende 19. Jahrhunderts betrieben. Nach dem 2. Weltkrieg wurde der Drever eingekreuzt.

Der Basset Artésien Normand ist die kurzläufige Variante des Chien d'Artois. Seine Ähnlichkeit mit dem englischen Basset Hound ist kein Zufall, der französische Hund war maßgeblich an dessen Zucht beteiligt. Erst die Einkreuzung von Bloodhounds führte dazu, dass der englische Bruder wesentlich massiver wurde und die typischen Falten am ganzen Körper entwicklete. Der französische Basset Artésien Normand ist vom Wesen und dem Körperbau her ein großer Hund auf kurzen Läufen, keinesfalls ist er ein kleiner Hund. Die Kurzläufigkeit der Bassets beruht auf einem Gendefekt, der schon immer bei diesen Hunden auftrat und auch schon den alten Ägyptern bekannt war. Solche kurzläufigen Hunde können bestimmte Aufgaben bei der Jagd besonders gut erledigen. So eignen sie sich aufgrund ihrer langsameren Fortbewegung gut für die Jagd zu Fuß und unter der Erde, ähnlich den kurzläufigen englischen Terriern. Der moderne Basset Artésien Normand ist die übriggebliebene Mischform der ausgestorbenen Rassen Basset d'Artois und Basset Normand. Die Hunde werden auch heute noch zur Jagd eingesetzt, sind aber auch häufig als Familien- und Begleithunde zu finden.

Charakter: Die eigenständigen Hunde zeigen einen ausgeprägten Jagdtrieb, sind gute Familienhunde, zeigen sich fröhlich, aufgeweckt und intelligent.

Erziehung: Eine konsequente Erziehung und Sozialisation sind wichtig. Dem ausgeprägten Jagdtrieb muss Rechnung getragen werden.

FCI-Gruppe 6

6

Basset Artesien-Normand

Ursprungsland
Frankreich

Widerristhöhe
Rüde: 30 bis 36 cm
Hündin: 30 bis 36 cm

Farbe
Dreifarbig: fahl, weißer und schwarzer Mantel
Zweifarbig: fahl und weiß

Haarkleid
Kurz, glatt und dicht

FCI-Gruppe 6

Basset Griffon Vendéen

Grand: FCI-Nr. 33
Petit: FCI-Nr. 67

6

Ursprungsland
Frankreich

Widerristhöhe
Groß: 38 bis 42 cm
Klein: 34 bis 38 cm

Farbe
Einfarbig: loh, weißgrau, hasenfarben
Zweifarbig: orange, schwarz, grau und loh jeweils mit weiß
Dreifarbig: weiß, schwarz und loh

Haarkleid
Lang, fühlt sich harsch an

Die Heimat der Basset Griffon Vendéen-Schläge ist die Vendée an der französischen Atlantikküste. Der Basset ist die niederläufige Variante des Grand und des Briquet Griffon Vendéen. Dies ist somit die einzige französische Laufhundrasse, die noch in allen vier bekannten Größen erhalten geblieben ist: als Grand, Briquet, Grand Basset und Petit Basset Griffon Vendéen. Der Grand Basset wurde und wird vor allem zur Jagd auf Hasen, der Petit Basset zur Jagd auf Kaninchen genutzt. Die beiden Bassets sind einige der wenigen Rassen der Gruppe 6, die es in letzter Zeit zu einer zunehmenden Beliebtheit als Familien- und Begleithunde gebracht haben.

Charakter: Die Bassets sind sehr gute und beliebte Familienhunde, sie haben allerdings ihren eigenen Kopf und einen immer noch stark vorhandenen Jagdtrieb.

Erziehung: Die kleinen aber robusten Hunde sind nicht unbedingt unterordnungsbereit und gehorsam. Eine konsequente Erziehung ist notwendig, dennoch werden sie niemals blinden Gehorsam zeigen. Der ausgeprägte Jagdtrieb muss beachtet werden!

Die Ahnen des englischen Basset Hounds sind die französischen Rassen Basset d'Artois, der inzwischen ausgestorben ist, und der Basset Artesien-Normand. Die Rassen kamen 1866 nach England. Vor allem nach der Einkreuzung des Beagles wurden die Hunde als Hasenjäger verwendet. Ab 1892 wurden Bloodhounds zur Typverbeserung und Steigerung der Größe eingekreuzt; daher auch die viele lose Gesichtshaut, die Wamme und die stark hängenden Lefzen. Der Erste Weltkrieg bedeutete einen schweren Einschnitt in die Zucht, die sich erst nach dem Zweiten Weltkrieg wieder erholte. Zur Rekonstruktion der Rasse und zur Blutauffrischung diente der Basset Artesien-Normand. In den 1950er Jahren wurde der Basset zu einem wahren Modehund in den USA stilisiert. Die Qualität der Hunde wurde dramatisch schlechter, die Hunde zu bewegungsunfähigen Monstren hochgezüchtet. Die Zucht hat sich inzwischen glücklicherweise erholt.

Charakter: Auch wenn der Basset oftmals als trotteliger, gutmütiger Kuschelhund dargestellt wird, ist er doch ausgesprochen dickköpfig. Sein Jagdinstinkt ist stark ausgeprägt. Müßiggang ist sehr schlecht für die Hunde, die Bewegung brauchen, sonst werden sie tatsächlich sehr phlegmatisch.

Erziehung: Eine frühe Sozialisation und eine konsequente Erziehung sind unbedingt notwendig, wenn die Hunde verträglich werden sollen. Als Familienhunde nicht ungeeignet, aber anspruchsvoll und nichts für bequeme Anfänger.

FCI-Gruppe 6

6

Basset Hound

Ursprungsland
Großbritannien

Widerristhöhe
Rüde: 33 bis 38 cm
Hündin: 33 bis 38 cm

Farbe
Dreifarbig: schwarz, weiß und braun
Zweifarbig: weiß und zitronengelb, sonst alle Laufhundfarben

Haarkleid
Kurz, glatt und dicht

FCI-Gruppe 6

Beagle

6

Ursprungsland
Großbritannien

Widerristhöhe
Rüde: 33 bis 40 cm
Hündin: 33 bis 40 cm

Farbe
Alle Laufhundfarben außer leberbraun, dreifarbig und zweifarbig

Haarkleid
Kurz, dicht und wetterbeständig

Der Beagle ist heute einer der beliebtesten und verbreitetsten Familienhunde unter den Laufhunden. Ursprünglich wurde er jedoch wie alle Rassen dieser Gruppe zur Jagd gezüchtet und auch heute noch hierzu eingesetzt. Beagles sind klassische Meutejagdhunde. Sie werden seit Jahrhunderten in England gezüchtet. Erste Erwähnungen des Namen finden wir bereits im 15. Jahrhundert. Damals bezeichnete man mit Beagle allerdings alle kleineren Meutehunde. Mit Beagles wurden vor allem Hasen gejagt. Sie waren die Hunde des einfacheren Volkes, das zu Fuß und nicht zu Pferde jagte. Die eher langsam jagenden Beagles waren für sie die idealen Begleiter. Einige Berühmtheit erlangten die kleinen Beagles der Königin Elisabeth und die mutmaßlich irischen Kerry Beagles, die in ihrer Statur robuster waren und an Bluthunde erinnerten. Der Beagle ist heute ein sehr vielseitiger Hund, der seinen festen Platz auf Ausstellungen, beim Hundesport und als Familienhund gefunden hat. In Deutschland wird er selten jagdlich gehalten. Bekannt geworden ist er hierzulande leider auch durch seine häufige Verwendung im Versuchslabor.

Charakter: Beagles sind sehr verträgliche, aber auch sehr dickköpfige Familienhunde.

Erziehung: Die Jagdleidenschaft ist dem Beagle auch heute noch inne. Wo immer mehrere Hunde aufeinandertreffen ist die enstehende Meute kaum mehr zu bändigen. Die Erziehung muss somit konsequent erfolgen.

Die Kynologen sind sich einig, dass die Schwedische Dachsbracke und die Westfälische Dachsbracke praktisch die gleiche Rasse sind. Dies verwundert nicht, lassen sich doch fast alle Laufhunde Skandinaviens auf europäische Verwandte zurückführen. Es gibt außer spitzartigen Hunden vom Urtyp in Skandinavien keine anderen autochtonen Rassen. Die ersten deutschen Bracken wurden vor dem Ersten Weltkrieg von Schweden importiert, die planmäßige Zucht konnte erst nach dem Zweiten Weltkrieg etabliert werden. Die offizielle Anerkennung der FCI erfolgte erst im Jahr 1949. In Schweden ist die Rasse inzwischen stark verbreitet und sehr beliebt. Sie wird zur Jagd auf Hasen eingesetzt, jagt aber auch Rotwild. Die Hunde werden hauptsächlich von Jägern gehalten, finden ihren Weg aber auch in immer mehr Familien.

Charakter: Die intelligenten Hunde sind sehr aufmerksam und eignen sich auch als Wachhunde. Sie haben einen starken natürlichen Jagdtrieb, können aber als Familienhund gehalten werden.

Erziehung: Die Erziehung der Schwedischen Dachsbracke muss trotz ihrer geringen Größe konsequent erfolgen.

FCI-Gruppe 6

Schwedische Dachsbracke

6

Ursprungsland
Schweden

Anderer Name
Drever

Widerristhöhe
Rüde: 32 bis 38 cm
Hündin: 30 bis 36 cm

Farbe
Alle reinen Farben mit weißen Abzeichen

Haarkleid
Harsch, gerade und dicht anliegend

FCI-Gruppe 6

Berner, Schwyzer, Luzerner, Jura

Ursprungsland
Schweiz
Widerristhöhe
Rüde: 35 bis 43 cm
Hündin: 33 bis 40 cm
Farbe
Berner: weiß, schwarz und lohfarben
Jura: tiefes schwarz mit lohfarbenen Abzeichen
Luzerner: weiß, grau-weiß oder schwarz-weiß gesprenkelt
Schwyzer: weiß, orange Abzeichen
Haarkleid
Glatthaar: kurz, glatt, dicht anliegend
Rauhaar: hart, elastisch, anliegend

Die Schweizer Niederlaufhunde sind die niederläufige Varietät der Schweizer Laufhunde. Sie wurden zu Beginn des 20. Jahrhunderts vor allem gezüchtet, um das in der Schweiz durch die teils sehr verwilderten Schweizer Laufhunde stark dezimierte Rotwild zu schonen, welches erst am Ende des 19. Jahrhunderts aus Deutschland importiert und angesiedelt wurde. Die kleineren Hunde konnten dem Wild nicht so gefährlich werden wie ihre großen Brüder. Zur Zucht der niederläufigen Varietät wurden neben der Dachsbracke und dem Teckel wahrscheinlich auch französische Bassets und Foxterrier eingekreuzt. Man jagte mit ihnen vor allem Hasen und Füchse, gelegentlich auch Federwild. Bis heute werden die Schweizer Niederlaufhunde nur von Jägern gehalten; als Familienhunde eignen sie sich nicht, obwohl die Hunde Menschen gegenüber sehr offen und freundlich auftreten. Da die Jäger vor allem an der Gebrauchsfähigkeit ihrer Hunde und weniger an ihrem Aussehen interessiert sind, weisen die Hunde bis heute deutliche Typunterschiede auf.

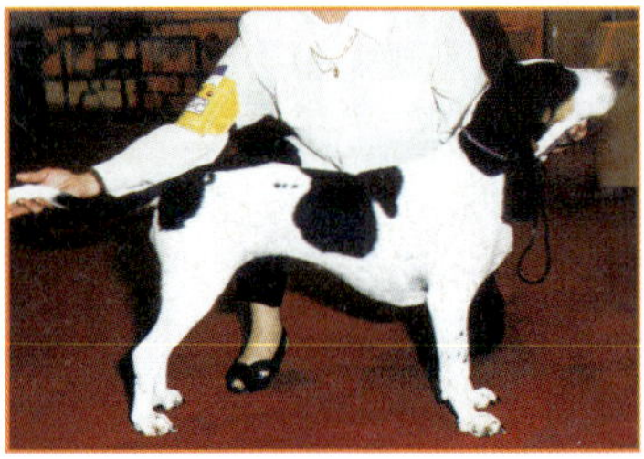

Schweizer Niederlaufhunde
linke Seite: Berner (oben rauhaar, unten glatthaar)
diese Seite: rechts Schwyzer, unten Luzerner, ganz unten Jura

6

Bayerischer Gebirgsschweißhund
FCI-Nr. 217

Ursprungsland
Deutschland

Widerristhöhe
Rüde: 47 bis 52 cm
Hündin: 44 bis 48 cm

Farbe
Tiefrot, ockergelb bis semmelfarben, gestromt oder dunkel gestichelt, häufig schwarze Maske

Haarkleid
Kurz, dicht und mäßig rau

Hannoverscher Schweißhund
FCI-Nr. 213

Ursprungsland
Deutschland

Widerristhöhe
Rüde: 50 bis 55 cm
Hündin: 48 bis 53 cm

Farbe
Helles bis dunkles Hirschrot, gestromt, mit oder ohne Maske

Haarkleid
Kurz, dicht und rau

Der **Bayerische Gebirgsschweißhund** ist eine leichte Form des Schweißhundes. Er wurde durch die Einkreuzung kleinerer Bracken in den Hannoverschen Schweißhund speziell für die Arbeit im Gebirge gezüchtet. Vermutlich wurden auch lokale Schweißhundschläge eingekreuzt. Die genaue Abstammung ist jedoch unbekannt. Die Hunde befinden sich ausschließlich in Jägerhänden. Nachdem die Zuchtbasis am Ende des Zweiten Weltkrieges sehr schmal und die Hunde zu schwer wurden, kreuzte man die Tiroler Bracke zur Typverbesserung ein.

Der **Hannoversche Schweißhund** ist vermutlich ein direkter Nachkomme der Keltenhunde. Die Vorfahren der modernen Schweißhunde waren die Leithunde, die etwa seit 500 v. Chr. bekannt sind und dem Jäger beim Finden des Wildes halfen. Mit der Einführung von Feuerwaffen bei der Jagd ab dem 17. Jahrhundert wurde die Nachsuche angeschossenen Wildes immer bedeutender. Die Hunde folgten der Schweißfährte (Blut = Schweiß) des Wildes. Auch heute noch befinden sich die Hunde ausschließlich in Jägerhänden, sind nicht als Familienhunde geeignet.

Die Alpenländische Dachsbracke ist eng mit der Westfälischen Dachsbracke verwandt, sie ist allerdings etwas massiver und besser an die Arbeit in bergigem Gelände angepasst. Welche Rassen zu ihrer Zucht aus der Westfälischen Dachsbracke noch einbezogen wurden, ist unklar. Der Name Dachsbracke ist hierbei leider eher irreführend, denn Kynologen bezweifeln, dass die Hunde tatsächlich die Nachkommen aus Verpaarungen zwischen Dachshunden und Bracken sind. Die Hundebestände sind fest in Jägerhänden. Die Alpine Dachsbracke ist hervorragend für die Jagd auf Hase und Fuchs geeignet, jagt aber auch sehr erfolgreich Rotwild und Wildschwein. Bei der Schweißarbeit sehr zuverlässig wird sie auch zum Apportieren genutzt.

Die Hunde arbeiten sehr zuverlässig und sind sehr flexibel einsetzbar. Dennoch sind sie außerhalb Österreichs kaum bekannt. Als Familienhunde sind sie trotz ihres guten Charakters kaum geeignet, denn sie brauchen die Jagd als sinnerfüllende Beschäftigung. Da die Hunde ausschließlich jagdlich geführt werden, orientiert sich auch die Zucht mehr an der Gebrauchsfähigkeit denn am Äußeren der Rasse. Die Erscheinung der Alpenländischen Dachsbracke ist dennoch recht einheitlich.

Charakter: Die mutigen Hunde haben eine große Jagdleidenschaft und müssen dementsprechend beschäftigt werden. Kein Familien- oder Begleithund.

Erziehung: Die Ausbildung gehört in die Hände erfahrener Jäger.

FCI-Gruppe 6

6

Alpenländische Dachsbracke

Ursprungsland
Österreich

Anderer Name
Basset Bracke

Widerristhöhe
Rüde: 34 bis 42 cm
Hündin: 34 bis 42 cm

Farbe
Schwarz mit rostfarbenen Abzeichen, braun oder rot mit helleren Abzeichen, weiß mit anderen Farben gefleckt

Haarkleid
Kurzes , raues und dichtes Stockhaar

FCI-Gruppe 6

Dalmatiner

Ursprungsland
Kroatien

Widerristhöhe
Rüde: 56 bis 61 cm
Hündin: 54 bis 59 cm

Farbe
Grundfarbe weiß mit schwarzen oder braunen Tupfen

Haarkleid
Kurz, fest, dicht, glatt und pflegeleicht

6

Der Name des Dalmatiners leitet sich aller Wahrscheinlichkeit nach von der etwa 400 Kilometer langen Küstenregion Kroatiens ab. Ob Dalmatien allerdings auch das Ursprungsland der Rasse ist, bleibt fraglich. Auch wenn die getüpfelte Zeichnung des Dalmatiners in dieser Perfektion unter den Rassehunden einmalig ist, einzigartig in der Geschichte ist sie nicht. Es gibt schon seit über viertausend Jahren Berichte über und Zeichnungen von solchen auffälligen Hunden – nicht nur aus der Gegend an der Adria. Getüpfelte Hunde kannte man auch in Ägypten und Griechenland, sie wurden im 16. Jahrhundert in Italien und Frankreich beschrieben. Unklar ist ihre damalige Verwendung. Vieles spricht dafür, dass sie in Italien und Frankreich als Jagdhunde gehalten und gezüchtet wurden, wobei das Zuchtziel damals nicht die perfekte Tüpfelung, sondern ein perfekter Jäger war. Wesentlich bekannter wurde der Dalmatiner später als Kutschenhund. Er begleitete die Kutschen unter der hinteren Achse laufend und hielt sich nähernde Tiere fern, um ein Scheuen der Pferde zu verhindern. In Amerika ist er noch immer das Maskottchen der Feuerwehrleute, denn lange Zeit begleitete er auch deren Kutschen. Dalmatiner-Welpen werden übrigens weiß geboren. Die typischen Tupfen bilden sich erst in der zweiten Woche aus.

Charakter: Die intelligenten, sportlichen Dalmatiner sind gute Familien- aber keine Schmusehunde.

Erziehung: Eine konsequente Erziehung ist unbedingt notwendig.

Viele Legenden ranken sich um den Rhodesian Ridgeback, den Löwenhund aus Südafrika. Seine Heimat Rhodesien, das heutige Simbabwe, gab der Rasse den ersten Teil ihres Namens. Der Zweite deutet auf die Fellanomalie auf dem Rücken der Hunde entlang der Wirbelsäule hin. Hier wächst das Fell entgegengesetzt der übrigen Wuchsrichtung, wodurch sich deutlich der Ridge abzeichnet. Wir kennen bei den Rassehunden eine ähnliche Erscheinung nur vom Thai-Ridgeback. Ob die beiden Rassen verwandt sind, weiß man bis heute nicht, denn es ist bislang ungeklärt, woher die ersten südafrikanischen Hunde mit Ridge kamen. Auf jeden Fall berichteten portugiesische Seefahrer schon im 18. Jahrhundert von solchen Hunden in Südafrika. Der Rhodesian Ridgeback entstand aus Kreuzungen zwischen diesen Hunden und Hunden der europäischen Einwanderer, die im 17. Jahrhundert nach Südafrika kamen. Zuchtziel war ein Jagd-, Hof- und Wachhund, der den extremen Temperaturen und Klimaverhältnissen trotzen konnte. Die einheimischen ertrugen das Klima, die Hunde der Siedler waren die besseren Jäger. Berühmt wurde der Ridgeback durch die Jagd auf Löwen, die er für den Jäger stellte, aber niemals selbst angriff.

Charakter: Die Hunde sind mutig, intelligent und menschenbezogen. Sie brauchen ihre Bewegung, können aber auch einfach faul auf der Terrasse liegen.

Erziehung: Die Erziehung der kräftigen Hunde muss konsequent sein.

FCI-Gruppe 6

Rhodesian Ridgeback

6

Ursprungsland
Südafrika

Anderer Name
Löwenhund, African Lion Dog

Widerristhöhe
Rüde: 63,5 bis 68,5 cm
Hündin: 61 bis 66 cm

Farbe
Helles weizen bis rötlich falb

Haarkleid
Kurz, dicht, glatt und pflegeleicht. „Ridge"– Kamm auf dem Rücken, dem übrigen Körperhaar entgegengesetzt wachsend, mit zwei Wirbeln („Kronen") am Anfang

Einleitung FCI-Gruppe 7

Vorstehhunde

Diese Gruppe umfasst Rassen, deren Gemeinsamkeit in ihrem ganz speziellen Jagdverhalten liegt. Ein Vorstehhund hat die Aufgabe, das Feder- oder auch Haarwild aufzuspüren und dem Jäger durch sein Verhalten die Beute anzuzeigen: Wenn er Witterung aufgenommen hat und so nahe bei der Beute ist, dass diese sich schutzsuchend duckt, erstarrt der Hund in der typischen Vorstehpose mit angehobenem Vorderlauf und vorgestrecktem Hals. Sobald der Jäger auf Schußweite herangekommen ist, springt der Hund auf Befehl auf und bringt den Vogel zum Auffliegen. Danach muss er sich ruhig setzen oder legen, damit der Jäger frei zum Schuss kommen kann. Ein Vorstehhund muss also eine ausgesprochen feine Nase haben und darf nicht laut jagen. Die gute Nasenveranlagung und ihren Jagdtrieb haben die Vorstehhunde zweifellos von den ursprünglichen Bracken und Laufhunden, von denen sie unmittelbar abstammen. Eine Urform vorstehender Hunde muss schon im frühen Mittelalter zur Zeit Karls des Großen existiert haben. Bis dahin hatten sogenannte „Habichtshunde“ das Federwild aufzuscheuchen, damit es von den Falken geschlagen werden konnte. Nun änderten sich die Jagdmethoden, man ging zur Vogeljagd mit Netzen über: Der Hund durfte das Wild nur suchen, aber nicht aufjagen; wenn er vorstand, zog man ein Netz über Hund und Vogel (diese Jagdmethode wurde auch „Tyrassieren“ genannt). Hierzu benötigte man Hunde mit anderen Eigenschaften als sie die bisherigen Schweiß- und Leithunde und die Saurüden aufwiesen; man erhielt sie, indem man bei der Zucht auf eine natürliche Vorstehveranlagung selektierte. Einem Hund, der diese Veranlagung nicht mitbringt, ist ein solches Verhalten kaum antrainierbar. Schon Darwin schrieb in seinem Werk „Über die Entstehung der Arten durch natürliche Zuchtwahl“: „Ebenso ist es zu bezweifeln, ob jemals irgendjemand daran gedacht habe, einen Hund zum Vorstehen abzurichten, hätte nicht etwa ein individueller Hund von selbst die Neigung verraten, es zu tun ..., das Stellen ist wahrscheinlich ... nur eine verstärkte Pause eines Tieres, das sich in Bereitschaft setzt, auf eine Beute einzuspringen. Hatte sich ein erster Anfang des Stellens einmal gezeigt, so mögen methodische Zuchtwahl und ... in jeder nachfolgenden Generation das Werk bald vollendet haben.“ Die Richtigkeit dieser Aussagen zeigt sich in der Tatsache, dass Hunde aller Rassen vorstehen können. Übrigens gab es vermutlich bereits bei den alten Griechen die Hühnerjagd mit dem Netz, und schon Xenophon berichtet 430 v. Chr. von Hunden, die sich dem Hasen nicht nähern, sondern zitternd stehenbleiben, bis dieser sich bewegt! Erste Darstellungen von vorstehhundähnlichen Jagdhunden sind aus Italien bekannt; dennoch weiß man nicht, ob die Wiege aller Vostehhunde dort stand. Mit der Erfindung der Feuerwaffen im 15. Jahrhundert änderten sich die Jagdmethoden nochmals; die Netzjagd wurde unmodern. Die nun benötigten Hunde mussten vielseitiger sein: Sie mussten sicher vorstehen, das Federwild aufscheuchen, unter Umständen apportieren und schussfest sein. Diese Art des Jagens war das Vorrecht des Adels; besonders Ludwig XIII. von Frankreich hatte einen Ruf als treffsicherer Schütze. Die Zucht der Vorstehhunde blühte. Die FCI-Gruppe der Vorstehhunde ist heute in die beiden Sektionen der im Allgemeinen rustikaleren und vielseitigeren „Kontinentalen Vorstehhunde“ und der äußerst populären „Britischen und Irischen Vorstehhunde“ (in der Regel spezialisierter, eleganter und rassiger) eingeteilt.

Der Ursprung dieses "Altdänischen Vorstehhundes", wie der deutsche Name lautet, läßt sich bis an den Anfang des 18. Jahrhunderts zurückverfolgen. Die Rasse entstand um diese Zeit aus frühen, von Zigeunern mitgeführten, aus Spanien stammenden Vorstehhunden und aus lokalen Bauernhunden vom Schweißhundtyp, die möglicherweise Vorläufer des Bloodhounds waren. Als Begründer der Rasse gilt ein Mann namens Morten Bak, der in der Nähe der Städte Randers und Hobro lebte. Trotz ihrer guten Jagdeigenschaften ging das Interesse an der Rasse immer weiter zurück, und während des 2. Weltkriegs verschwand sie fast völlig. Einige hartnäckige Rasseliebhaber bewahrten sie vor dem Aussterben, und heute ist sie wieder gefestigt. Obwohl der Gammel Dansk Honsehund auch ein unkomplizierter Familienhund ist, werden fast alle Hunde dieser Rasse zur Arbeit verwendet: Auf der Jagd sind sie gute Apporteure, sie arbeiten nahe beim Jäger und stehen sehr gut vor. Sowohl in kleinen als auch in weiträumigen Jagdgründen bewegen sie sich ruhig und langsam. Aufgrund seiner guten Nase wird er gelegentlich auch für die Nachsuche eingesetzt. Die Rasse ist in Dänemark nicht sehr verbreitet und im Ausland kaum bekannt.

Charakter: Dieser Vorstehhund ist ruhig, ausgeglichen, mutig, entschlossen und sehr intelligent. In der Familie ist er freundlich und anhänglich.

Erziehung: Er ist gut auszubilden und mit liebevoller Konsequenz problemlos zu erziehen.

FCI-Gruppe 7

7

Altdänischer Hühnerhund

Ursprungsland
Dänemark

Anderer Name
Dänische Bracke,
Gammel Dansk Honsehund

Widerristhöhe
Rüde: 52 bis 58 cm
Hündin: 48 bis 54 cm

Farbe
Weiß mit leberbraunen Flecken

Haarkleid
Kurz, dicht und dick

FCI-Gruppe 7

Deutsch Kurzhaar

Ursprungsland
Deutschland

Widerristhöhe
Rüde: 62 bis 66 cm
Hündin: 58 bis 63 cm

Farbe
Braun ohne Abzeichen, braun mit weißen Abzeichen oder Tüpfelung, braun- und schwarzschimmel mit und ohne weiße Platten, mit braunen Flecken oder Tüpfelung

Haarkleid
Kurz, dicht und trocken, fühlt sich fest an

Ursprung des Deutschen Kurzhaarigen Vorstehhundes sind die Vogelhunde des Mittelalters, die bei der Netzjagd auf Federwild und bei der Beizjagd in den Mittelmeerländern eingesetzt wurden. Von Spanien aus kamen diese Hunde zunächst an den französischen Hof; die Hunde wurden auf zahlreichen Portraits jener Zeit dargestellt. Die deutschen Fürsten fanden Gefallen an der Jagd mit diesen Vorstehhunden, sie holten sie aus Frankreich, Spanien und Italien nach Deutschland. Nach 1848 gab es zwei Hauptrichtungen in der Zucht: Die eine wollte einen möglichst derben massigen deutschen Vorstehhund mit langem Senkrücken, Kehlwamme und säbelbeiniger Hinterhand – was nur durch starken Schweißhund-Einfluss zu erreichen war. Ziel der anderen – die sich letztlich durchsetzte – war ein edlerer, trockener, temperamentvoller Vorstehhund, der durch das Einkreuzen englischer Pointer entstand. Der Deutsch Kurzhaar ist ein sehr vielseitiger Jagdhund, der in Deutschland nach strengen Leistungskriterien gezüchtet wird und sich als aktiver Jagdbegleiter am wohlsten fühlt. Auch im Ausland ist die Rasse sehr beliebt, in den angelsächsischen Ländern leider gelegentlich als reiner Schauhund.

Charakter: Der Deutsch Kurzhaar ist ein sehr temperamentvoller, ausgeglichener Hund voller Jagdeifer; er braucht eine Aufgabe, dann ist er auch in seiner Familie liebevoll und anpassungsfähig.

Erziehung: Die Ausbildung und Erziehung sollte mit ruhiger Konsequenz erfolgen.

Die Reinzucht des Deutschen Drahthaarigen Vorstehhundes begann Ende des 19. Anfang des 20. Jahrhunderts. Ursprünglich waren alle Vorstehhunde mit drahthaarigem Fell, also Griffon Korthals, Pudelpointer, Deutsch Stichelhaar und Deutsch Drahthaar auf Grund ihrer großen Ähnlichkeit in einem Klub zusammengefasst; sie wurden sogar miteinander gekreuzt. Als die Reinzucht populär wurde, spalteten sich die Züchter der drei erstgenannten Rassen ab, so dass nur die drahthaarigen Kreuzungsprodukte – nicht selten hervorragende Leistungshunde – übrigblieben. Damit hatten die Abtrünnigen den Weg für eine neue Rasse freigemacht, die sich zu dem beliebtesten deutschen Vorstehhund entwickeln sollte. Der Deutsch Drahthaar wurde auf der Grundlage der Ideen von Sigismund Freiherr von Zedlitz und Neukirch („Hegewald") nach dem Prinzip „durch Leistung zum Typ" mit dem ausdrücklichen Ziel gezüchtet, einen wesensfesten, leistungsstarken Hund zu schaffen. Unter Zuführung von Deutsch-Kurzhaar-Blut entstand ein harter, vielseitiger Jagdgebrauchshund, der auch außerhalb der Grenzen seiner Heimat beliebt ist.

Charakter: Dies ist ein temperamentvoller, ausgeglichener, arbeitswilliger Hund, der in seiner Familie fröhlich und liebenswert ist, aber unbedingt ausgelastet sein muss, um sich wohlzufühlen – ein Gebrauchshund, der unbedingt Familienanschluss brauchT.

Erziehung: Er benötigt eine konsequente Erziehung mit fester, einfühlsamer Hand.

FCI-Gruppe 7

Deutsch Drahthaar

7

Ursprungsland
Deutschland

Widerristhöhe
Rüde: 60 bis 67 cm
Hündin: 56 bis 62 cm

Farbe
Braun, mittel bis dunkelbraun, braun- oder schwarzschimmel

Haarkleid
Rau, drahtharig, anliegend und dicht, Deckhaar 2 bis 4 cm lang

FCI-Gruppe 7

7

Pudelpointer

Ursprungsland
Deutschland

Widerristhöhe
Rüde: 60 bis 65 cm
Hündin: 60 bis 65 cm

Farbe
Dunkelbraun bis dürrlaubfarben

Haarkleid
Rau, mittellang, drahtig und dicht

Bei dieser Rasse gibt schon der Name Auskunft über ihre Entstehung: Sie ist ein Kreuzungsprodukt aus Pudeln und Pointern. Am Anfang stand dabei ein echtes Zufallsprodukt: Es war die Hündin Juno - aus einer ungeplanten Verbindung zwischen einem kräftigen und doch eleganten braunen Großpudel-(Königspudel-)Rüden und einer braunen Pointerhündin schweren Schlages. Juno verkörperte die ideale Verbindung der angeborenen Talente beider Ausgangsrassen: Sie leistete hervorragende Arbeit beim Verlorenbringen und als Schweißhund und zeigte die typischen Pudeleigenschaften: Wasserfreude, Gelehrigkeit, Anhänglichkeit und Gehorsam. Freiherr von Zedlitz („Hegewald") fand Gefallen an diesem Hund; er beschloss, eine entsprechende Rasse zu züchten. Sein Ziel war ein Hund, der wasserfreudig und nicht zu klein war, beim Apportieren von Hase oder Fuchs auch über Hindernisse springen konnte, im Feld vorstand, im Wald Schweißarbeit leistete, ein guter Totverbeller war und eine gewisse Schärfe mitbrachte. Durch planmäßige Zucht und gelegentliches Einkreuzen von Pointern wurde die Rasse gefestigt. Pudelpointer werden in kleinen Zahlen gezüchtet; im Ausland sind sie kaum bekannt.

Charakter: Der Pudelpointer ist ein reiner Jagdhund mit allen Eigenschaften, die von Anfang an das Zuchtziel waren, als reiner Begleithund ist er ungeeignet.

Erziehung: Er ist mit Konsequenz und Einfühlungsvermögen leicht auszubilden.

Der Deutsche Stichelhaarige Vorstehhund ist der älteste deutsche rauhaarige Vorstehhund. Er ist ein Nachkomme der alten stichelhaarigen Hühnerhunde, die schon auf Holzstichen aus dem 16. Jahrhundert abgebildet sind und aus deren wenigen noch vorhandenen Exemplaren er wieder herausgezüchtet worden ist. Am 18.05.1882 wurden anlässlich der Hundeausstellung in Hannover die Rassekennzeichen des Deutsch Stichelhaar erstmals festgelegt und die Rasse als selbstständig anerkannt. Danach wurde die Rasse konsequent rein gezüchtet, es gab keinerlei Einkreuzungen englischer Rassen (wie bei anderen kontinentalen Vorstehhunden). Der Deutsch Stichelhaar wurde unter dem Aspekt der Gebrauchstüchtigkeit gezüchtet; er war stets der bewährte Försterhund, der sich nicht nur bei der Arbeit in Wald, Feld und auch im Wasser, sondern auch bei der Bekämpfung der Wilddiebe hervortat und zu einer gewissen Schärfe tendiert. Auch heute werden die Deutschen Stichelhaarigen Vorstehhunde fast ausschließlich von Jägern gehalten. Die Rasse ist sogar in ihrer Heimat sehr selten, im Ausland kaum bekannt.

Charakter: Der Deutsch Stichelhaar ist ruhig und ausgeglichen, robust, mutig und darf weder scheu noch aggressiv sein. Wie der Deutsch Drahthaar braucht er viel Beschäftigung und dabei Zuwendung durch seine Familie.

Erziehung: Sie muss mit fester Hand erfolgen und dabei konsequent und einfühlsam sein.

FCI-Gruppe 7

Deutsch Stichelhaar

7

Ursprungsland
Deutschland

Widerristhöhe
Rüde: 60 bis 70 cm
Hündin: 58 bis 68 cm

Farbe
Braun und weiß, Braunschimmel mit oder ohne Platten

Haarkleid
Straff, hart und borstig, etwa 4 cm lang

FCI-Gruppe 7

Weimaraner

7

Ursprungsland
Deutschland

Widerristhöhe
Rüde: 59 bis 70 cm
Hündin: 57 bis 65 cm

Farbe
Mausgrau, silbergrau, graubraun

Haarkleid
Kurzhaar: Steif, sehr dicht und anliegend
Langhaar: Glatt, leicht gewellt und geschmeidig

Über die Entstehung des Weimaraner Vorstehhundes gibt es unterschiedliche Meinungen. Sicher ist, dass es sich um eine schon seit langem rein gezüchtete Rasse handelt. Ein Vorläufer des Weimaraners war schon Anfang des 17. Jahrhunderts auf einem Gemälde von van Dyk dargestellt. Gegen Ende des 18. Jahrhunderts hielt Großherzog Carl August, ein leidenschaftlicher Jäger, solche grauen Vorstehhunde am Hof von Weimar; er hatte ihre Vorläufer aus Frankreich mitgebracht, wo sie am Hof Karls des IX. mit Bluthunden, Bracken und anderen Meutehunden zur Zucht von Schweiß- und Vorstehhunden verwendet wurden. Carl August brachte seine Hunde bei den herrschaftlichen Jägern und auch bei den Bauern im Umkreis von Weimar und Halle unter. Da die Hunde mit ihrer typischen grauen Farbe überwiegend dort anzutreffen waren, erhielt die Rasse den Namen, unter dem sie auch außerhalb Deutschlands bekannt ist. Ursprünglich war nur der kurzhaarige Weimaraner anerkannt, obwohl von Anfang an auch lang- und stockhaarige Welpen in den Würfen fielen, die letztgenannten waren jedoch ohne Bedeutung. Erst 1935 wurde der langhaarige Weimaraner anerkannt. Er ist auch heute noch viel seltener als sein kurzhaariger Bruder.

Charakter: Der Weimaraner ist ein passionierter Jagdhund, mutig, ausdauernd, dabei anhänglich; er eignet sich nicht für die Haltung als reiner Familienhund.

Erziehung: Er ist leichtführig, muss aber mit Konsequenz ausgebildet und erzogen werden.

Mit deutschem Namen heißt die Rasse Hühnerhund von Burgos oder Vorstehhund von Burgos. Dies sagt schon einiges über ihre Verwendung aus: Der Perdiguero ist ein Vorstehhund zur Jagd auf Feder- und Niederwild. Es ist eine alte Rasse, über deren genaue Herkunft es keine gesicherten Erkenntnisse gibt; man nimmt an, dass sie aus Kreuzungen des Pachóns Iberico mit dem Sabueso Español, dem spanischen Laufhund, entstand. Der Pachón war ein langsamer, schwerfälliger Vorstehhund und existiert heute nur noch in einem Schlag, der aber nicht anerkannt ist. Der Perdiguero de Burgos ist ein in Spanien sehr beliebter Jagdhund, der sich in jedem Gelände bewährt, der einen besonders guten Geruchssinn hat und der beim Revieren auf Grund seiner Ruhe und Sicherheit methodisch vorgeht; zudem ist er ausgezeichnet beim Vorstehen und Apportieren. Obschon im allgemeinen bei der Jagd auf Kleinwild eingesetzt, ist er auch bei der Jagd auf Hochwild verwendbar. In Spanien ist die Rasse sehr verbreitet, außerhalb ihrer Heimat ist sie heute kaum bekannt.

Charakter: Der Perdiguero de Burgos ist ein vielseitiger, robuster Jagdhund, der sich in seiner Familie wohl fühlt. Er ist ausgeglichen, ruhig und gesetzt. In der Familie ist er gehorsam, anhänglich, sanftmütig und geduldig, freundlich auch zu Kindern.

Erziehung: Diese Hunde sind sehr intelligent und gelehrig, ihre angeborene Fügsamkeit macht ihre Erziehung und Ausbildung leicht.

FCI-Gruppe 7

Perdiguero de Burgos

7

Ursprungsland
Spanien

Anderer Name
Hühnerhund,
Perdiguero von Burgos

Widerristhöhe
Rüde: 65 bis 75 cm
Hündin: etwas kleiner

Farbe
Braunschimmel

Haarkleid
Kurz, dicht und glatt

FCI-Gruppe 7

Braque d'Ariège

Ursprungsland
Frankreich

Anderer Name
Braque de Toulouse, Braque du Midi, Ariege

Widerristhöhe
Rüde: 60 bis 67 cm
Hündin: 56 bis 65 cm

Farbe
Gesprenkelt falborange mit intensiv weiß

Haarkleid
Kurz, dicht und glänzend

Der Ariège-Vorstehhund ist einer der größten französischen Vorstehhunde, er muss heute als kynologische Seltenheit angesehen werden. Er stammt von den alten, im Département Ariège in Südfrankreich ansässigen schweren, uneleganten französischen Bracken ab, die in ihrem Aussehen den Einfluss der italienischen und spanischen Vorstehhunde, also Bracco Italiano und Perdiguero, deutlich erkennen ließen. Später wurden schnellere Jagdhunde, darunter vermutlich die Braque St. Germain und die Braque Français, eingekreuzt, um diesen Hund etwas leichter und beweglicher zu machen. Dies geschah zu Zeiten Napoleons III. durch Monsieur de Morteau auf Schloss Molestral in der Ariège. Dennoch konnte die Rasse hinsichtlich ihrer Schnelligkeit nicht mit den immer beliebteren Pointern konkurrieren, und so galt sie im 20. Jahrhundert als fast ausgestorben. 1990 beschlossen engagierte Züchter, mit den in der Ariège vereinzelt noch existierenden Exemplaren die Rasse zu erhalten. Seither sind mehrere Würfe gefallen. Es ist zu hoffen, daß die Rasse vor dem endgültigen Untergang bewahrt ist.

Charakter: Die Braque de l'Ariège ist ein harter, sehr kräftiger, selbstbewusster Vostehhund für jede Art der Jagd; nur bei entsprechender Auslastung eignet sie sich als anhänglicher, ruhiger Haushund.

Erziehung: Dieser führige, arbeitsfreudige Hund ist intelligent und gelehrig; seine Ausbildung und Erziehung ist problemlos, sofern sie mit fester, ruhiger Hand geschieht.

Die Braque d'Auvergne hat ihren Ursprung im französischen Zentralmassiv, sie entstand vor über 300 Jahren. Über ihre Vorfahren ist wenig bekannt; eine Theorie besagt, dass sie sich ohne Zuführung fremder Rassen aus Meutehunden dieser Region entwickelt hat – was recht unwahrscheinlich anmutet, da die französischen Adligen sehr experimentierfreudig waren. Eine weitere spricht von Hunden, die nach der Besetzung Maltas durch Napoleon mit den heimkehrenden Malteser-Rittern nach Frankreich kamen. Jedenfalls ist die Braque d'Auvergne der einzige schwarzweiße Vorstehhund Frankreichs; diese Farbe könnte mit englischen Pointern in die französischen Brakken eingeflossen sein. Früher war die Braque d'Auvergne in ganz Frankreich verbreitet, doch in der zweiten Hälfte des 20. Jahrhunderts ging ihre Popularität stark zurück; sie teilt damit das Schicksal anderer französischer Bracken. Die Rasse wurde und wird in ihrer Heimat vor allem in der rauen Bergregion der Auvergne zur Jagd auf Niederwild verwendet. Die Braque d'Auvergne ist trotz ihres ins Auge stechenden Erscheinungsbildes außerhalb Frankreichs kaum bekannt.

Charakter: Die Braque d'Auvergne ist ein lebhafter, passionierter, robuster Jagdhund mit einer gewissen Schärfe, dabei ein anhänglicher und liebevoller Familienhund.

Erziehung: Diese gelehrige, intelligente und leichtführige Bracke sollte mit ruhiger, konsequenter Hand ausgebildet und erzogen werden.

FCI-Gruppe 7

7

Braque d'Auvergne

Ursprungsland
Frankreich
Anderer Name
Bleu d`Auvergne
Auvergne Vorstehhund
Widerristhöhe
Rüde: 57 bis 63 cm
Hündin: 55 bis 60 cm
Farbe
Hell: weiß mit schwarzen Platten und mehr oder weniger dichter Tüpfelung
dunkel: graugewolkt, weißer Grund mit blauschwarzen Platten sowie sehr dichter schwarzer Tüpfelung
Haarkleid
Kurz, nicht zu fein und glänzend

FCI-Gruppe 7

Braque du Bourbonnais

7

Ursprungsland
Frankreich

Anderer Name
Bourbonnaiser Vorstehhund

Widerristhöhe
Rüde: 51 bis 57 cm
Hündin: 48 bis 55 cm

Farbe
Braun mit Scheckung, stark bis mäßig getüpfelt, loh mit mehr oder weniger gesprenkelter Scheckung, das ganze Fell kann in der Nuance Pfirsichblume erscheinen

Haarkleid
Kurz, fein und dicht

Die Bracke erhielt ihren Namen von der zentralfranzösischen Provinz Bourbonne. Erste Hinweise auf diesen Bourbonnaiser Vorstehhund aus dem Jahr 1598 beschreiben ihn als Hund, „der die Wachteln zu jagen vermag“. Auf einem Holzschnitt von Aldovrandi (Naturforscher in Bologna) ist ein kurzrückiger Hund dieses Typs mit kleinen Ohren zu sehen. Die alten Autoren bezeichneten diese Bracke als vielseitigen, sehr rustikalen Jagdhund mit zwei besonderen Kennzeichen: der angeborenen Stummelrutigkeit und der ganz besonderen Fellfarbe, einer kompletten hellbraunen, falbfarbenen oder verblasstfliederfarbenen feinen Tüpfelung. Lange Zeit versuchten die Züchter, diese beiden Punkte durch eine rigorose Inzucht in der Rasse zu festigen. Eine solche strenge Selektion auf wenige rein äußerliche Merkmale hat bei einer Rasse mit kleiner Zuchtbasis, die zudem noch eine Arbeitsprüfung nachweisen muss, fatale Folgen, und die meisten Züchter gaben auf mit der Konsequenz, dass von 1963 bis 1973 keine Braque du Bourbonnais im französischen Zuchtbuch registriert wurde. 1970 beschloss eine Züchtergruppe, die Rasse wieder aufzubauen und ihren Fortbestand zu sichern; dies scheint heute erreicht zu sein. Außerhalb Frankreichs ist die Rasse weitgehend unbekannt.

Charakter: Es ist ein anpassungsfähiger, vielseitiger Hund für alle Arten der Jagd, der zu Hause sanft und anhänglich ist.

Erziehung: Seine Intelligenz und Führerbezogenheit machen seine Erziehung leicht.

Type Gascogne

Type Pyreneés

Die Braque Français ist der Ursprung aller heutigen französischen kurzhaarigen Vorstehhunde; vermutlich ist dies der Grund dafür, dass sie diesen Namen und nicht den ihres Züchters oder einer Region erhalten hat. Es gibt sie in zwei verschiedenen Typen: den größeren Typ der Gascogne und den kleineren Pyrenäentyp. Beide stammen aus dem Südwesten Frankreichs und den Pyrenäen. Noch 1900 wurde der schwerere Typ auch als Spanische Bracke bezeichnet. Er war zu jener Zeit wenig elegant mit schwerem Kopf, ähnlich dem spanischen Perdiguero. In der zweiten Hälfte des 19. Jahrhunderts änderte sich die alte französische Bracke durch gezielte Selektion innerhalb der Rasse; es entwickelten sich mehrere Typen, die sich leicht unterschieden. Von diesen wurden die beiden oben genannten erst zwischen den beiden Weltkriegen als zwei selbstständige Rassen anerkannt, die sich außer in ihrer Größe nur minimal unterscheiden. Beide Varietäten sind in ihrem Heimatland relativ selten; erst in der jüngsten Zeit ist ihr Bestand gesichert und man sieht sie auch gelegentlich außerhalb der Grenzen ihres Ursprungslands.

Charakter: Die Französische Bracke ist ein passionierter, sehr vielseitiger Jagdhund, der entsprechend gehalten werden muss. Er ist sehr führerbezogen und in seiner Familie ein anpassungsfähiger und sensibler Hund.

Erziehung: Als intelligenter, gelehriger Hund ist die Braque Français leichtführig und mit ruhiger Konsequenz leicht zu erziehen.

FCI-Gruppe 7

7

Braque Francais

Type Gascogne
FCI-Nr. 133
Type Pyrenées
FCI-Nr. 134

Ursprungsland
Frankreich

Widerristhöhe
Typ Gascogne:
Rüde: 58 bis 59 cm
Hündin: 56 bis 68 cm
Typ Pyrenées:
Rüde: 47 bis 58 cm
Hündin: 47 bis 56 cm

Farbe
Braun, braun und weiß, stark getüpfelt

Haarkleid
Kurz, fest, fein und reichlich

FCI-Gruppe 7

Braque Saint Germain

Ursprungsland
Frankreich
Anderer Name
Saint-Germain Vorstehhund
Widerristhöhe
Rüde: 50 bis 62 cm
Hündin: 54 bis 59 cm
Farbe
Mattes weiß mit kräftig orangen Flecken
Haarkleid
Kurz, nicht zu fein und niemals rau

Der Saint-Germain Vostehhund ist derjenige der französischen Vorstehhunde, dessen Entstehungsgeschichte gesichert ist: Am Anfang des 19. Jahrhunderts wurden im Auftrag des französischen Königs in England zwei Pointer gekauft, die bei Baron de Larminat, dem Inspektor des königlichen Forstes von Compiègne, gehalten wurden. Eine Pointerhündin wurde von einem altfranzösischen Brackenrüden gedeckt, und die Welpen aus dieser Verbindung waren die Basis der neuen Rasse Braque Saint-Germain. Sie blieben bei den Jagdaufsehern, und als diese nach Saint-Germain nahe bei Paris versetzt wurden, nahmen sie ihre Hunde mit. Die Jäger von Paris wurden aufmerksam, und schon nach kurzer Zeit kam die neue Rasse in Mode. Sie war aber lange Zeit recht unausgeglichen; je nachdem, ob der Pointertyp oder der altfranzösische Brackentyp sich durchsetzte. Im Laufe der Jahre wurde ein einheitlicherer Typ herausgezüchtet, der irgendwo zwischen den beiden Schlägen lag: Ein Jagdhund, der weniger temperamentvoll und feiner als der Pointer, aber doch schneller als die alten Bracken ist. Man sagt, in seiner Erscheinung und in seinem Arbeitsverhalten müsse sich dieser Hund vom Pointer so unterscheiden wie „ein Halbblut vom Vollblut“. Die Rasse ist auch in Frankreich selten.

Charakter: Dies ist ein arbeitseifriger, vielseitiger Jagdhund, freundlich und liebevoll zu seinem Herrn.

Erziehung: Sein Gehorsam und seine Intelligenz machen seine Erziehung unproblematisch.

Dieser „Italienische Vorstehhund" ist eine sehr alte Rasse, die sogar hinter allen anderen europäischen Vorstehhunden stehen könnte. Er wurde zur Vogeljagd verwendet. Von allen kontinentalen Vorstehhunden hat er die größte Ähnlichkeit mit dem alten Meutehundtyp. Ursprünglich gab es in Italien zwei unterschiedliche Schläge dieser Bracken, den großen und schweren Bracco nobile und den leichteren Bracco commune. Dieser schwere, langsame Bracco nobile war der Hund der Fürsten und Adligen, die ihn häufig als Geschenke an befreundete Adlige abgaben. Bei seiner Rückkehr nach Frankreich soll König Franz I. 80 dieser kurzhaarigen Vorstehhunde mitgebracht haben, die sicherlich die Entwicklung der französischen Bracken beeinflusst haben. Der leichtere Bracco commune war kleiner, hatte höher angesetzte Behänge und eine etwas trockenere Belefzung. In Piemont gab es zu Beginn des 20. Jahrhunderts noch reine Stämme des schweren Typs – weil sie in den königlichen Zwingern gezüchtet wurden. Auf deren Basis sorgten engagierte Liebhaber dafür, dass die Rasse heute in ihrer Heimat gefestigt und von traditionsbewussten Jägern geschätzt wird. Auch im Ausland sieht man sie inzwischen regelmäßig auf Ausstellungen.

Charakter: Er ist temperamentvoll, freundlich, aufmerksam aber kein Wachhund, ein angenehmer, ruhiger Familienhund.

Erziehung: Er ist fügsam und hat eine schnelle Auffassungsgabe, seine Erziehung muss einfühlsam ohne Härte sein.

FCI-Gruppe 7

Bracco Italiano

7

Ursprungsland
Italien

Anderer Name
Italienischer Vorstehhund

Widerristhöhe
Rüde: 58 bis 67 cm
Hündin: 55 bis 62 cm

Farbe
Weiß mit Flecken in orange oder bernsteinfarben, weiß mit braunen Flecken, gesprenkelt weiß-orange, braunschimmel

Haarkleid
Kurz, dicht, schimmernd

FCI-Gruppe 7

Magyar Viszla

Kurzhaar FCI-Nr. 57
Rauhaar FCI-Nr. 239

Ursprungsland
Ungarn

Anderer Name
Ungarischer Vorstehhund

Widerristhöhe
Kurzhaar
Rüde: 56 bis 61 cm,
Hündin: 52 bis 57 cm
Rauhaar
Rüde: 58 bis 62 cm,
Hündin: 54 bis 58 cm

Farbe
Dunkles Semmelgelb

Haarkleid
Kurz, dicht, gerade, harsch oder Rauhaar

Dieser Ungarische Vorstehhund existiert in zwei anerkannten Haararten: kurzhaarig und drahthaarig. Der drahthaarige Viszla entstand in den 1930er Jahren durch Kreuzung der kurzhaarigen Varietät mit dem Deutschen Drahthaarigen Vorstehhund. In den Rassekennzeichen sind beide Varietäten gleich, der drahthaarige ist lediglich etwas robuster aufgebaut. Die Vorfahren des Viszlas kamen mit den ungarischen Nomadenstämmen nach Ungarn. Schriftliche Hinweise finden sich schon in Dokumenten aus dem 14. Jahrhundert. Es ist bekannt, dass im 18. Jahrhundert semmelgelbe türkische Jagdhunde und später auch mitteleuropäische Rassen zu seiner Entwicklung verwendet wurden. Gegen Ende des 19. Jahrhunderts erlebte die Rasse auf Grund zahlreicher Importe anderer Jagdhunde einen starken Rückgang. Erst nach 1920 nahm die Rasse durch die zielgerichteten Bemühungen engagierter Züchter wieder Aufschwung. 1936 wurde der Viszla offiziell anerkannt. Die Rasse ist sowohl in ihrer Heimat als auch außerhalb bekannt und beliebt; nicht nur als vielseitiger Jagdhund, sondern in manchen Ländern auch als Ausstellungshund und bei anderen Hundesportarten.

Charakter: Der Viszla ist lebhaft, freundlich und ausgeglichen. Er ist besonders führerbezogen und braucht eine liebevolle Behandlung, ein sehr angenehmer, anhänglicher Familienhund.

Erziehung: Sein Gehorsam und seine Gelehrigkeit machen seine Erziehung leicht, er verträgt jedoch keine grobe Behandlung.

Dieser Portugiesische Vorstehhund wurde ursprünglich zur Beizjagd gezüchtet, bei der er Rebhühner aufstöberte, die dann von Falken ergriffen wurden. Einen Hinweis gibt der Name der Rasse: „Perdigueiro" bedeutet Rebhuhnhund. Er geht zurück auf die Vogelhunde des Mittelalters. Woher seine Vorfahren stammten, ist unklar. Portugal war seit Urzeiten bedeutendes Seefahrt-Zentrum, das aus allen Himmelsrichtungen angelaufen wurde. Ebenso könnte die Rasse einigen Einfluss auf die Entwicklung der europäischen Vorstehhunde gehabt haben, auch, weil sie Anfang des 18. Jahrhunderts nach England kam und dort bei der Entwicklung des englischen Pointers eine wichtige Rolle spielte; die Verwandtschaft ist an der Kopfform deutlich erkennbar. Eine gewisse Ähnlichkeit mit dem Epagneul Breton ist ebenfalls nicht zu leugnen. Auch heute noch wird der Perdiguero Portugues in seiner Heimat fast ausschließlich als vielseitiger Jagdhund gehalten; er ist dem Klima und dem dortigen rauen Gelände bestens angepasst und deshalb vor allem den englischen Settern und Pointern überlegen. Außerhalb Portugals ist die Rasse weitgehend unbekannt.

Charakter: Der passionierte Jagdhund ist aufgeweckt und intelligent, mit Artgenossen manchmal etwas ungestüm. Er ist besonders anhänglich und unterwürfig bei seinem Herrn, bei Fremden eher zurückhaltend.

Erziehung: Er ist gehorsam und leichtführig. Mit Einfühlungsvermögen und Konsequenz ist er leicht zu erziehen.

FCI-Gruppe 7

7

Perdigueiro Portugues

Ursprungsland
Portugal

Anderer Name
Portugiesische Bracke

Widerristhöhe
Rüde: 52 bis 60 cm
Hündin: 48 bis 56 cm

Farbe
Gelb oder braun mit oder ohne weiße Abzeichen

Haarkleid
Kurz, kräftig, glatt, gut anliegend, und nicht zu weich

FCI-Gruppe 7

Kleiner Münsterländer

Ursprungsland
Deutschland

Widerristhöhe
Rüde: 50 bis 56 cm
Hündin: 48 bis 54 cm

Farbe
Weiß-braun mit Tüpfelung, Platten oder Mantel, Schimmel

Haarkleid
Mittellang, leicht gewellt, glatt und dicht

Der Kleine Münsterländer ist als Rasse jünger als sein großer Bruder, seine Reinzucht begann zwischen 1902 und 1907 – zur gleichen Zeit wie die des Deutschen Wachtelhundes. Die Rasse ist auch unter dem Namen Heidewachtel bekannt. Der Bruder des Heidedichters Hermann Löns, Edmund Löns, entdeckte die letzten Exemplare des alten Vogelhundes auf beiden Seiten der holländischen Grenze. Edmund Löns war Hegemeister; er lernte auf seinen Jagdzügen den Lehrer Heitmann kennen, der einen Stamm dieser Heidewachteln seit 40 Jahren rein züchtete. Diese Hunde waren die Basis der Kleinen Münsterländer, wie wir sie heute kennen. Sie wurden nicht nur als reine Jagdhelfer gehalten, sondern lebten als Haus-, Hof- und Familienhunde bei den Münsterländer Bauern, denen sie auch als Wachhunde dienten. Auch heute noch steckt der Kleine Münsterländer voll Raubzeugschärfe und Jagdeifer mit angeborener Bringfreude, der Veranlagung zum Vorstehen und Wasserfreude. Er ist aus diesem Grund nicht für ein Dasein als reiner Familienhund geeignet, obwohl auch Nicht-Jäger wegen seiner handlichen Größe und seines attraktiven Aussehens zunehmend auf ihn aufmerksam werden.

Charakter: Der Hund ist ist intelligent, sehr lernfreudig und umgänglich, in der Familie ist er fröhlich, anhänglich und kinderlieb.

Erziehung: Auf Grund seiner Gelehrigkeit ist der Kleine Münsterländer leicht auszubilden, seine Erziehung sollte konsequent und einfühlsam sein.

Die Entstehungsgeschichte dieser Rasse geht aus vom weiß-bunten Vogelhund des Mittelalters über den Stöber- und Wachtelhund bis hin zum Vorstehhund des 19. Jahrhunderts. Ebenso wie der Kleine Münsterländer und der Deutsche Langhaarige Vorstehhund, mit denen er im übrigen eng verwandt ist, gehört er zur Familie der langhaarigen deutschen Vorstehhunde vom Spaniel-Typ, die ab dem Ende des 19. Jahrhunderts planmäßig gezüchtet wurden. 1909 schloss der „Deutsch-Langhaar-Verein“ die weiß-schwarze Farbe von der Zucht aus, da sie angeblich auf die Einkreuzung von Neufundländern und Settern hindeutete. Aber die Bauern und Jäger, vornehmlich aus dem Münsterland, kannten diesen schwarz-weißen Hund als einen Jagdhund, der vielseitiger war als alle englischen Vorstehhunde. So nahm sich der 1919 gegründete „Verein für die Reinzucht des langhaarigen schwarz-weißen Münsterländer Vorstehhundes“ dieser Hunde an. Ab 1922 wurde die Rasse planmäßig gezüchtet, und so gehen die heutigen Hunde sämtlich auf die 83 Hunde zurück, die auf einer „Urliste” der für die Weiterzucht ausgewählten Hunde zu finden waren.

Charakter: Als heute noch überwiegend für die Jagd verwendeter Hund ist der Große Münsterländer intelligent, lebhaft, wachsam, darf aber nicht nervös sein – in der Familie ist er anhänglich, auf seinen Herrn fixiert, kinderfreundlich.

Erziehung: Er ist leicht zu erziehen, da er sehr gelehrig und leichtführig ist – Härte sollte tabu sein.

FCI-Gruppe 7

7

Großer Münsterländer

Ursprungsland
Deutschland

Widerristhöhe
Rüde: 60 bis 65 cm
Hündin: 58 bis 63 cm

Farbe
Weiß mit schwarzen Platten und Tüpfelung, grau

Haarkleid
Dicht, glatt und lang, Fransen an der Rückseite der Läufe, an der Rute und am Behang

Deutsch Langhaar

7

Ursprungsland
Deutschland

Anderer Name
Langhaarige Deutsche Bracke

Widerristhöhe
Rüde: 63 bis 70 cm
Hündin: 63 bis 70 cm

Farbe
Braun, braun-weiß, dunkel-oder hellschimmel, braun mit weißem oder geschimmelten Brustfleck, gefleckt braun auf weißen Grund

Haarkleid
Lang, derb, leicht gewellt und flach anliegend

Der Deutsche Langhaarige Vorstehhund geht auf die alten Vogel- und Wasserhunde und Bracken zurück; aus diesen entwickelte er sich über den Stöberhund bis hin zum heutigen Vorstehhund. Seine Entstehung ist mit derjenigen der drei übrigen deutschen langhaarigen Jagdhunde, des Großen und des Kleinen Münsterländers und des Deutschen Wachtelhundes, eng verbunden. Er unterscheidet sich somit nicht nur in der Haarstruktur von dem Deutsch Kurzhaar und dem Deutsch Drahthaar. Schon auf Jagdbildern des 15. und 16. Jahrhunderts sind langhaarige Vorstehhunde abgebildet. Im 19. Jahrhundert wurden zur Verfeinerung des Typs Gordon Setter und auch Pointer eingekreuzt. Im Jahr 1897 legte Freiherr von Schorlemmer die ersten Rassekennzeichen fest, die die Basis für die heutige Reinzucht bilden. Ziel ist ein vielseitiger Jagdgebrauchshund, der in Feld, Wald und Wasser gute Arbeit leistet, der begeistert apportiert und spurlaute Schweißarbeit verrichtet. Da er auch eine gewisse Schärfe zeigt, eignet er sich gut für den Jagdschutz. Heute sind die Deutschen Langhaarigen Vorstehhunde auch in ihrem Ursprungsland recht selten; im Ausland sind sie fast unbekannt.

Charakter: Dieser Jagdhund braucht eine Aufgabe. Er ist temperamentvoll, ausgeglichen und gutartig, dabei in der Familie freundlich, anhänglich und kinderlieb.

Erziehung: Der Deutsch Langhaar ist gelehrig, arbeitseifrig und leichtführig; er lässt sich problemlos ausbilden und erziehen.

Epagneul Bleu de Picardie

Ursprungsland
Frankreich

Widerristhöhe
Rüde: 57 bis 60 cm
Hündin: etwas kleiner

Farbe
Grau, schwarz oder schwarz gefleckt mit Blauschimmer

Haarkleid
Flach oder leicht gewellt

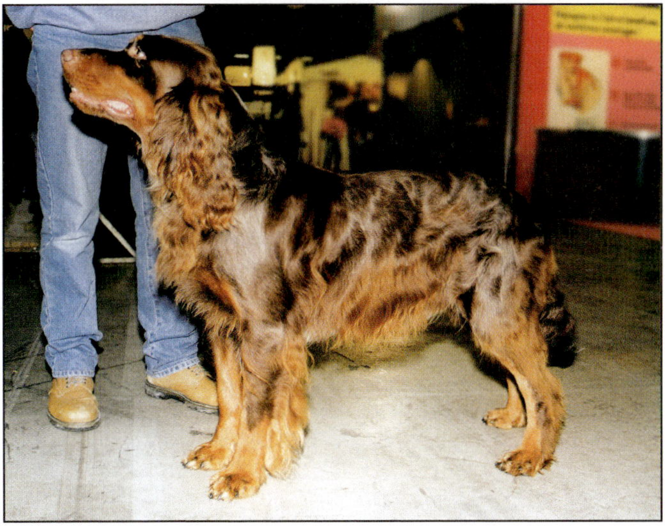

Epagneul Picard

Ursprungsland
Frankreich

Anderer Name
Picardie Spaniel

Widerristhöhe
Rüde: 55 bis 60 cm
Hündin: 55 bis 60 cm

Farbe
Grau mit braunen Abzeichen

Haarkleid
Mittellang, dick und nicht zu seidig

Der Epagneul Picard ist eine alte Rasse aus der Picardie, der Bleu de Picardie entstand aus dem erstgenannten, von dem er sich im Wesentlichen nur durch die Farbe unterscheidet. Beide Rassen sind mit den übrigen französischen Spanielrassen eng verwandt. Schriftliche Hinweise auf Hunde dieses Typs gibt es schon aus dem 16. Jahrhundert. Die Picardie im Norden Frankreichs ist eine Landschaft mit weiten Feldern, großen Wasserflächen, Wäldern und Sümpfen. Hier benötigte man vielseitige, robuste Hunde, die auch unter schwierigsten Bedingungen arbeiten können. Der Epagneul Picard ist ein passionierter Jagdhund mit viel Apportierfreude und sehr guter Nase. Der Epagneul Bleu de Picardie entstand Ende des 19. Jahrhunderts durch die Kreuzung des Picardie-Spaniels mit blue-belton-farbenen Englischen Settern, was in seinem Äußeren und dem sanften Wesen zu erkennen ist. Auch er ist ein leistungsfähiger Jagdhund auf alle Vogelarten mit vorzüglicher Nase, er steht fest vor und apportiert sicher. Beide Rassen sind auch in ihrer Heimat recht selten, die Zuchtzahlen sind nicht sehr hoch, aber zur Zeit stabil. Im Ausland sind diese beiden Spaniels so gut wie unbekannt.

Charakter: Beide Rassen sind echte Jagdhunde mit Beschäftigungsdrang. Gleichzeitig sind sie in der Familie ihres Herrn fröhlich, anhänglich und geduldig; der Bleu de Picardie gilt als sehr sanftmütig.

Erziehung: Beide Rassen sind leichtführig und gelehrig und deshalb recht leicht zuerziehen.

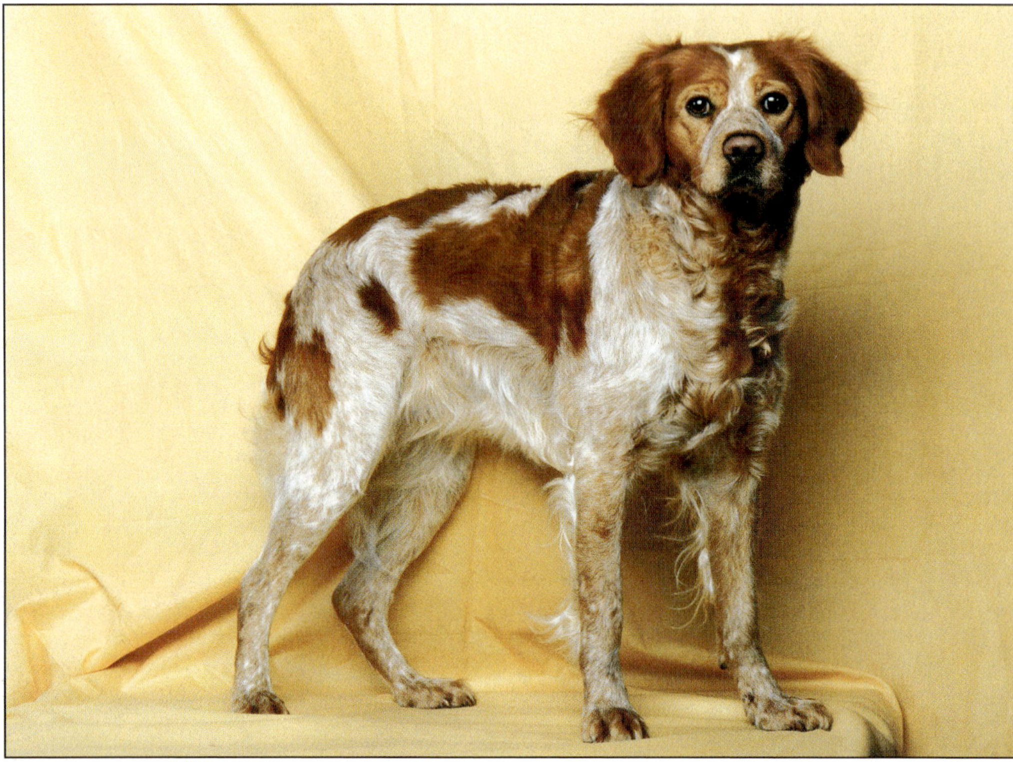

Epagneul Breton

Ursprungsland
Frankreich

Anderer Name
Bretonischer Spaniel

Widerristhöhe
Rüde: 48 bis 50 cm
Hündin: 47 bis 49 cm

Farbe
Weiß-braun, schwarz-weiß, weiß-rot, tricolour (schwarz, weiß und loh), schimmel (mehrfarbig)

Haarkleid
Nur leicht gewellt, nicht gekräuselt und fein

Das Herkunftsgebiet des Epagneul Breton ist die Bretagne. Seine Vorfahren sind die mittelalterlichen Vogelhunde (Hühnerhunde), die man zur Verbesserung der Jagdmethoden mit Settern des englischen Typs kreuzte. Eine Verwandtschaft zum Welsh Springer Spaniel liegt nahe, da beide eine gemeinsame Abstammung von den Hunden der Kelten haben könnten, die in der Bretagne und in Wales siedelten; hierauf deutet auch eine gewisse Ähnlichkeit hin. Der Bretonische Spaniel vereint die Fähigkeiten seiner Vorfahren in hervorragender Weise: Er sucht mit feiner, hoch erhobener Nase, steht fest vor, apportiert und ist sehr wasserfreudig. Er ist in allen Bereichen der Feld-, Wald- und Wasserjagd auch unter schwiergen Bedingungen den großen Vorstehhunden ebenbürtig. Nachdem bis zum Beginn des 20. Jahrhunderts ein starker zahlenmäßiger Rückgang der Rasse erfolgte, gaben sich einige Züchter daran, sie systematisch zu züchten. Endlich wurde ein Rassestandard aufgestellt, der zwar immer wieder revidiert wurde, aber dennoch letztlich dazu führte, dass der Epagneul Breton nicht nur in seiner Heimat, sondern vermutlich auch weltweit der am meisten verbreitete französische Jagdhund ist.

Charakter: Der intelligente, arbeitsfreudige Hund braucht viel Beschäftigung. Er ist sanft, liebebedürftig, sensibel, umgänglich mit Artgenossen und kinderlieb.

Erziehung: Er ist leichtführig und mit liebevoller Konsequenz ohne Härte einfach zu erziehen und leicht auszubilden.

Der Französische Spaniel ist ein sehr alter, ursprünglicher langhaariger Jagdhund. Er geht auf die mittelalterlichen, vermutlich aus Spanien kommenden Vogelhunde zurück. Eine Verwandtschaft mit dem deutschen langhaarigen Vorstehhund, dem deutschen Wachtelhund, dem kleinen Münsterländer und dem Drentse Patrijshond ist nicht auszuschließen. Im 17. und 18. Jahrhundert waren die Französischen Spaniels eine beliebte Jagdgebrauchsrasse. Im Laufe des 19. Jahrhunderts kamen dann immer mehr englische Vorstehhunde nach Frankreich, die die gleichen Fähigkeiten hatten und den Epagneul Français fast ganz verdrängten. Einige engagierte Züchter brachten es fertig, die Rasse immer wieder vor dem Aussterben zu bewahren. Heute hat sie in ihrem Ursprungsland eine kleine, aber treue Anhängerschaft, die sie auf Grund ihrer vorzüglichen Jagdleistungen auch verdient hat. Der Epagneul Français ist ein Allround-Talent, der in schwierigstem Gelände – sogar in Sümpfen – ruhig und nicht übermäßig schnell sucht, vorsteht und apportiert.

Charakter: Der Epagneul Français ist ein leidenschaftlicher, ausdauernder Jagdhund, der entsprechende Bewegung braucht. Er ist sanft, ruhig und ausgeglichen, sehr auf seinen Herrn bezogen, auch im Umgang mit Artgenossen gibt es keine Probleme – ein idealer Begleiter, wenn er ausgelastet ist.

Erziehung: Durch seine Intelligenz, seine Leichtführigkeit und sein offenes Wesen ist dieser Hund problemlos erziehbar.

FCI-Gruppe 7

Epagneul Francais

7

Ursprungsland
Frankreich

Anderer Name
Französischer Spaniel

Widerristhöhe
Rüde: 56 bis 61 cm
Hündin: 55 bis 59 cm

Farbe
Weiß und braun mit braunen Sprenkeln oder Platten

Haarkleid
Lang, gewellt, seidig, flach und reichlich

FCI-Gruppe 7

Epagneul de Pont Audemer

7

Ursprungsland
Frankreich

Anderer Name
Pont-Audemer Spaniel

Widerristhöhe
Rüde: 52 bis 58 cm
Hündin: 52 bis 58 cm

Farbe
Grau und braun gemischt

Haarkleid
Sehr dicht, gekräuselt und leicht verfilzt

Der Pont-Audemer Spaniel stammt aus der Normandie und der Picardie; seinen Namen verdankt er der Stadt Pont Audemer. Er ist ein echter Wasserspezialist, was sicherlich auch darauf zurückzuführen ist, dass neben den Picardie-Spaniels der Barbet, möglicherweise auch der Pudel, und englische und irische Wasserspaniel zu seinen Vorfahren zählen. Die wasserreiche Region mit ihren Seen, Sümpfen und Hecken, aus der er stammt, ist idealer Rastplatz für Federwild und somit das Jagdgelände des Epagneul de Pont-Audemer: Er stöbert, sucht selbständig nach Vögeln, Hasen und Kaninchen. Er ist robust und unempfindlich gegen Nässe und ein begeisterter Apporteur auch aus dem kältesten Wasser. Daneben hat er gute Vorsteheigenschaften. Außerhalb ihres Ursprungsgebietes hat die Rasse wenig Interesse geweckt, vielleicht wegen ihrer Spezialisierung auf die Wasserarbeit. Im Laufe der Jahre war sie mehrfach dem Aussterben nahe, aber engagierte Züchter haben sie immer wieder am Leben erhalten, indem sie Kreuzungen mit Irischen Wasserspaniels und Picardie-Spaniels vornahmen. Auch heute existiert die Rasse noch, wenn auch die Zuchtbasis klein ist; sie wird hauptsächlich von Berufsjägern geführt. Außerhalb Frankreichs ist sie nahezu unbekannt.

Charakter: Er ist schneidig, unermüdlich und selbständig und gehört in Jägerhand; in der Familie ist er anpassungsfähig, freundlich, fröhlich und kinderlieb.

Erziehung: Eine konsequente, einfühlsame Erziehung ist anzuraten.

Der Patrijshond hat seinen Ursprung in der holländischen Provinz Drente, von der sich auch sein Name ableitet. Es handelt sich um eine alte Vorstehhundrasse, die vermutlich schon zur Zeit der Erfindung der Feuerwaffen entstand; seine Vorfahren sind Vorstehhunde, Spaniolen genannt, die über Frankreich aus Spanien kamen. Man nimmt an, dass alle Setter und Spaniels auf die gleichen Hunde zurückgehen. In der Provinz Drente wurde die Rasse rein gezüchtet, d.h. sie wurde nicht, wie in anderen Regionen, mit ausländischen Rassen gemischt. „Patrijshond" bedeutet Rebhuhnhund; die Rasse wurde und wird vor allem für die Niederwildjagd auf Rebhühner und Fasane, aber auch auf Kaninchen eingesetzt. Der Patrijshond ist der ideale Jagdhund für Jäger, die ohne viel körperliche Anstrengung ihrer Beschäftigung nachgehen wollen: Er bewegt sich ruhig im Gelände, ohne sich aus der Schußweite des Jägers zu entfernen und hat das Bedürfnis, ständig Kontakt zu seinem Führer zu halten. Der Patrijshond ist eng verwandt mit dem Kleinen Münsterländer und dem Epagneul Français. Außerhalb ihrer Heimat ist die Rasse wenig bekannt.

Charakter: Der Patrijshond ist ein intelligenter Jagdhund, der nur wenig Ausbildung braucht. Als Haus- und Hofhund ist er gehorsam, treu und wachsam, ein sanfter, freundlicher Familienhund.

Erziehung: Sein angeborener Gehorsam und seine Intelligenz machen ihn leichtführig und leicht erziehbar.

FCI-Gruppe 7

Drentse Patrijshond

7

Ursprungsland
Niederlande

Anderer Name
Drentscher Hühnerhund

Widerristhöhe
Rüde: 57 bis 63 cm
Hündin: etwas kleiner

Farbe
Weiße Grundfarbe mit braunen, orangefabenen oder gelben Flecken

Haarkleid
Mittellang und dicht

FCI-Gruppe 7

Stabijhoun

Ursprungsland
Niederlande

Anderer Name
Friesischer Vorstehhund

Widerristhöhe
Rüde: etwa 50 cm
Hündin: etwa 50 cm

Farbe
Schwarz, braun, orange mit weißen Abzeichen, gesprenkelt oder getüpfelt

Haarkleid
Lang und flach am Rumpf, leicht gewellt an der Kruppe, kurz am Kopf, länger und reichlicher an der Rückseite der Läufe

Die deutsche Bezeichnung dieser Rasse ist Friesischer Vorstehhund, und die holländische Provinz Friesland ist auch das Ursprungsgebiet des Stabijhoun. Wie der Wetterhoun und der Drentse Patrijshond geht auch er vermutlich auf die spanielartigen Stöberhunde zurück, die mit den Spaniern nach Holland kamen. Die Spanier hielten die Niederlande bis Mitte des 16. Jahrhunderts besetzt, und seit dieser Zeit sind diese Hunde dort bekannt. Dies wird durch frühe Gemälde, auf denen Hunde dieses Typs abgebildet sind, belegt. Seit den Anfängen jagte man zu Fuß mit Stabijhouns, die ebenso gut vorstanden wie apportierten. Gegen Ende des 19. Jahrhunderts wurden sie von ausländischen Jagdhundrassen verdrängt, konnten aber auf Grund ihrer Vielseitigkeit überleben. Als Begleiter der einfachen Bauern dienten sie als Ratten- und Maulwurffänger auf den Höfen und Feldern. Manche Leute verdienten sich mit ihren Stabijhouns während der Wintermonate ein gutes Zubrot durch den Verkauf von Maulwurfsfellen, indem sie mit dem Fahrrad, auf dem in einem Korb der Hund transportiert wurde, über Land fuhren und Maulwürfe fingen. Außerhalb ihrer Heimat trifft man die Rasse selten.

Charakter: Stabijhouns sind ausgeglichen, lebhaft, fröhlich und wachsam; ihr Jagdinstinkt ist immer noch vorhanden. In der Familie sind sie liebevoll, anhänglich und sehr freundlich mit Kindern.

Erziehung: Als gehorsamer, intelligenter und sehr gelehriger Hund ist er leicht erziehbar.

Diese Rasse, auch kurz Korthals Griffon genannt, entstand in der zweiten Hälfte des 19. Jahrhunderts durch die zielstrebige Auslesezucht des Holländers E.K. Korthals in Deutschland. Korthals wurde 1851 in Amsterdam geboren, zog später nach Deutschland, wo er lange Jahre die Hunde im Zwinger des Prinzen Albrecht zu Solms-Braunfels betreute. „Griffon" war schon seit dem Mittelalter in Frankreich, Belgien und Deutschland eine Sammelbezeichnung für rauhaarige Vorstehhunde. Man nimmt an, dass Korthals u. a. französische Bracken und Barbets zur Entwicklung der Rasse einsetzte. Dies und die engen Kontakte, die Korthals zu Frankreich hatte, führten dazu, dass die Rasse in Frankreich weiterentwickelt und letztlich offiziell als französischen Ursprungs anerkannt wurde. Der Korthals Griffon ist ein vielseitig einsetzbarer Jagdgebrauchshund; er hat eine feine Nase, ist wasserfreudig und spurfest. In Europa wird diese Rasse in kleinen Zahlen sorgfältig gezüchtet, erstaunlicherweise hat sie in den USA eine solide Anhängerschaft. Auch hier wurde und wird der Korthals vornehmlich bei der Jagd eingesetzt, gelegentlich erscheint er im Ausstellungsring.

Charakter: Der Korthals Griffon hat alle für den Jagdgebrauch erforderlichenen Eigenschaften; gleichzeitig ist er ein anhänglicher, liebevoller Begleiter für die Familie seines Herrn.

Erziehung: Sein Gehorsam und sein Sanftmut machen seine Ausbildung und Erziehung auch für unerfahrene Hundeführer leicht.

FCI-Gruppe 7

Griffon d'arrêt à poil dur Korthals

7

Ursprungsland
Frankreich

Anderer Name
Französischer Rauhaariger Vorstehhund, Griffon Korthals

Widerristhöhe
Rüde: 55 bis 60 cm
Hündin: 50 bis 55 cm

Farbe
Braun, stahlgrau mit braunen Abzeichen, schimmelbraun, weiß mit braun oder orange

Haarkleid
Grob, rau, harsch, reichlich, glatt

Spinone Italiano

7

Ursprungsland
Italien

Anderer Name
Italienischer Rauhaariger Vorstehhund, Spinone

Widerristhöhe
Rüde: 60 bis 70 cm
Hündin: 58 bis 65 cm

Farbe
Weiß, weiß mit orange gefleckt oder gesprenkelt, weiß-braun, braunschimmel

Haarkleid
Drahtig, steif, dicht, bei einer Länge von 4 bis 6 cm

Schon auf Abbildungen aus dem 16. Jahrhundert sind Hunde dargestellt, die große Ähnlichkeit mit dem heutigen Spinone Italiano aufweisen. Es ist eine sehr alte Rasse echt italienischer Herkunft; auf Grund seines rauen Haars liegt die Vermutung nahe, dass der Spinone mit französischen Griffons verwandt ist. Anfang des 19. Jahrhunderts gab es Spinone-Stämme, die recht unterschiedlich waren. Und es herrschte auch keine Einigkeit darüber, wie der Spinone letztendlich aussehen sollte. Ab 1887 wurden etliche Standards erstellt und häufig überarbeitet. 1944 endlich wurde ein bereits 1939 von Dr. Solaro verfasster Standard offiziell anerkannt. Nun folgte die schrittweise Vereinheitlung des Typs. Entscheidend verbessert wurde die Rasse erst zwischen 1950 und 1960 mit der Gründung des „Club Italiano Spinoni“, wobei die Züchter auch großen Wert auf die Erhaltung der Gebrauchstüchtigkeit ihrer Hunde legten. Der Spinone ist ein vielseitiger Jagdhund für jedes Gelände geblieben; er hat daneben auch einen zuverlässigen Wach- und Schutztrieb. In seinem Ursprungsland ist er beliebt als Jagd-, aber auch als Haus- und Ausstellungshund; letzteres gilt auch für andere europäische Länder und die USA.

Charakter: Der Spinone ist ruhig und ausdauernd, er ist intelligent und umgänglich, in der Familie freundlich, liebevoll und geduldig.

Erziehung: Er ist leichtführig und gelehrig, manchmal etwas eigensinnig, und sollte konsequent, aber einfühlsam erzogen werden.

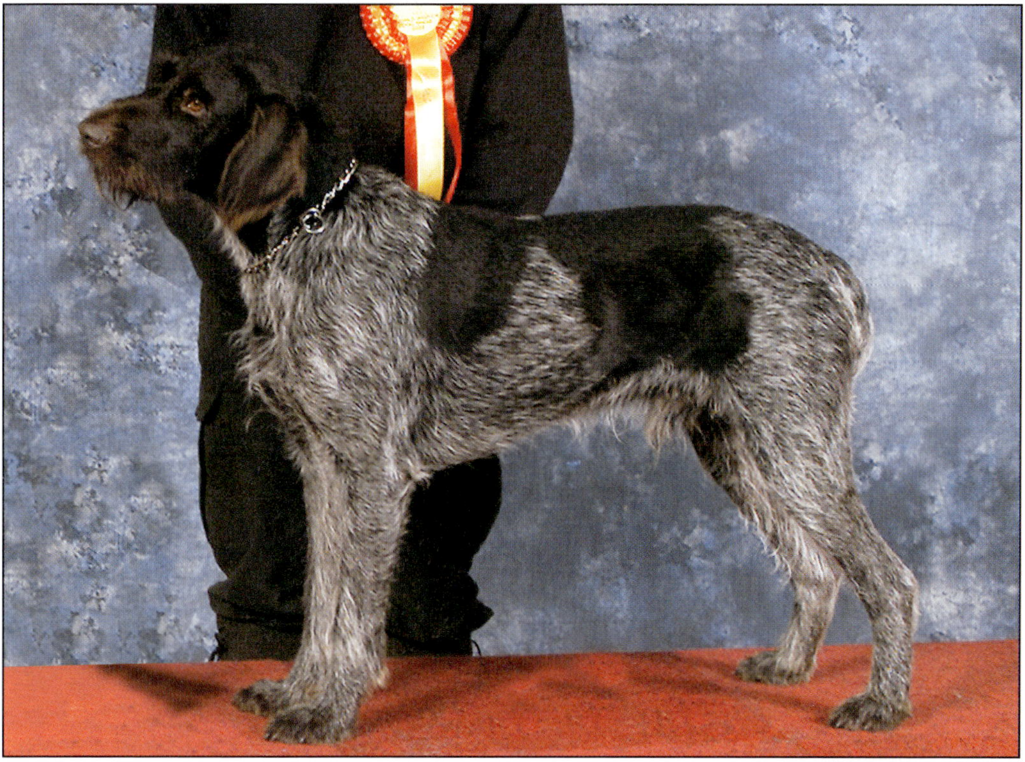

Erste schriftliche Hinweise auf einen böhmischen Jagdhund stammen aus dem 14. Jahrhundert. Es ist aber nicht zu erkennen, ob es sich um Vorsteh- oder Laufhunde handelte. Später wurden diese Jagdhunde in mehreren Dokumenten als „Böhmisch Raubart" bezeichnet (dies ist auch heute noch ihre offizielle deutsche Bezeichnung). Eine erste eindeutige Beschreibung des Böhmischen drahthaarigen Vorstehhundes datiert aus dem Jahr 1882, dennoch darf angenommen werden, dass in Böhmen schon weit früher ein Vorstehhund existierte, der aber wegen der politischen Wirren erst spät in der offiziellen Kynologie auftauchte. In der zweiten Hälfte des 19. Jahrhunderts bis zum Beginn des ersten Weltkrieges war die Rasse in ihrem Ursprungsland sehr beliebt, verschwand dann aber während des Krieges fast völlig. In den 1930er Jahren machten sich einige engagierte Jagdkynologen daran, die Rasse wieder aufleben zu lassen; sie sammelten die noch vorhandenen Exemplare und stellten ein strenges, auf Gebrauchstüchtigkeit ausgerichtetes Zuchtprogramm auf. Heute steht der Böhmische Raubart in seinem Heimatland in der Beliebtheitsskala der Jagdhundrassen weit vorn.

Charakter: Der Böhmische Raubart ist in erster Linie ein wasserfreudiger, gern apportierender, raubzeugscharfer Arbeitshund, der in die Hand des Jägers gehört. Er ist sehr anhänglich.

Erziehung: Dieser intelligente, gehorsame Hund ist leichtführig, gut auszubilden und zu erziehen.

FCI-Gruppe 7

7

Cesky Fousek

Ursprungsland
Tschechien

Anderer Name
Böhmischer Raubart

Widerristhöhe
Rüde: 60 bis 66 cm
Hündin: 58 bis 62 cm

Farbe
Braun, dunkel schimmel mit oder ohne braune Platten, weiß oder grau mit braunen Abzeichen und Stichelung

Haarkleid
Drahtig, dicht, gerade und etwa 3 bis 7 cm lange Borsten

Slowakischer Raubart

7

Ursprungsland
Slowakei

Anderer Name
Rauhaarige Slowakische Bracke, Slovakischer Raubart

Widerristhöhe
Rüde: 62 bis 68 cm
Hündin: 57 bis 64 cm

Farbe
Grau, grau-hellbraun, rotschimmel

Haarkleid
Rau, gerade und anliegend, Länge etwa 4 cm

Diese Rasse, deren Bezeichnung auf Deutsch Slovakischer Raubart lautet, ist eng verwandt mit dem Böhmischen Raubart (Cesky Fousek), aus dem sie hervorgegangen ist. Im Jahr 1951 fiel in einem Wurf Cesky Fousek ein aschgrauer Rüde, der später mit einer vermutlich drahthaarigen Weimaraner-Hündin verpaart wurde. Drahthaarige Weimaraner waren und sind nicht anerkannt, sie kamen aber – wenn auch selten und nur in der Tschechoslowakei – vor und waren sehr leistungsfähige Jagdhunde. Auch bei anderen Züchtern fielen solche Welpen; diese bildeten die Basis für den Aufbau der Zucht des Slovakischen Raubarts. Bis 1975 wurden die grauen Welpen als rauhaarige Weimaraner in das Zuchtbuch dieser Rasse eingetragen; weil keine Aussicht auf Anerkennung bestand, beschlossen die slowakischen Züchter, sie als eigene Rasse weiterzuentwickeln. Hierdurch ergab sich auch die Möglichkeit, die nicht grauen Hunde, die immer wieder in den Würfen fielen, in die Zucht einzubeziehen. In ihrer Heimat sind diese Hunde als gute Jagdhelfer beliebt, im Ausland trifft man sie nur vereinzelt an.

Charakter: Ein vornehmlich für die Jagd gezüchteter Hund mit vielseitigen Anlagen, der sich im Jagdeinsatz am wohlsten fühlt und bei entsprechender Auslastung ein angenehmer Hund in der Familie seines Führers ist.

Erziehung: Sein angeborener Gehorsam und seine Gelehrigkeit machen seine Ausbildung und Erziehung leicht.

Im 17. Jahrhundert waren Vorstehhunde in ganz Europa verbreitet; zu diesen gehören auch die Vorfahren des englischen Pointers: Französische, italienische und vor allem iberische Vorstehhunde, die nach England gelangten. Hier wurden sie gezielt von den englischen Adligen weiterentwickelt. Die Vorstehhunde des Kontinents hatten gute Nasen und standen gut vor, waren aber recht langsam und schwerfällig. Durch das Einkreuzen von Foxhounds und vielleicht auch Greyhounds entstand mit der Zeit der auch heute noch als Vorstehhund par excellence geltende English Pointer. Besonders Mr. William Arkwright soll Ende des 19. Jahrhunderts großen Anteil daran gehabt haben. Der Pointer wurde auf dem Kontinent immer wieder zur Veredlung der dortigen Vorstehhunde eingesetzt. Wie sein Name sagt (*to point out* = hinweisen auf, aufmerksam machen auf) zeigt der Pointer auf der Jagd durch seine typische Haltung das Vorhandensein von Federwild an – er sucht schnell das Gelände ab und bleibt bei entsprechender Witterung wie erstarrt stehen, bis der Jäger nahe genug herangekommen ist. Besonders ausdauernd ist er bei Wärme, er ist aber kein ausgesprochener Wasserhund.

Charakter: Der Pointer ist ein schneller, temperamentvoller, nerviger, auch mit Artgenossen umgänglicher Jagdhund, der bei entsprechender Auslastung in seiner Familie ruhig und liebevoll ist.

Erziehung: Der Pointer sollte mit liebevoller Konsequenz ausgebildet und erzogen werden.

FCI-Gruppe 7

Pointer 7

Ursprungsland
Großbritannien

Widerristhöhe
Rüde: 63 bis 69 cm
Hündin: 61 bis 66 cm

Farbe
Schwarz-weiß, leberbraun mit weiß, zitronengelb mit weiß und orange mit weiß

Haarkleid
Kurz, fest, fein, glatt, gerade und glänzend

FCI-Gruppe 7

English Setter

Ursprungsland
Großbritannien

Anderer Name
Laverack Setter

Widerristhöhe
Rüde: 65 bis 68 cm
Hündin: 61 bis 65 cm

Farbe
Schwarz-weiß, orange-weiß, gelb-weiß und braun-weiß oder tricolour, nämlich schwarz, weiß und braun

Haarkleid
Lang, seidig, leicht gewellt, aber nicht gelockt, Fransen an den Läufen

Der Englische Setter geht unmittelbar auf die frühen Vogelhunde zurück, die als die Vorfahren vieler Spaniels und Setter gelten. Die Bezeichnung "Setter" ist von dem Stil abgeleitet, in dem diese Hunde ursprünglich arbeiteten: Sie zeigten an, daß ein Vogel in der Nähe war, indem sie geduckt auf ihn zukrochen, so dass der Jäger ihn mit dem Netz fangen konnte. Die Entwicklung des modernen Setters ist das Verdienst von Sir Edward Laverack, der 1825 mit der systematischen Zucht begann und diese sorgfältig dokumentierte. Er züchtete über fast 50 Jahre die Rasse – angeblich – ohne Zufuhr fremden Blutes und festigte so einen sehr einheitlichen Typ. 1875 schrieb er das erste Buch über die Rasse und stellte einen ersten Rassestandard auf, der in den Grundzügen noch heute gilt. Schon sehr früh – noch vor der Gründung des Englischen Kennel Clubs! – wurde der Setter auf beiden Seiten des Atlantiks äußerst beliebt, zunehmend auch als Ausstellungshund. Er war eine der ersten Rassen, die offiziell anerkannt wurde. Der Setter ist ein vielseitiger Jagdhund, der sich in der gesamten Feldarbeit und im Wasser bewährt.

Charakter: Der English Setter ist bewegungsfreudig und temperamentvoll. Er muss – vorzugsweise auf der Jagd – beschäftigt werden. Dabei ist er ein liebenswerter Haus- und Familienhund.

Erziehung: Sein Temperament muß mit liebevoller, konsequenter Erziehung, jedoch ohne harte Behandlung, in die richtigen Bahnen gelenkt werden.

Dieser Setter erhielt seinen Namen vom Duke of Gordon, der in der zweiten Hälfte des 18. Jahrhunderts in Banffshire einen schwarzroten Stamm von Settern züchtete, die sich besonders für die schottischen Jagdverhältnisse eigneten. Sie waren ausdauernder, langsamer und weniger elegant als andere Setter, aber in ihrer Arbeitsweise absolut sicher und zuverlässig. In den Anfängen hatten diese Hunde, da sie wie alle Setter von den gleichen „Setting Spaniels" abstammten, häufig viel Weiß, mit der Zeit jedoch wurde nur die schwarz-rote Farbe als rasserein angesehen, und so verschwanden die anderen Farben. Die eigentliche Stabilisierung der Rasse begann erst 1837 nach Gordons Tod, und häufiger gesehen auch auf Ausstellungen wurde sie in den 1860er Jahren. Der Aufschwung währte jedoch nur kurz; 1910 wurden Gordon Setter nur noch selten auf Gebrauchsprüfungen geführt. Anfang der 1930er Jahre erwachte neues Interesse an der Rasse, die Züchter konzentrierten sich vorwiegend auf die Schönheitsmerkmale des Hundes. Heute versuchen Züchter auf beiden Seiten des Atlantiks, die Rasse mit allen ursprünglichen Anlagen zu erhalten.

Charakter: Der Gordon Setter ist mutig, offen und gelassen – er ist sehr auf seinen Herrn bezogen und Fremden gegenüber eher zurückhaltend; ein guter Familienhund, wenn er genug Bewegung hat.

Erziehung: Dieser selbstbewußte Hund braucht eine konsequente, ruhige Erziehung, damit seine Jagdpassion unter Kontrolle ist.

FCI-Gruppe 7

Gordon Setter

7

Ursprungsland
Großbritannnien

Anderer Name
Schottischer Setter

Widerristhöhe
Rüde: etwa 66 cm
Hündin: etwa 62 cm

Farbe
Kohlschwarz mit roten Brandabzeichen

Haarkleid
Mittellang, Fransen an der Rückseite der Läufe und am Bauch, kurz und fein am Kopf und an der Vorderseite der Läufe

FCI-Gruppe 7

Irish Red Setter

7

Ursprungsland
Irland

Widerristhöhe
Rüde: 57 bis 70 cm
Hündin: 54 bis 67 cm

Farbe
Mahagonirot ohne schwarz

Haarkleid
Weder gelockt noch gewellt, lang, seidig und fein, am Bauch Fransen, am Kopf kurz, pflegeintensiv

Der Irische Rote Setter entstand aus dem Rot-Weißen Setter und unbekannten, einfarbig roten Hunden. Er war in seinem Typ schon im 18. Jahrhundert recht gefestigt. Es ist nicht auszuschließen, dass ein Zusammenhang zwischen dem Epagneul Breton und den Irischen Settern besteht, da sowohl die Bretonen als auch die Iren auf die seinerzeit in ganz Westeuropa präsenten keltischen Stämme zurückgehen. Offiziell erstmals erwähnt wurden die Setter Irlands 1803 in der Zeitschrift *Veteran Sportsman*. Im Jahr 1882 wurde der Irish Red Setter Club gegründet, der 1886 den Rassestandard herausgab und Ausstellungen, aber auch Gebrauchsprüfungen organisierte. Der rote Setter ist ein vielseitiger Vorstehhund, der auch vorliegt. Er leistet Wasserarbeit und eignet sich für die Nachsuche, dazu ist er ein guter Apporteur. Auf Grund seines attraktiven Aussehens und seines unbekümmerten Wesens wurde der Irish Red Setter in vielen Ländern immer mehr zum reinen Ausstellungshund, dadurch sind bei manchen Hunden die jagdlichen Anlagen weitgehend verschwunden. Ernsthafte Züchter versuchen, ihre Hunde sowohl schön als auch leistungsfähig zu züchten – und das mit Erfolg.

Charakter: Der Rote Setter ist ein energiegeladener, temperamentvoller, eifriger Hund, der beschäftigt werden will; er ist in der Familie liebevoll, fröhlich und ergeben.

Erziehung: Dieser temperamentvolle Hund muss mit liebevoller Konsequenz erzogen werden, was nicht immer leicht ist.

Der Irische Rot-Weiße Setter ist mit Sicherheit die ältere der beiden irischen Setterrassen, denn die alten Vogelhunde, die vom Kontinent nach Irland kamen, waren keinesfalls einfarbig. Dies belegen die alten Darstellungen, auf denen ausschließlich rot-weiße Jagdhunde mit langem Haar zu sehen sind. Diese Setter entstanden vermutlich schon gegen Ende des 17. Jahrhunderts. Im 18. Jahrhundert züchtete Lord Rossmore in Monaghan rot-weiße Setter, die als „Rossmore Setter" bekannt wurden. Als Mitte des 19. Jahrhunderts irische Setter auf Ausstellungen erschienen, herrschte Unklarheit über die korrekte Farbe. Ende des 19. Jahrhunderts hatte der Irische Rote Setter den rot-weißen fast völlig verdrängt; um 1920 galt dieser als ausgestorben. Doch einzelne Zwinger erhielten die alte, ursprüngliche Farbe in ihrer Zucht aufrecht. Der Irische Kennel Club registrierte beide Farbvarietäten als gleichwertig und erlaubte den Züchtern das Kreuzen. 1944 hatte sich die Rasse so weit erholt, dass ein Klub gegründet wurde, 1989 wurde die Rasse auch international offiziell anerkannt. Viele Irische Rot-Weiße Setter sind heute sowohl auf Arbeitsprüfungen als auch im Ausstellungsring erfolgreich, zunehmend auch außerhalb ihres Ursprungslandes.

Charakter: Dies ist ein mutiger, energiegeladener, zuverlässiger Jagdhund, ein freundlicher, liebenswürdiger Familienhund.

Erziehung: Er ist intelligent und folgsam und mit liebevoller Konsequenz leicht zu erziehen.

FCI-Gruppe 7

7

Irish Red and White Setter

Ursprungsland
Irland

Widerristhöhe
Rüde: 62 bis 66 cm
Hündin: 57 bis 61 cm

Farbe
Weiß mit gut abgegrenzten rotbraunen Platten

Haarkleid
Weder gelockt noch gewellt, lang, seidig und fein, am Bauch Fransen, am Kopf kurz, pflegeintensiv

Einleitung FCI-Gruppe 8

Apportierhunde, Stöberhunde, Wasserhunde

Schon die Überschrift dieser Gruppe zeigt, in welche Sektionen ihre Rassen eingeteilt sind: die Sektion der Apportierhunde (Retriever), die der Stöberhunde (Spaniels und Deutscher Wachtelhund) und die der Wasserhunde. Dies ergibt sich aus der Verwendung der Rassen, wobei die Übergänge fließend sind – auch Retriever leisten gute Wasserarbeit, auch Wasserhund-Rassen und Spaniels zeigen ein hervorragendes Apportiervermögen. Aufgabe der Retriever ist, geschossenes Wild zu finden und zum Jäger zu bringen – auf dem Feld oder im Wasser. Wichtig sind hierfür eine gute Nase, Wasserliebe, Apportierfreude, Bringtreue und ein dichtes, doppeltes Haarkleid; der Jagdtrieb ist wenig ausgebildet. Ihren Ursprung haben die Retriever auf den Britischen Inseln: Auch abgerichtete Pointer und Setter standen nicht sicher vor oder waren wasserscheu – deshalb kreuzte man Pudel, Neufundländer und Hunde aus Labrador mit natürlichem Apportierverhalten ein. Wahrscheinlich gehen alle Retriever auf solche Hunde zurück, die in der ersten Hälfte des 19. Jahrhunderts nach England gebracht wurden. Vermutlich gab es zwei Typen: den großen langhaarigen Neufundländer, der auch als Zughund diente, und den kleinen Labradorhund, der von den Fischern zum Apportieren aus dem Wasser abgerichtet wurde. Diese Direktimporte endeten 1885 abrupt, als in Neufundland ein Gesetz die Hundehaltung fast unmöglich machte, und wurden durch die 1895 in England eingeführte Quarantäne völlig unterbunden. Die englischen Züchter waren gezwungen, aus den vorhandenen Hunden ihre Rassen reinzuzüchten – was sie mit Erfolg taten. Stöberhunde wurden schon im frühen Mittelalter bei der Greifvogeljagd eingesetzt; später halfen Sie dem Jäger, das Federwild in Netze zu treiben. Sie waren vorwiegend spanielartig und langhaarig und dienten auch zur Erzüchtung langhaariger Vorstehhunde, die sich gleichzeitig mit verschiedenen Spaniels in England aus ihnen entwickelten. Noch Ende des 18. Jahrhunderts wurden Setter als große Spaniels bezeichnet. Es ist übrigens wohl ein Irrglaube, die Bezeichnung „Spaniel“ deute auf die Herkunft dieser Rassen aus Spanien hin: In Spanien selbst gibt es keine Rasse, die einem Spaniel ähnelt, und auch keine Hinweise auf die frühere Existenz einer solchen; außerdem stehen spanielartige Stöberhunde offensichtlich in engem Zusammenhang mit den Kelten, denn es gibt Hinweise darauf, dass sie überall dort vorkamen, wo sich die Kelten auf ihren Wanderungen niedergelassen hatten: in Frankreich, Süddeutschland, den Niederlanden, Irland und Schottland. Aufgabe des Stöberhundes ist es, in unübersichtlichem Gelände auch außerhalb der Kontrolle des Jägers nach Wild zu suchen, es lautgebend zu verfolgen, dem Jäger zuzutreiben und nach dem Schuss zu apportieren. Die Herkunft der Wasserhunde liegt weitgehend im Dunkeln, möglicherweise sind sie mit zottigen Schäferhunden verwandt, die ursprünglich aus dem Orient kamen und mit Jagdhunden gepaart wurden. Schon sehr früh existierten Wasserhunde rund um das Mittelmeer und in Europa; sie waren spezialisiert auf die Uferjagd und nützliche Helfer der Fischer auf den Booten. Typisch für die Wasserhunde ist ihr zottiges, gelocktes oder geschnürtes Haar; schon im 16. Jahrhundert war es üblich, dieses Haar teilweise zu scheren: Nasses Haar ist schwer und macht das Schwimmen mühsam, nur an Rippen und Gelenken blieb das Haar als Schutz stehen – Ursprung der heute noch üblichen traditionellen Pudelschur.

Diese kleinste Retriever-Rasse, kurz „Toller" genannt, entstand Anfang des 19. Jahrhunderts in Neuschottland (Nova Scotia) im Süden Kanadas. Dort rastete Wassergeflügel auf seinen Zügen. Schon seit Jahrhunderten beobachteten die Ureinwohner, wie die kanadischen Füchse versuchten, Enten zu fangen: Sie liefen schwanzwedelnd am Ufer entlang und lockten die neugierig gewordenen Vögel so nahe heran, dass sie sie fangen konnten. Ebenso arbeiten die Nova Scotia Duck Tolling Retriever, zu deren Vorfahren neben rotbraunen Indianerhunden vermutlich verschiedene andere Retrieverrassen, Cocker Spaniels, Setter und kleine Collies gehörten. Bei der Entenjagd versteckt sich der Jäger im Ufergebüsch und ermuntert seinen Hund, lautlos am Ufer zu spielen und herum zu tollen. Dieser ist unermüdlich in Bewegung, wobei seine buschige, hoch getragene Rute ständig wedelt. Sobald die neugierigen Wasservögel nahe genug sind, kommt der Hund auf Zuruf ins Versteck, der Jäger taucht auf und schießt die Enten, wenn sie auffliegen; sie werden umgehend mit Begeisterung vom Toller apportiert. 1982 wurde die Rasse anerkannt. Sie wird heute auch in Europa als Familienhund immer beliebter.

Charakter: Der Toller ist ein aktiver, sehr verspielter Hund, der viel Bewegung benötigt. Er ist unkompliziert und eignet sich für Familien auch mit Kindern.

Erziehung: Intelligenz und Gehorsam machen den Toller zum leicht erziehbaren Hund für Anfänger.

FCI-Gruppe 8

8

Nova Scotia Duck Tolling Retriever

Ursprungsland
Kanada

Widerristhöhe
Rüde: 49 bis 55 cm
Hündin: 43 bis 49 cm

Farbe
Rot mit weißen Abzeichen

Haarkleid
Halblang, leicht gewellt, etwas fett, wasserundurchlässig und pflegeleicht

FCI-Gruppe 8

Curly Coated Retriever

8

Ursprungsland
Großbritannien

Widerristhöhe
Rüde: 68,5 cm
Hündin: 63,5 cm

Farbe
Schwarz oder leberbraun

Haarkleid
Zahlreiche kleine Locken am ganzen Körper

Der Curly Coated Retriever ist der größte und wohl auch der älteste Retriever. Schon auf Darstellungen aus dem 18. Jahrhundert findet man in Jagdszenen Hunde dieses Typs. Bereits Anfang des 19. Jahrhunderts, also noch bevor es Aufzeichnungen über Rassehundezucht gab, war die Rasse in ihrem Typ gefestigt; dies ist der Grund, warum es kein gesichertes Wissen über die an ihrer Entstehung beteiligten Rassen gibt. Man vermutet, dass alte Waterspaniels, Vorläufer von Retrievern, vielleicht sogar Pointer, mit Sicherheit später Pudel ihren Beitrag zu dieser Rasse geleistet haben. In der zweiten Hälfte des 19. Jahrhunderts wurde der Curly Coated in England ein beliebter Jagdhund zum Apportieren von Wild, insbesondere von Wasserwild – sein dicht gelocktes Fell schützt vor Nässe, Kälte und im Gestrüpp vor Dornen. Die Hunde mussten einen ausgeprägten Schutztrieb haben, da sie häufig von Jagdaufsehern, die gegen Wilderei ankämpften, gehalten wurde. Das Interesse an der Rasse ging im 20. Jahrhundert zurück, dennoch hat sie auf der ganzen Welt treue Anhänger; besonderer Beliebtheit erfreut sie sich in Australien und Neuseeland.

Charakter: Dies ist ein robuster, eigensinniger, mutiger, wachsamer Hund, Fremden gegenüber zurückhaltend, aber sehr liebevoll zu seiner Familie. Er braucht sehr viel Beschäftigung.

Erziehung: Dieser selbstbewusste Hund muss von Anfang an konsequent, geduldig und liebevoll erzogen werden.

Ursprungsland des Flat Coated Retrievers ist England, wo die Rasse in der zweiten Hälfte des 19. Jahrhunderts bei den Jägern ein beliebter Stöber- und Apportierhund war – auf Grund seines feinen Haares ist er vor allem für die Arbeit im offenen Gelände geeignet. An seiner Entstehung waren kleinere Hunde vom Neufundländertyp, die aus der neuen Welt mit englischen Seeleuten auf die Insel gekommen waren, maßgeblich beteiligt. Man kreuzte sie mit Labrador Retrievern, Settern (zur Verbesserung der Nase und zur Verfeinerung des Typs) und mit Collies (für eine bessere Arbeitsfähigkeit und glatteres Haar). Große Verdienste bei der Festigung des Rassetyps hatte Mr. S. E. Shirley, der 1873 Mitbegründer des Kennel Clubs war. Seit er mit der Zucht des Flat Coated Retrievers begann, hat sich die Rasse nicht mehr wesentlich verändert. Zu jener Zeit war sie sowohl als Jagd- als auch als Ausstellungshund sehr beliebt; nach dem ersten Weltkrieg wurde sie in ihrer Popularität von Goldens und Labradors verdrängt. Dennoch erfreut sich der Flat Coated heute auch außerhalb seines Ursprungslandes einiger Beliebtheit.

Charakter: Dieser Retriever ist freundlich, sensibel und in seiner Familie liebevoll und geduldig, besonders mit den Kindern. Er ist wachsam, temperamentvoll und sehr aktiv; er braucht viel Beschäftigung und eignet sich für viele Arten der Ausbildung.

Erziehung: Seine Lernfreudigkeit und seine Leichtführigkeit machen ihn leicht erziehbar.

FCI-Gruppe 8

Flat Coated Retriever

8

Ursprungsland
Großbritannien

Widerristhöhe
Rüde: 58 bis 61 cm
Hündin: 56 bis 59 cm

Farbe
Schwarz oder leberbraun

Haarkleid
Dicht und fein

FCI-Gruppe 8

8

Labrador Retriever

Ursprungsland
Großbritannien

Anderer Name
Golden Flat-Coat, Gelber Retriever

Widerristhöhe
Rüde: 56 bis 61 cm
Hündin: 51 bis 56 cm

Farbe
Gold oder cremefarben, nie rot

Haarkleid
Glatt oder gewellt, schöne Fransen

Als Ursprungsland des Labrador Retrievers gilt zwar England, aber es ist erwiesen, dass seine Vorläufer Anfang des 19. Jahrhunderts von englischen Fischern aus Kanada nach England gebracht wurden. Schon seit dem 17. Jahrhundert setzten Jäger und Fischer in Kanada Wasserhunde ein, aus denen sich die heutigen Rassen Neufundländer und Landseer sowie Labrador, Flat Coated und Chesapeake Bay Retriever entwickelten. Allen gemeinsam ist die angeborene Wasserliebe und die Apportierfreudigkeit. Mit den Hunden vom Labrador-Typ wurde in England systematisch weitergezüchtet. Spätere Importe aus Kanada wurden durch die strengen englischen Quarantänebestimmungen nahezu unmöglich. Um die Zuchtbasis breit zu halten, fanden Einkreuzungen von anderen englischen Jagdhunderassen statt – u. a. von Flat Coated und Curly Coated Retrievern und Waterspaniels. Insofern ist England tatsächlich das Entwicklungsland des modernen Labrador Retrievers. Wegen seiner Vielseitig-

keit gehört der Labrador seit dem Beginn des 20. Jahrhunderts zu den beliebtesten Rassen der Welt – sowohl als Familien- und Ausstellungshund als auch als Jagd-, Blinden-, Rauschgiftsuch-, Rettungs- und Lawinenhund.

Charakter: Der Labrador ist fröhlich, anhänglich, wachsam, aktiv, anpassungsfähig – ein idealer Familienhund und geduldiger Spielkamerad für Kinder.

Erziehung: Er ist gehorsam und leicht zu erziehen – ein Hund auch für Anfänger.

FCI-Gruppe 8

8

Golden Retriever

Ursprungsland
Großbritannien

Anderer Name
Golden Flat-Coat, Gelber Retriever

Widerristhöhe
Rüde: 56 bis 61 cm
Hündin: 51 bis 56 cm

Farbe
Gold oder cremefarben, nie rot

Haarkleid
Glatt oder gewellt, schöne Fransen

Über die Entstehung des Golden Retrievers in der zweiten Hälfte des 19. Jahrhunderts gibt es fundierte Informationen, da Lord Tweedmouth, der als der Schöpfer der Rasse anzusehen ist, sorgfältige Aufzeichnungen über seine Zucht hinterließ. Ausgangsrassen waren Wasserhunde vom Labradortyp, bei denen die gelbe Farbe immer wieder vorkam. Für diese Farbe hatte Lord Tweedmouth eine Vorliebe; er erwarb einen Flat Coated Retriever, den er mit hell-leberfarbenen Waterspaniel-Hündinnen paarte. Die Nachkommen wurden mit roten Settern und sandfarbenen Bloodhounds, gelegentlich auch mit gelben Labradors und anderen Retrievertypen mit längerem Haar gekreuzt. Durch systematische Linienzucht entstand die Rasse, die jeder heute als Golden Retriever kennt. Bis 1913 wurde die Rasse als goldene Flat Coats registriert, bis sie 1920 ihren endgültigen Namen erhielt. Der Golden ist gegenwärtig weltweit einer der populärsten Hunde; er erfreut sich größter Beliebtheit vornehmlich als Haus-, Familien- und Ausstellungshund. Dennoch werden Golden Retriever immer noch als Jagd- und Apportierhunde geführt, zudem eignen sie sich sehr gut u. a. als Blindenhunde und für Breitensport und Gehorsamsübungen.

Charakter: Der Golden ist ein liebevoller, kinderfreundlicher Familienhund; er ist gelassen, dennoch bewegungsfreudig und aktiv.

Erziehung: Seine Intelligenz und Lernfreudigkeit machen den Golden zum leicht erziehbaren Hund auch für Anfänger.

Die Chesapeake Bay in den USA war schon zu Zeiten der ersten Siedler ein bekanntes Jagdrevier für Enten. Von Beginn an wurden hier Retriever als Jagdhelfer benötigt. Der Chesapeake Bay Retriever entstand im 19. Jahrhundert. Eine Geschichte besagt, dass 1807 ein englisches Schiff an der Küste von Maryland strandete. Auf dem Wrack fand man zwei Hunde: einen schwarzen Rüden und eine rote Hündin vermutlich vom Typ kleiner Neufundländer, die in Amerika blieben und durch Verpaarungen mit einheimischen Jagdhunden, Water Spaniels, Curly Coated Retrievern und möglicherweise sogar Wetterhouns den Chesapeake Bay Retriever entstehen ließen. Diese Rasse wird wegen ihrer Robustheit und Unempfindlichkeit beim Apportieren der Enten selbst aus eisigstem, rauem Salzwasser fast ausschließlich von Jägern gehalten. Hierfür ist das ganz besondere Haar dieser Hunde ideal: Es ist dicht, hart und ölig, so dass optimaler Schutz gegen Kälte und Nässe gewährleistet ist. Der Chesapeake Bay Retriever ist ein Hund, der mit Begeisterung arbeitet; er ist auf Ausstellungen in Europa recht selten.

Charakter: Dieser Retriever ist ein Arbeitshund, der viel Beschäftigung und Auslauf benötigt. Er ist unabhängig, mutig und wachsam und gilt als dickköpfig. In seiner Familie ist er treu und anhänglich, auch gut zu Kindern. Familienanschluss ist ein Muss!

Erziehung: Er benötigt eine feste, konsequente Erziehung mit viel Einfühlungsvermögen.

FCI-Gruppe 8

Chesapeake Bay Retriever

8

Ursprungsland
USA

Widerristhöhe
Rüde: 58 bis 66 cm
Hündin: 53 bis 61 cm

Farbe
Dunkelbraun bis blaßrotbraun und wie „totes“ Gras

Haarkleid
Kurz (unter 3,7 cm) und dicht, das fettige Haarkleid und die entsprechende Unterwolle sind praktisch undurchlässig für Wasser

FCI-Gruppe 8

Deutscher Wachtelhund

8

Ursprungsland
Deutschland

Widerristhöhe
Rüde: 48 bis 54 cm
Hündin: 45 bis 51 cm

Farbe
Einfarbig dunkelbraun mit oder ohne weiße oder rote Abzeichen, fuchsrot oder rehrot, Braunschimmel, Schecken: braungesprenkelt auf weißen Grund, tricolour: Schimmel, Sprenkelung, Schecken mit roten Flecken

Haarkleid
Lang, dicht und gewellt

In der jagdlichen Literatur finden sich schlüssige Hinweise darauf, dass es schon seit Jahrhunderten Stöberhunde – und zu diesen zählt der Deutsche Wachtelhund eindeutig – gegeben hat, die ihm ähnlich waren – sie waren klein bis mittelgroß und langhaarig, Nachfahren der mittelalterlichen Vogelhunde. Stöberhunde hatten die Aufgabe, bei der Jagd mit Greifvögeln das Flugwild aufzustöbern; sie waren sozusagen die Vorstufe der Vorstehhunde. Mit dem Niedergang der Falkenjagd verlor der Vogelhund weitgehend sein Arbeitsgebiet, die Jäger bevorzugten die echten Vorstehhunde. Der Niedergang der Hochwildjagd und die steigende Bedeutung der Niederwildjagd weckten das Bedürfnis nach einem lautjagenden Stöberhund wieder auf, und dies führte zum Neubeginn der Zucht des alten Wachtelhundes. Zur stammbuchmäßigen Zucht kam es um die Wende vom 19. zum 20. Jahrhundert. Gezielte, sehr enge Inzucht einiger engagierter Züchter führte dazu, dass die Rasse wiedererstand – wichtiges Kriterium bei der Auswahl der Zuchttiere war, dass sie alle auch hervorragende Arbeitshunde sein mussten. Dieses Prinzip ist heute noch gültig, und jeder Deutsche Wachtelhund gehört unbedingt in Jägerhand.

Charakter: Die Hunde sind lebhaft und voller Jagdpassion, anpassungsfähig, weder ängstlich noch aggressiv, voller Arbeitseifer.

Erziehung: Sie gehört in die Hand erfahrener Jäger, die ihn wegen seiner Gelehrigkeit leicht zum Jagdhelfer ausbilden können.

Der Clumber Spaniel unterscheidet sich äußerlich deutlich von den übrigen Spanielrassen; er ist schwerer, langsamer und bedächtiger – idealer Begleiter für den Jäger, der seiner Beschäftigung zu Fuß nachgeht. Sein Typ wurde vor über einem Jahrhundert vom Duke of Newcastle in Nottingham bevorzugt, dessen Landsitz „Clumber Park" die Rasse ihren Namen verdankt. Eine Theorie über die Entstehung der Rasse besagt, dass sie von einem französischen Adeligen für seinen eigenen Gebrauch erzüchtet wurde, der hierfür Bassets, möglicherweise auch Bluthunde und europäische Spaniels verwandte und seine Hunde zur Zeit der französischen Revolution nach England brachte. Der Duke of Newcastle setzte die Zucht mit diesen Hunden fort; sie wurden zu den bevorzugten Spaniels im englischen Königshaus. Prinz Albert, Gemahl von Queen Victoria, hatte Clumber Spaniels, und sein Sohn Edward VII. züchtete die Rasse in den Zwingern von Sandringham. Clumber Spaniels sind trotz ihrer Schwere beweglich und ausdauernd. Sie bewegen sich langsam auch in dichtestem Unterholz und haben eine hervorragende Nase und gute Apportiereigenschaften. Trotz ihrer vornehmen Geschichte sind Clumbers ziemlich selten.

Charakter: Er ist ruhig, bedächtig, freundlich, intelligent und würdevoll; durchaus für die Haltung in Haus und Familie geeignet, zu Fremden eher zurückhaltend.

Erziehung: Die Rasse ist mit liebevoller Konsequenz unproblematisch zu erziehen.

FCI-Gruppe 8

8

Clumber Spaniel

Ursprungsland
Großbritannien

Widerristhöhe
Rüde: etwa 48 cm
Hündin: etwa 46 cm

Farbe
Weiß mit zitronengelben und orangefarbenen Flecken

Haarkleid
Üppiges, dichtes, seidiges und glattes Fell, Fransen an den Läufen und an der Brust

FCI-Gruppe 8

English Cocker Spaniel

8

Ursprungsland
Großbritannien

Widerristhöhe
Rüde: 39 bis 41 cm
Hündin: 38 bis 39 cm

Farbe
Verschiedene

Haarkleid
Glatt, seidig, nie drahtig, gewellt oder gelockt, Fransen an den Läufen und am Körper

Die Bezeichnung „Spaniel" leitet sich von dem alten Wort für Spanien, „Hispania" ab. Der englische Cocker Spaniel ist eine der ältesten bekannten Rassen und geht auf spanische Vogelhunde zurück. Schon im 14. Jahrhundert waren solche Vogelhunde in ganz Europa bekannt, sie mussten bei der Falkenjagd die Vögel aufscheuchen, damit der Greifvogel sie fangen konnte. Später hatten sie die gleiche Aufgabe zunächst bei der Jagd mit Netzen, dann bei der mit der Flinte. Den Namen „Cocker" erhielt dieser kleine Spaniel, weil er sich vornehmlich bei der Waldschnepfenjagd (englisch „woodcock") hervortat; er stöberte die Schnepfen und anderes kleines Federwild in dichtestem Gestrüpp und in Hecken auf und brachte sie zum Auffliegen. Der Cocker Spaniel kam in der zweiten Hälfte des 19. Jahrhunderts besonders häufig in Wales und Devonshire vor. Es war der Züchter Dr. W. W. Boulten, der sich um die Rasseentwicklung besonders verdient machte. In den 30er Jahren des 20. Jahrhunderts wurde der Cocker Spaniel zunächst in seiner Heimat, später auch auf dem Kontinent und in Übersee, eine äußerst populäre Rasse, die zwar heute überwiegend als Familienhund gehalten wird, aber ihren Jagdinstinkt nicht verloren hat.

Charakter: Der Cocker ist temperamentvoll, fröhlich, verspielt, ein anhänglicher, intelligenter, charmanter Haus- und Familienhund.

Erziehung: Seine Erziehung sollte liebevoll-konsequent erfolgen und ist durch seine Gelehrigkeit völlig unproblematisch.

Bis 1852 wurden English Cocker und Field Spaniel als „Field Spaniels" bezeichnet, wobei sich die beiden Varietäten durch das Körpergewicht unterschieden. Beide Rassen gehen somit vermutlich auch auf die gleichen Vorfahren zurück. 1892 wurden beide schließlich unter den heute geltenden Namen als separate Rassen anerkannt. In der Folgezeit stellte sich heraus, daß die Cockerzüchter sich in ihrem Bemühen, ihre Rasse eleganter, robuster und tauglicher zu züchten, auf dem richtigen Weg befanden. Die Field Spaniel Züchter hingegen folgten den Modeerscheinungen der Zeit und züchteten Hunde mit schweren Köpfen, kurzen krummen Läufen und sehr langen, schwachen Gebäuden, die hängemattenartig zwischen Vorder- und Hinterhand hingen, - also Hunde, die für die Jagd untauglich waren und eher Karikaturen glichen. Dies alles führte dazu, daß die Rasse zu Beginn des 20. Jahrhunderts nahezu ausstarb. Einige engagierte Züchter schafften es, durch vernünftige Einkreuzungen von Cockern und English Springer Spaniels die Rasse hiervor zu bewahren; die Übertreibungen verschwanden, der Typ wurde gefestigt. Dennoch hat die Rasse weder in ihrer Heimat noch im Ausland eine große Bedeutung.

Charakter: Er ist ein selbständiger, ausdauernder, lebhafter und sensibler Jagdhund, der Beschäftigung braucht, und ein anhänglicher Familienhund.

Erziehung: Der Field Spaniel ist sehr gelehrig, kann aber eigensinnig sein und benötigt eine geduldige, konsequente Erziehung.

FCI-Gruppe 8

Field Spaniel

8

Ursprungsland
Großbritannien

Widerristhöhe
Rüde: etwa 45 cm
Hündin: etwa 45 cm

Farbe
Schwarz, braun (leber), schimmel mit oder ohne rote Flecken

Haarkleid
Lang, glatt, glänzend, seidig, dicht und wetterfest, nie hart, kurz oder lockig, Fransen an Brust, Körper und hinten an den Läufen

FCI-Gruppe 8

Sussex Spaniel

8

Ursprungsland
Großbritannien

Widerristhöhe
Rüde: 38 bis 41 cm
Hündin: 38 bis 41 cm

Farbe
Kastanienbraun (leber), goldbraun, golden schimmernde Haarspitzen

Haarkleid
Üppig, glatt und Fransen an den Läufen

Schon seit über 150 Jahren wird der Sussex Spaniel rein gezüchtet. Er stammt von lokalen Spanielschlägen ab. In Rosehill Park in der Grafschaft Sussex begann schon 1795 ein Mr. A. E. Fuller, diesen so typisch aussehenden Hund zu züchten, um ihn in unübersichtlichem Gelände als zuverlässigen Stöber- und Apportierhund einzusetzen. Ihm gelang es, die typische Leberfarbe mit den goldenen Haarspitzen in der Rasse zu fixieren. Der Sussex Spaniel verkörpert den ursprünglichsten Typ des alten Landspaniels, und zu seinen Vorfahren zählen vermutlich alte, langhaarige Vogelhunde und kleine tiefgestellte schwere lautjagende Laufhunde ("Hounds"). Diese letztgenannte Vermutung wird gestützt durch die Tatsache, dass der Sussex im Gegensatz zu den meisten anderen Spaniels spurlaut jagt! Später trugen noch Cocker Spaniel (wegen des schönen Haarkleids) und Water Spaniel (wegen der leberbraunen Farbe) zur Weiterentwicklung der Rasse bei. Der Sussex Spaniel hat eine hervorragende Nase und jagt langsam, gründlich und ausdauernd. Jäger wissen seine Qualitäten zu schätzen, dennoch war und ist die Rasse vor allem außerhalb ihres Ursprungslandes extrem selten.

Charakter: Der Sussex Spaniel ist freundlich, eher ruhig und bedächtig, er ist selbstbewusst, aber nicht aggressiv und neigt gelegentlich zu Territorialverhalten. In der Familie ist er treu und anhänglich.

Erziehung: Er ist leichtführig und lernt schnell, insofern ist seine Erziehung problemlos.

Der Name „Springer" ist von der Verwendung dieser Spaniels abgeleitet: Sie sollten das Wild aufstöbern („springing game"). Erstmals schriftlich erwähnt wurden sie im 16. Jahrhundert von Dr. J. Caius, einem Arzt von Edward VI. Dem Züchter Sir Thomas Boughey gebührt das Verdienst, seit 1812 Aufzeichnungen über den Aufbau der Rasse geführt zu haben. In den Grafschaften Norfolk und Shropshire wurden Spaniels entwickelt, die zwar grober waren als die heutigen Springer, aber schon den gewünschten Typ repräsentierten. Diese „Norfolk Spaniels" waren sicherlich die Vorläufer der Rasse, wie sie heute bekannt ist. Im Jahr 1902 wurde die Rasse schließlich unter ihrem jetzigen Namen offiziell anerkannt. Auch heute ist der English Springer Spaniel ein guter Jagdhund: Er sucht, stöbert, treibt das Wild aus der Deckung und apportiert zuverlässig nach dem Schuß; dabei ist er äußerst wasserfreudig. Er gewinnt immer größere Popularität als Ausstellungs- und Familienhund, wobei sich die Gebrauchshunde und die Ausstellungshunde erkennbar in zwei Typen aufgespalten haben: Ein Schauhund ist selten erfolgreich bei Jagdprüfungen, der Arbeitshund kann auf Ausstellungen eigentlich nie gewinnen.

Charakter: Springer sind freundlich, lebhaft, wachsam; sie brauchen viel Beschäftigung. Als Familien- und Kinderhunde sind sie zuverlässig, anhänglich und liebevoll.

Erziehung: Sie sind auf Grund ihrer Gelehrigkeit und ihres Gehorsams einfach zu erziehen.

FCI-Gruppe 8

8

English Springer Spaniel

Ursprungsland
Großbritannien

Widerristhöhe
Rüde: ca. 51 cm
Hündin: ca. 51 cm

Farbe
Leber und weiß, schwarz und weiß mit oder ohne rote Abzeichen

Haarkleid
Dicht, glatt, wetterfest und nie grob, Fransen an Ohren, am Körper und an den Läufen

FCI-Gruppe 8

Welsh Springer Spaniel

8

Ursprungsland
Großbritannien

Widerristhöhe
Rüde: etwa 48 cm
Hündin: etwa 46 cm

Farbe
Rot und weiß

Haarkleid
Gerade, glatt, seidig und dicht, nie drahtig oder gewellt, Fransen an den Läufen, an den Ohren und an der Rute

Der Welsh Springer Spaniel gehört zu den alten Spanielschlägen und geht auf den gleichen Ursprung zurück wie der English Springer Spaniel. Da sich aber in früher Zeit die Kelten in der Bretagne, in Irland und in Wales ansiedelten, ist eine Verwandtschaft der in diesen Gebieten vorkommenden Jagdhunde nicht ausgeschlossen. Ein gewisser Zusammenhang zwischen dem Epagneul Breton und dem Welsh Springer ist nicht ganz von der Hand zu weisen! Jedenfalls konnten sich diese Springer in Wales ziemlich isoliert entwickeln. Erst in der zweiten Hälfte des 19. Jahrhunderts, mit der Verbesserung des Transportwesens und der Einführung von Hundeausstellungen, wurde diese walisische Rasse auch außerhalb ihres Ursprungsgebietes bekannt – nicht zuletzt dank der Bemühungen des Züchters A.T. Williams, der seine Rasse im Ausstellungsring und auf Arbeitsprüfungen bekannt machte. Immerhin wurde der Welsh Springer Spaniel im selben Jahr – 1902 – anerkannt wie der English Springer. Er hat zwar nie eine so große Karriere in der Popularität gemacht wie der English Springer; wegen seiner exzellenten Jagdeigenschaften und des Fehlens jeglicher Übertreibungen hat er jedoch weltweit eine kleine, aber treue Anhängerschaft.

Charakter: Der Welsh Springer ist robust, fröhlich, temperamentvoll und braucht viel Beschäftigung. Er ist ein anhänglicher, kinderlieber Familienhund.

Erziehung: Seine Intelligenz und Gelehrigkeit machen ihn leicht erziehbar.

Der deutsche Name des Kooikerhondjes, „Holländischer Entenlockhund“, beschreibt sehr deutlich, wofür diese Hunde eingesetzt wurden: beim Fangen von Wildenten in sogenannten “Kojen”. Dies ist eine sehr alte Art zu jagen: Vor einer mit Drahtgeflecht überdachten Röhre an einem See oder Teich werden zahme Enten gefüttert, die rastende Wildenten auf sich aufmerksam machen. In diesem Moment erscheinen Kooikerhondjes, die sie mit ihrer ständig in Bewegung befindlichen Rute neugierig machen und in die Drahtröhre locken. Der Hund läuft – mal sichtbar, mal verborgen – am Wasser entlang und lockt die Wildenten in die Falle. Auch heute gibt es noch solche Entenkojen in Naturreservaten, aber vornehmlich für wissenschaftliche Zwecke.

Ab Anfang der 1940er Jahre setzte sich die holländische Baronin van Hardenbroek das Ziel, die Rasse zu erhalten, ebenso wie den Drentse Patrijshond zuvor. Mit Erfolg: Seit 1967 gibt es für die Rasse ein eigenes Zuchtbuch, und 1971 wurde sie in ihrem Heimatland anerkannt. Inzwischen hat die Rasse auch außerhalb ihres Ursprungslandes große Beliebtheit errungen.

Charakter: Kooikerhondjes sind fröhlich, aktiv, lebhaft, wachsam, sehr anhänglich in der Familie auch mit Kindern, die nicht grob sein dürfen – sie tun alles für ihren Herrn und genießen sein Lob.

Erziehung: Das Kooikerhondje ist auf Grund seiner Gelehrigkeit und seines Gehorsams leicht zu erziehen, braucht aber einen “Rudelführer”, der ihm Sicherheit gibt.

FCI-Gruppe 8

8

Kooikerhondje

Ursprungsland
Niederlande

Anderer Name
Kooiker

Widerristhöhe
Rüde: 35 bis 40 cm
Hündin: 35 bis 40 cm

Farbe
Gefleckt: orange bis rote Flecken auf weißem Grund

Haarkleid
Mittellang, glatt, leicht gewellt, aber keine Locken und nicht zu fein

FCI-Gruppe 8

American Cocker Spaniel

8

Ursprungsland
USA

Widerristhöhe
Rüde: 36 bis 39 cm
Hündin: 34 bis 36 cm

Farbe
Schwarz, black and tan, rot (helles Creme bis dunkelrot), weiß-rot, weiß-braun und schwarz-weiß gescheckt, schimmel

Haarkleid
Kurz und fein am Kopf, am restlichen Körper mitellang, seidig, glatt oder leicht gewellt, an Ohren, Brust, Bauch und an den Läufen viele Fransen

Der Ursprung des Amerikanischen Cocker Spaniels ist mit der des Englischen Cockers identisch bis zu der Zeit, als ein Hund namens "Obo II" aus England in die USA exportiert wurde. Dieser Rüde, 1880 als "Cocker Spaniel" geworfen, gilt als der Stammvater der Cocker Spaniels in Amerika. Obo war ein bekannter Ausstellungshund und sorgte dafür, dass viele Hundeliebhaber auf die Rasse aufmerksam wurden. In den Jahren danach entwickelten sich in den USA zwei grundverschiedene Cocker Spaniel – Varietäten: Die eine vom alten Typ der englischen Cocker Spaniels, die zweite – neue – war etwas leichter, höher auf den Läufen, hatte einen kürzeren Rücken mit abfallender Oberlinie und vor allem einen kürzeren Kopf mit deutlich gewölbtem Schädel und längere, dichtere Behaarung. Beide Varietäten wurden bis in die 1930er Jahre als eine Rasse geführt und untereinander gekreuzt; die Unterschiede waren jedoch so gravierend, daß die neue Rasse zunächst national und letztlich auch international als eigenständig anerkannt wurde. Obwohl auch der American Cocker Spaniel noch die Instinkte seiner Vorfahren besitzt, ist er heute vorwiegend ein äußerst beliebter Ausstellungs- und Familienhund.

Charakter: Der American Cocker ist sanft, sehr menschenbezogen und braucht engen Kontakt zu seiner Familie. Er ist fröhlich, intelligent und wachsam, aber nicht laut.

Erziehung: Er ist gelehrig, möchte seinem Herrn Freude bereiten und ist deshalb leicht erziehbar.

Das Vorkommen des „Spanischen Wasserhundes“ auf der iberischen Halbinsel geht bis in früheste Zeiten zurück. Er ist vermutlich aus den gleichen wollhaarigen Hirtenhunden hervorgegangen wie der Portugiesische Wasserhund und der Französische Barbet. Am meisten verbreitet ist er in Andalusien, wo er als Hütehund Verwendung findet und auch unter dem Namen „Turco Andaluz“ (Andalusischer Türkenhund) bekannt ist. Dies deutet darauf hin, dass er mit türkischen Schiffen nach Spanien gekommen sein könnte, die Ende des 18. Anfang des 19. Jahrhunderts spanische Schafherden nach Australien transportieren sollten. Vom Treibhund, der beim Verladen der Schafe half, wurde er zusätzlich zum Jagd- und Wasserhund, der den Fischern ihre Netze aus dem Wasser holte und den Jägern die geschossenen Wasservögel apportierte. Diese Vielseitigkeit machte ihn zum idealen Helfer in den Sumpfgebieten, in denen sich Nässe und Trockenheit abwechselten. Den Perro de Agua findet man auch an der baskischen und asturischen Küste, wo er die gleichen Aufgaben erfüllt wie der Portugiesische Wasserhund an der Algarve. Seit einigen Jahren erfreut sich diese Rasse auch außerhalb Spaniens steigender Beliebtheit.

Charakter: Die Hunde sind ausgeglichen, sehr anpassungsfähig, robust, treu, gehorsam und kinder- und familienfreundlich.

Erziehung: Auf Grund seiner ausgeprägten Lernfähigkeit und guten Auffassungsgabe ist sie unproblematisch.

FCI-Gruppe 8

Perro de Agua Español

8

Ursprungsland
Spanien

Anderer Name
Turco andaluz

Widerristhöhe
Rüde: 40 bis 50 cm
Hündin: 38 bis 45 cm

Farbe
Einfarbig weiß, schwarz und kastanienbraun, zweifarbig schwarz oder braun mit weiß

Haarkleid
Gelockt und wollig, bei langem Fell kann es Zotteln bilden

FCI-Gruppe 8

Barbet

8

Ursprungsland
Frankreich

Widerristhöhe
Rüde: mind. 54 cm
Hündin: mind. 50 cm

Farbe
Einfarbig schwarz, grau, braun, falb, sandfarben, weiß oder gefleckt

Haarkleid
Lang, wollig, gewellt, Strähnen, manchmal lockig und verfilzt leicht

Der Barbet, auch "Französischer Wasserhund" genannt, ist eine sehr alte, in ganz Frankreich verbreitete Rasse, die dort auch heute noch zur Jagd auf Wasserwild verwendet wird und deren Ahnen schon in Aufzeichnungen aus dem 16. Jahrhundert beschrieben werden. Der Name der Rasse ist vom französischen Wort "barbe" abgeleitet, was "Bart" bedeutet und auf das typische Gesicht des Hundes hinweist. Schon im 14. Jahrhundert gab es in ganz Europa Wasserhunde mit wolliger Behaarung, von denen der Barbet vermutlich dem Originaltyp am ähnlichsten ist. Diese Wasserhunde haben nicht nur Enten und anderes Wild aus tiefem Wasser apportiert, sondern auch die von den Jägern verschossenen Pfeile. Am französischen Königshof wurden sie geschätzt; sowohl Ludwig XV. als auch Henri IV. hatten Barbets als Jagdbegleiter, und auch den Fischern dienten sie als Helfer bei ihrer Arbeit. Kenner der Rasse vermuten, dass der Barbet großen Einfluß bei der Zucht des Neufundländers und des Briards hatte; sicher ist in jedem Fall, dass er an der Entwicklung des modernen Pudels und verschiedener Wasserspaniels maßgeblich beteiligt war. Die Rasse ist in Frankreich sehr selten und im Ausland kaum bekannt.

Charakter: Der Barbet ist ein freundlicher, sensibler, bedächtiger Hund, munter, treu und gehorsam – er eignet sich für den Jagdgebrauch, ist dabei aber ein angenehmer Haus- und Familienhund.

Erziehung: Seine Intelligenz und sein Gehorsam machen seine Erziehung leicht.

Die genaue Entstehung der Rasse liegt weitgehend im Dunkeln. Trotz ihres Namens ist diese Rasse eher den Retrievern als den Spaniels zuzurechnen. Sie geht auf die alten Wasserapportierhunde, die man in allen Küstenregionen Europas fand und von denen auch in Irland verschiedene Typen existierten, zurück. Schon aus dem 16. Jahrhundert gibt es Hinweise auf "Wasserhunde, die Wasservögel verfolgen". Der Irische Wasserspaniel, wie wir ihn heute kennen, trat um 1830 in Erscheinung: Es war der Ire Justin McCarthy, der die Rasse erzüchtete – er verriet aber nie die Ursprungshunde, die er verwendet hatte, und nahm sein Geheimnis mit ins Grab. Zusätzlich zu den alten irischen Wasserhunden benutzte er höchstwahrscheinlich französische Jagdhunde und vor allem Pudel, mit denen die Rasse auch heute noch einiges gemeinsam hat. Für den starken Einfluss alter, inzwischen ausgestorbener Wasserhunde, spricht ein ganz besonderes Merkmal, das bei keiner anderen Rasse seines Typs zu finden ist: die unbehaarte Rute, auch „Peitschenrute" oder „Rattenschwanz" genannt. In Irland ist die Rasse als Apportier- und Ausstellungshund recht populär, im Ausland selten.

Charakter: Er ist stolz, kühn, temperamentvoll und ausdauernd; seiner Familie sehr ergeben, bei Fremden zurückhaltend - ein angenehmer Haushund, der viel Bewegung braucht.

Erziehung: Seine Intelligenz und sein angeborener Gehorsam machen ihn zu einem leicht erziehbaren Begleiter.

FCI-Gruppe 8

Irish Water Spaniel

8

Ursprungsland
Großbritannien

Widerristhöhe
Rüde: 53 bis 58 cm
Hündin: 51 bis 56 cm

Farbe
Braun, dunkel leberfarbig mit bläulicher Schattierung oder samtigen Glanz

Haarkleid
Dicke, dichte krause Locken, öliges Fell und Fransen an den Läufen

FCI-Gruppe 8

Wetterhoun

8

Ursprungsland
Niederlande

Anderer Name
Holländischer Wasserhund

Widerristhöhe
Rüde: 59 cm
Hündin: 55 cm

Farbe
Schwarz oder braun mit oder ohne weiße Flecken

Haarkleid
Dicht, grob und dicke Locken

Der Wetterhoun, der „Friesische Wasserhund", wurde vor allem in den wasserreichen Gebieten der nordholländischen Provinz Friesland für die Otterjagd verwendet. Die Rassegeschichte reicht bis ins 16. Jahrhundert zurück, wobei aber der genaue Ursprung unbekannt ist. Man vermutet, dass europäische Wasserhunde und einheimischen Jagdhunde zur Entstehung beitrugen. Zum Aufspüren und Töten von Ottern brauchte man einen kräftigen, furchtlosen Hund mit guter Nase. Nachdem 1953 die Otterjagd verboten worden war, verlagerte sich das Arbeitsgebiet des Wetterhouns auf die Jagd von Wasservögeln, Ratten und Iltissen. Er ist ein sehr guter Stöber- und Apportierhund, der das Wild sucht und anzeigt und nach dem Schuss sowohl an Land als auch aus eisigstem Wasser apportiert. Das Erscheinungsbild des Hundes mit seinem breiten Kopf und dem sehr kompakten Körper lässt vermuten, dass Hunde vom Mastifftyp eingekreuzt wurden. Hierauf weisen auch seine hervorragenden Wachhundeigenschaften hin. Im 19. Jahrhundert wurde er aufgrund seiner großen Kraft auch zum Ziehen schwerer Lasten benutzt .

Charakter: Der Wetterhoun ist kein Hund für jedermann; er ist wachsam, eigensinnig und unabhängig. Fremden gegenüber ist er reserviert, in der Familie zuverlässig und anhänglich. Er braucht unbedingt eine Bezugsperson.

Erziehung: Eine Erziehung mit fester Hand und liebevoller Konsequenz ist nötig, aber unangemessene Härte ist tabu.

Der Cao de Agua, auch Portugiesischer Wasserhund genannt, ist eine sehr alte Rasse, die früher an der gesamten portugiesischen Küste zu finden war, heute jedoch infolge der ständigen Modernisierung des Fischereiwesens vor allem an der Algarve anzutreffen ist, die als sein Ursprungsgebiet gilt. Diese Wasserhunde sind hervorragende Schwimmer und waren den Seefahrern als Allzweck-Helfer unentbehrlich: Sie bewachten Boot und Fang, sie apportierten unaufgefordert alles, was ins Wasser gefallen war, sie halfen beim Auslegen und Einholen der Netze, sie tauchten sogar nach entwichenen Fischen und hielten als schwimmende Boten Kontakt zu anderen Schiffen und zum Festland. Außerdem bellten sie bei Nebel, am Bug sitzend, ununterbrochen, um andere Boote zu warnen. Heute werden Portugiesische Wasserhunde als sehr gute Familien- und Begleithunde geschätzt. Die typische Schur ihres Fells, die in der Verwendung des Hundes begründet war, ist aber geblieben: Das geschorene Hinterteil sorgte für eine optimale Beweglichkeit beim Schwimmen, das lange Haar am vorderen Teil des Körpers schützte die inneren Organe im kalten Wasser.

Charakter: Portugiesische Wasserhunde sind sehr robust, temperamentvoll und anpassungsfähig; sie sind sehr intelligent, selbstbewußt, aber umgänglich, fröhlich und kinderfreundlich.

Erziehung: Die Hunde sind sehr gelehrig, ordnen sich ihrem Herrn gern unter und sind aus diesem Grund leicht erziehbar.

FCI-Gruppe 8

Cao de Agua Portugues

8

Ursprungsland
Portugal

Widerristhöhe
Rüde: 54 cm
Hündin: 46 cm

Farbe
Enfarbig: schwarz, weiß oder braun
Mehrfarbig: Schwarz und weiß oder braun und weiß

Haarkleid
Widerstandsfähig, entweder lang und gewellt oder kurz und lockig

FCI-Gruppe 8

American Water Spaniel

8

Ursprungsland
USA

Widerristhöhe
Rüde: 36 bis 46 cm
Hündin: 36 bis 46 cm

Farbe
Einfarbig leberfarbig, kastanienbraun oder schokoladenfarbig

Haarkleid
Komplett gewellt oder dichte Locken, einige Fransen an den Läufen

Obwohl der Amerikanische Wasser Spaniel eine relativ junge Rasse ist, ist sein genauer Ursprung nicht nachgewiesen. Zu seinen Vorfahren zählten mit einiger Sicherheit verschiedene europäische Wasserhunde, Spaniels und auch Curly Coated Retriever, die mit den Einwanderern nach Amerika kamen. Systematisch gezüchtet wurde er ab dem Ende des 19. Jahrhunderts, und zwar vor allem entlang dem Flußlauf des Mississippi, wo Wasservögel auf ihren Zügen regelmäßig rasteten. Im Nordteil Minnesotas mit seinen kleinen Seen und Tümpeln wurde der American Waterspaniel überwiegend zum Apportieren der geschossenen Enten direkt nach dem Schuss an Land oder aus dem Wasser gebraucht. Auf Grund seiner relativ geringen Größe konnte sich der Hund mit Leichtigkeit durch Uferspalten und durch dichtes Gestrüpp zwängen. Seine braune „Tarnfarbe" erleichterte ihm die Arbeit zusätzlich. Im Verlauf des 20. Jahrhunderts wurden die englischen Retriever mehr und mehr für diese Arbeit eingesetzt, und der American Water Spaniel begann zu verschwinden. Engagierte Züchter sorgten dafür, daß die Rasse erhalten blieb, indem sie einen Standard verfaßten und einen Rasseclub gründeten. Sie wurde 1940 national und nach dem II. Weltkrieg auch international offiziell anerkannt .

Charakter: Er ist ein umgänglicher, kinderfreundlicher Familienhund, wachsam, lebhaft und charmant.

Erziehung: Er ist gelehrig und will seinem Herrn gefallen; seine Erziehung ist somit recht unkompliziert.

Der Lagotto Romagnolo ist eine italienische Rasse, die zwar schon seit langem existiert, aber erst 1995 offiziell international anerkannt wurde. Ihre Geschichte lässt sich bis in das 15. Jahrhundert zurückverfolgen. Seinen Namen erhielt der Lagotto von der Provinz Romagna und vom italienischen Wort für „See", „lago". Die Verwandtschaft des Lagotto mit den übrigen alteingesessenen europäischen Wasserhunden ist in seinem Äußeren deutlich erkennbar. Er wurde ursprünglich in den sumpfigen Talgründen von Comacchio und in den Lagunen um Ravenna als Apportierhund vor allem aus dem Wasser verwendet. Im Laufe der Jahre schwand mit der Trockenlegung der Sümpfe in Ackerland diese Arbeitsmöglichkeit des Lagotto; sein ausgezeichneter Geruchssinn und seine natürliche Neigung zum Revieren förderten seinen Wandel zum vorzüglichen Trüffelsuchhund. Auch heute noch wird der Lagotto in den Ebenen und Hügeln der Romagna bei der Trüffelsuche eingesetzt, wobei von Vorteil ist, daß sein Jagdinstinkt heute fast verschwunden ist: Kein Wildgeruch lenkt ihn von der Trüffelsuche ab. In den letzten Jahren wurde der Lagotto auch außerhalb seines Ursprungslandes bekannt und erfreut sich zunehmender Beliebtheit als Familien- und Begleithund

Charakter: Lagottos sind gehorsam, genügsam, aufgeweckt und wachsam. Sie sind in der Familie liebenswürdig und haben eine enge Beziehung zu ihrem Herrn.

Erziehung: Er ist lernwillig, intelligent, leicht auszubilden und zu erziehen.

FCI-Gruppe 8

8

Lagotto Romagnolo

Ursprungsland
Italien

Widerristhöhe
Rüde: 43 bis 48 cm
Hündin: 41 bis 46 cm

Farbe
Einfarbig schmutzigweiß, weiß mit braunen oder orangefarbenen Flecken, falbbraun, einfarbig braun oder orange

Haarkleid
Dicht und gelockt, Fell und Unterwolle undurchlässig für Wasser

Einleitung FCI-Gruppe 9

Gesellschafts- und Begleithunde

Diese Gruppe enthält die unterschiedlichsten Rassen, die aber alle eines gemeinsam haben: Sie sind zur Freude des Menschen da und äußerst angenehme, liebenswürdige Haus- und Begleithunde. Es sind Rassen vielfältigsten Aussehens, ganz unterschiedlicher Herkunft und Abstammung, einige sehr alt, andere erst in jüngerer Vergangenheit entstanden, ohne einen bestimmten gemeinsamen Verwendungszweck. So sind auch nur wenige Rassen in einer Sektion zusammenzufassen – weshalb diese Gruppe in nicht weniger als elf Sektionen eingeteilt ist! Die erste Sektion enthält die Bichons und mit diesen verwandte Rassen, die vermutlich auf die rund um das Mittelmeer ansässigen Wasserhunde zurückgehen; so klein die Bichons sein mögen – sie stammen von alten Gebrauchshunden ab! Das recht pflegeintensive Haar der Bichon-Rassen weist auf diese Vorfahren hin. Die zweite Sektion ist dem Pudel in allen seinen Größen und Farben vorbehalten – der Großpudel ist die größte Rasse dieser FCI-Gruppe und auch ein ehemaliger Gebrauchshund für die Wasserarbeit, der aber heute, ebenso wie seine kleineren Brüder, ausschließlich Familien- und Ausstellungshund ist. Die dritte Sektion umfasst die drei Varietäten der belgischen Griffons, die sich nur durch ihre Farbe und ihre Haarstruktur unterscheiden. Sektion vier beinhaltet eine einzige Rasse: Den Chinesischen Schopfhund, der in seiner haarlosen Varietät besonders für Allergiker geeignet ist, und der trotz seiner Haarlosigkeit wenig empfindlich ist. Sektion fünf ist den sehr alten Tibetanischen Hunderassen vorbehalten, die einen gemeinsamen Ursprung haben und sich durch ein ganz besonderes Wesen und Robustheit auszeichnen, während Sektion sechs den Chihuahua als die kleinste Hunderasse in der kurzhaarigen und der langhaarigen Varietät enthält. Trotz seiner Kleinheit ist seine Persönlichkeit riesig! Sektion sieben umfasst die englischen Gesellschaftsspaniel (Cavalier King Charles und King Charles Spaniel) – ebenfalls sehr alt, äußerst beliebt als Damenhündchen schon im Mittelalter und auf zahlreichen Gemälden alter Meister dargestellt. Auch sie gehen auf alte Gebrauchshundschläge zurück. In Sektion acht sind der Pekingese, der chinesische Löwenhund, und der Japan Chin eingeordnet, während Sektion neun die Kontinentalen Zwergspaniels (Papillon und Phalène) enthält. Sektion zehn ist wieder einer einzigen Rasse vorbehalten: dem jungen deutschen Kromfohrländer, einem mittelgroßen Hund, der mit den anderen Rassen nichts gemeinsam hat. Sektion elf schließlich beinhaltet die „Kleinen doggenartigen Hunde“: Die Französische Bulldogge, den Mops und den Boston Terrier, also die „Miniatur-Molosser“ mit ihren kurzen Köpfen, die bei extremer Ausprägung Probleme verursachen können. Viele Rassen dieser FCI-Gruppe werden auf Grund ihrer „Größe“ auch als Schoß-, Zwerg- oder Luxushunde bezeichnet – dennoch: Es sind „richtige Hunde“ mit Persönlichkeit und individuellen Eigenheiten; sie wollen respektiert werden, benötigen viel Aufmerksamkeit und haben die gleichen Bedürfnisse wie ihre großen Artgenossen; zudem sind die meisten von ihnen recht pflegeaufwändig. Verantwortungsvoll gezüchtet sind sie äußerst robust und in der Regel viel langlebiger als extrem große Rassen. Keinesfalls darf man sie als Spielzeuge ansehen – ein Missverständnis, das durch die englische Bezeichung „toys“(= Spielzeug) für Kleinhunde gefördert werden könnte. Dies muss sich jeder Interessent vor Augen halten!

Der Malteser gehört zu den ältesten Zwerghunderassen in Europa. Schon Aristoteles (384 bis 322 v.Chr.) erwähnte in seinem Verzeichnis der Hunde jener Zeit eine kleine Rasse namens *canes melitenses*. Der Name Malteser bedeutet nicht, dass er von der Insel Malta stammt; er leitet sich von dem semitischen Wort *màlat* (= Zuflucht, Hafen) ab. Die Vorfahren lebten in den Häfen und Küstenorten des zentralen Mittelmeeres und bekämpften die Ratten und Mäuse, die sich in den Lagerhäusern und den Laderäumen der Schiffe stark vermehrten. Von Beginn an war der Malteser in ganz Europa verbreitet, da er von den Seeleuten auf ihren Schiffen mitgeführt wurde und häufig als Tauschobjekt für Waren diente. Malteser waren die Lieblinge der feinen Damen, die sich mit ihnen schmückten und sie in ihren Gewändern mit sich trugen oder auf dem Schoß hielten. Auf vielen Abbildungen sind diese kleinen weißen Hunde an der Seite schöner Frauen portraitiert. Heute ist der Malteser mit seinem auffälligen reichen, weißen Haarkleid, das einiger Pflege bedarf, ein beliebter Familien- und Ausstellungshund.

Charakter: Der Malteser ist lebhaft, sanft, fröhlich, verspielt und intelligent, dabei durchaus wachsam, ohne ein Kläffer zu sein. Er ist außerordentlich anhänglich und hält sich am liebsten stets in der Nähe seiner Familie auf.

Erziehung: Als sehr gelehriger Hund, der seinem Besitzer Freude bereiten möchte, ist der Malteser problemlos zu erziehen.

FCI-Gruppe 9

9

Malteser

Ursprungsland
Mittelmeerraum, Italien

Widerristhöhe
Rüde: 21 bis 25 cm
Hündin: 20 bis 23 cm

Farbe
Reinweiß

Haarkleid
Sehr lang, dicht, glänzend,seidig, glatt ohne Wellen oder Locken, sehr pflegeintensiv

FCI-Gruppe 9

Havaneser

Ursprungsland
Westliches Mittelmeer

Anderer Name
Havana Silk Dog

Widerristhöhe
Rüde: 21 bis 29 cm
Hündin: 21 bis 29 cm

Farbe
Reinweiß, falb (von falb bis gelbbraun), schwarz, geflekkt

Haarkleid
Weich, glatt oder gewellt, 12 bis 18 cm lang

Der Havaneser hat seinen Ursprung in der westlichen Mittelmeergegend; seine Vorfahren, die Bichon-Rassen, entwickelten sich entlang der spanischen und italienischen Küste. Nach Kuba kamen diese Hunde mit spanischen Einwanderern und mit italienischen Überseekapitänen, die sie, wie man annimmt, wohlhabenden kubanischen Familien als Geschenk übergaben, wenn sie ihre illegalen Waren anboten. Später führte die Einkreuzung von Pudeln dazu, dass der moderne Havaneser entstand. Der Hund wurde schnell zum Liebling der Reichen, er war in Palästen und auf großen Landsitzen zu Hause. Die kubanische Revolution bedrohte die reichen Familien und deren Hunde; auf der Flucht dieser Familien wurden sie mit außer Landes geschmuggelt, vorwiegend in die USA, wo die Zucht gefördert wurde. Auch in Kuba nahm die Zucht im letzten Viertel des 20. Jahrhunderts wieder zu. Durch ein strenges Zuchtprogramm soll die Rasse gefestigt werden. Seinen Namen erhielt der Havaneser von seiner häufig vorkommenden Havanna-Farbe (Tabakfarbe) – nicht etwa, weil Havanna der Ursprungsort gewesen wäre.

Charakter: Der Havaneser ist intelligent, charmant und sehr munter, sehr aufgeweckt, liebevoll und fröhlich. Er liebt Kinder und das Spiel mit ihnen.

Erziehung: Der Havaneser ist sehr gelehrig und durch seine wache Neugier sehr leicht zu erziehen; sogar das Alarmgeben ist ihm auf Grund seiner angeborenen Wachsamkeit leicht beizubringen.

Bichons gehören zu den ältesten Rassen Europas. Sie sind seit Jahrhunderten bekannt und waren schon im alten Rom geschätzte Begleiter der edlen Damen. Der Bichon Frisé wurde zeitweise auch Bichon von Teneriffa genannt, da er vermutlich von Seeleuten vom spanischen Festland auf die kanarischen Inseln gebracht worden war. Auf Teneriffa gehörte er zum Straßenbild und wurde im 14. Jahrhundert dort gleichsam wiederentdeckt. Auf dem Kontinent gewann er schnell Popularität als Liebling der feinen Damen; er lebte als verwöhnter Schoßhund an den Adels- und Königshöfen. Vierhundert Jahre später wandelte sich der Geschmack der Adligen hinsichtlich ihrer Hunde, und der Bichon wurde der kleine Straßenhund der einfachen Leute. Doch auch hier gewann er schnell Freunde, und da er besonderes Talent für Kunststücke bewies, zog so mancher Bichon mit dem fahrenden Zirkusvolk umher oder begleitete Drehorgelspieler. Nach dem ersten Weltkrieg nahmen sich französische Züchter der Rasse an und erreichten 1934 die Anerkennung durch den französischen Kennel Club. Das gelockte, dichte Haar benötigt intensive Pflege.

Charakter: Der Bichon ist ein fröhlicher, kluger, aktiver, sehr anhänglicher Hund mit viel Charme – ein idealer Familienhund. Er ist aufmerksam, ohne unnötig zu kläffen.

Erziehung: Da der gelehrige Bichon schon auf das leiseste Wort reagiert, ist er leicht zu erziehen. Allerdings ist es nicht leicht, seinem Charme zu widerstehen.

FCI-Gruppe 9

9

Bichon à poil frisé

Ursprungsland
Frankreich, Belgien

Anderer Name
Bichon frisé

Widerristhöhe
Rüde: 25 bis 30 cm
Hündin: 21 bis 28 cm

Farbe
Reinweiß

Haarkleid
Fein seidig, sich ringelnd, sehr locker, bei einer Länge von 7-10 cm

FCI-Gruppe 9

9

Bologneser

Ursprungsland
Italien

Widerristhöhe
Rüde: 27 bis 30 cm
Hündin: 25 bis 28 cm

Farbe
Reinweiß

Haarkleid
Lang, lockig und keine Fransen

Der Ursprung des Bolognesers ist mit dem des Maltesers eng verbunden; er geht auf die selben Vorfahren zurück. Die Existenz des Bolognesers ist seit dem 12. Jahrhundert nachgewiesen; schon damals wurde die Rasse wegen ihrer Anmut und Schönheit geschätzt. Besonders beliebt wurde der Bologneser in der Renaissance bei den Damen des Adels. Adelsfamilien wie die Medicis züchteten Bologneser, und sie zählten während der ganzen Epoche zu den exklusiven Geschenken, die sich die Mächtigen der Welt machten. 1668 nahm Cosimo de Medici acht kleine Bologneser-Hunde mit nach Belgien, wo sie als Geschenk für einige hohe Persönlichkeiten dienten. Der Herzog von Este überreichte König Philipp II. von Spanien zwei Hunde dieser Rasse, der sich mit den Worten bedankte, diese beiden Hunde seien „das königlichste Geschenk, das man einem Kaiser machen könne". An die ruhmvolle Geschichte des Bolognesers sind große Namen geknüpft: Madame de Pompadour, Katharina die Große und Kaiserin Maria Theresia besaßen ihn, und auf Gemälden von Tizian, Pieter Breughel und Goya sind Bologneser dargestellt.

Charakter: Der Bologneser ist ein fröhlicher, intelligenter Hund, sehr anhänglich in seiner Familie und deren Umgebung, durchaus wachsam. Er folgt seinem Herrn auf Schritt und Tritt. Er ist verspielt, aber nicht überaktiv.

Erziehung: Seine Gelehrigkeit und sein Bedürfnis, seinem Herrn Freude zu bereiten, machen den Bologneser leicht erziehbar.

Das Ursprungsland des Cotons de Tuléar ist Madagaskar. Den Namen „Coton" erhielt die Rasse wegen ihrer besonderen weichen, weißen, baumwollartigen Fellstruktur, die einiger Pflege bedarf; den Zusatz „de Tuléar" gab ihr die Region um die Stadt Tulear, in der diese Hunde vermehrt auftraten. Vermutlich gelangten schon vor dem 17. Jahrhundert kleine weiße Bichons aus dem Mittelmeerraum nach Madagaskar, wo sie sich zu einer eigenen Variante dieser Rassegruppe entwickelten – und zu der Gruppe der Bichons gehören sie unzweifelhaft, auch wenn sie von der FCI nicht als solche klassifiziert werden. Bis zum Beginn des 20. Jahrhunderts waren es vor allem die vornehmen, wohlhabenden Leute, die sich solche Hunde hielten; sie waren die Lieblinge des französischen Adels auf Madagaskar während der Kolonialzeit. Zeitweise war es den einfachen Bürgern sogar offiziell verboten, diese Rasse zu halten. Von Madagaskar kamen die ehemaligen Auswanderer als neue Rasse nach Frankreich zurück. Dort wurde die Rasse 1970 offiziell anerkannt; sie eroberte schnell einen Spitzenplatz in der Beliebtheitsskala und ist heute auf der ganzen Welt populär.

Charakter: Der Coton ist sehr anpassungsfähig und seiner Familie ergeben, er ist fröhlich, ausgeglichen und umgänglich, bewegungsfreudig und intelligent. Wegen seiner Freundlichkeit verteidigt er sich selbst kaum.

Erziehung: Der Coton lernt schnell und leicht, seine Erziehung ist unproblematisch.

FCI-Gruppe 9

Coton de Tuléar

9

Ursprungsland
Madagaskar

Widerristhöhe
Rüde: 25 bis 32 cm
Hündin: 22 bis 28 cm

Farbe
Weiß

Haarkleid
Fein, leicht gewellt, baumwollartig, bei einer Länge von etwa 8 cm

FCI-Gruppe 9

Löwchen

Ursprungsland
Frankreich

Widerristhöhe
Rüde: 25 bis 32 cm
Hündin: 25 bis 32 cm

Farbe
Alle Farben außer braun

Haarkleid
Sehr lang, gewellt aber keine Locken

Auch das Löwchen gehört zu den mit den Bichons verwandten Rassen, obwohl es im Aussehen mit den längeren Läufen und dem geschorenen Haar aus dem Rahmen fällt. Ursprungsland der Rasse ist Frankreich. Schon seit dem 14. Jahrhundert gibt es Löwchen in Spanien, Deutschland und Frankreich; man findet diese Hunde in ihrer charakteristischen Schur auf zahlreichen Abbildungen. So malte kein Geringerer als Goya einen Hund dieses Typs auf seinem Portrait der schönen Herzogin von Alba! Und in der im 14. Jahrhundert erbauten Kathedrale von Amiens schmücken zwei steinerne Löwchen das Grabmal des Heiligen Firmin. Löwchen waren stets die Lieblinge der feinen Damen, mächtigen Herren und der Bischöfe; sie lagen ihnen zu Füßen oder wurden als Wärmequelle auf dem Schoß gehalten. Anfang des 20. Jahrhunderts war die Rasse fast vollkommen in Vergessenheit geraten. Nach dem Krieg suchte die belgische Züchterin M. Bennert mühevoll die restlichen Exemplare zusammen und baute die Zucht neu auf. Heute ist das immer noch seltene Löwchen in vielen Ländern der Welt anzutreffen.

Charakter: Löwchen sind energiegeladen und bewegungsfreudig, aber nicht nervös, verspielt und verträglich mit anderen Hunden. Sie sind anhänglich und anschmiegsam bei ihren eigenen Menschen, aber etwas reserviert gegenüber Fremden.

Erziehung: Seine Gelehrigkeit macht das Löwchen leicht erziehbar, Wachsamkeit ist ihm angeboren.

Pudel gibt es in vier Größen, von denen der Großpudel wohl als die älteste anzusehen ist. Schon in der Antike existierten in vielen Ländern Europas zottige Wasserhunde, bei denen eine bestimmte Schur Tradition war. Offiziell ist es Frankreich, aber tatsächliches Ursprungsland der Rasse ist Deutschland. Der Name leitet sich von dem alten deutschen Wort „puddeln" ab, was so viel wie „im Wasser plantschen" bedeutet. Vermutlich mit deutschen Soldaten kam der Pudel im 19. Jahrhundert nach Frankreich, wo er begeistert aufgenommen und zu seiner modernen Form weiterentwickelt wurde. Der französische Name ist Caniche („chien canard" = Entenhund). Ihre Intelligenz und ihr Charme machten die Pudel zu beliebten Zirkushunden, außerdem wurden sie auf Grund ihres ausgezeichneten Geruchssinns als Trüffelhunde eingesetzt. Im 17. und 18. Jahrhundert wurde der Pudel der Modehund des Adels, es wurden zunehmend kleinere Exemplare gezüchtet. Heute werden Pudel fast ausschließlich als Begleithunde gehalten, obwohl sie zu vielen Aufgaben fähig sind. Die traditionelle Pudelschur stammt aus ihrer Zeit als Wasserhund – das belassene Haar sollte bei der Arbeit Organe und Gelenke schützen.

Charakter: Pudel sind sehr intelligent, aufgeschlossen, umgänglich auch mit Artgenossen, lebhaft und verspielt – ein idealer Familienhund, der intensive Pflege benötigt.

Erziehung: Sie ist völlig problemlos, da Pudel gelehrig und äußerst lernwillig sind.

FCI-Gruppe 9

9

Pudel

Ursprungsland
Frankreich

Widerristhöhe
Großer oder Königspudel: 45 bis 60 cm
Mittelpudel: 35 bis 45 cm
Zwergpudel: 28 bis 35 cm
Toy-Pudel: unter 28 cm

Farbe
Schwarz, weiß, braun, grau und apricot

Haarkleid
Gelockt: üppig, dicht buschig, fein, wollig
Schnürenpudel: Schnüre mit einer Länge von mind. 20 cm.

FCI-Gruppe 9

Brüsseler Griffon

Ursprungsland
Belgien

Widerristhöhe
Rüde: etwa 24 bis 28 cm
Hündin: etwa 24 bis 28 cm

Farbe
Weizenfarbig bis rotbraun

Haarkleid
Halblang, rau, zerzaust und dicht

Hinter dem Sammelnamen „Belgische Griffons" verbergen sich drei Varietäten, die sich lediglich durch ihre Haarstruktur beziehungsweise die jeweils zugelassenen Farben unterscheiden, aber in der FCI-Nomenklatur als drei separate Rassen geführt werden. Belgische Griffons sind eng verwandt mit dem deutschen Affenpinscher – dies ist zumindest bei den beiden rauhaarigen Varietäten, dem Brüsseler und dem Belgischen Griffon, auch im Erscheinungsbild erkennbar. Der Affenpinscher und die belgischen Griffons stammen von den selben struppigen Kleinhund-Vorfahren ab. Bereits 1434 portraitierte kein Geringerer als Jan van Eyck einen Hund vom Typ des Belgischen Griffons auf einem seiner Gemälde. Anfangs bezeichnete man diese Hunde als „Griffons d'Ecurie" (= Stall-Griffons), da sie sich vor allem in den Stallungen von Droschkenpferden ihr Futter durch das Töten von Ratten und Mäusen verdienten. Zu jener Zeit waren sie größer und hatten einen längeren Fang. Da sie überaus angenehme Begleiter waren, durften sie oft auf dem Bock neben dem Kutscher spazieren fahren. Dies erregte Aufsehen, und es blieb nicht aus, dass ihre Beliebtheit wuchs und die Rasse zum geschätzten Begleithund avancierte. Um die Hunde kleiner zu züchten, wurden zu Beginn des 19. Jahrhunderts vermutlich englische Zwergspaniels und Möpse eingekreuzt. Dies führte zu der rassetypischen Verkürzung des Fangs.

Charakter und Erziehung: siehe Kleiner Brabanter (Petit Brabançon).

Belgischer Griffon

9

Ursprungsland
Belgien

Widerristhöhe
Rüde: etwa 24 bis 28 cm
Hündin: etwa 24 bis 28 cm

Farbe
Schwarz mit oder ohne rötliche Abzeichen, schwarz-rot

Haarkleid
Halblang, zerzaust, rau und dicht

Kleiner Brabanter

Ursprungsland
Frankreich

Widerristhöhe
Rüde: etwa 24 bis 28 cm
Hündin: etwa 24 bis 28 cm

Farbe
Rot oder schwarzrot

Haarkleid
Kurz

In ihrem Aussehen unterscheiden sich die Brabanter Griffons, die „Petit Brabançons", deutlicher vom Affenpinscher als ihre rauhhaarigen Brüder, obwohl auch sie auf die gleichen Vorfahren zurückgehen. Ab 1880, dem Jahr, in dem ein Brüsseler Griffon Bester Hund der Brüsseler Ausstellung wurde, erlebte die systematische Zucht der Belgischen Griffons einen deutlichen Aufschwung; gleichzeitig nahm die Beliebtheit des Affenpinschers stark ab. Der kurzhaarige Brabanter Griffon entstand auf Grund der Einkreuzung holländischer Möpse, die zunächst vorgenommen wurde, um bei den Brüsseler Griffons härteres Haar und kürzere, typischere Köpfe zu erzielen. Auch die attraktive schwarze Maske ist vermutlich dem Mops zu verdanken. Eines ist jedoch nur schwer nachzuvollziehen: Obwohl Schwarz eine anerkannte Mopsfarbe ist, erlaubt der FCI-Rassestandard ausgerechnet bei der Varietät der drei Belgischen Griffons, die dem Mops eigentlich am ähnlichsten sind, die Farbe Schwarz nicht – in den USA, Kanada und Australien ist sie dagegen zugelassen. In Großbritannien, den USA und Skandinavien sind Belgische Griffons heute recht populär.

Charakter: Griffons sind wachsame, lebhafte, robuste und langlebige Familienhunde. Sie sind anhänglich, nicht streitsüchtig, voller unermüdlicher Bewegungs- und Spielfreude und brauchen unbedingt engen menschlichen Kontakt.

Erziehung: Ihre Intelligenz und Menschenbezogenheit machen ihre Erziehung einfach.

FCI-Gruppe 9

Chinesischer Schopfhund

Ursprungsland
China, Großbritannien

Anderer Name
Chinese Crested Dog

Widerristhöhe
Rüde: 28 bis 33 cm
Hündin: 23 bis 30 cm

Farbe
Alle Farben

Die ersten Aufzeichnungen über haarlose Hunde in China stammen aus der Zeit um 1200. Diese Hunde sollen in zwei Größenvarietäten existiert haben: Die kleineren Tempelhunde, die als Kostbarkeit bei den buddhistischen Mönchen lebten, und größere, grobere Jagdhunde, die selbst als Fleischlieferanten dienten. Die Tempelhunde wurden streng gehütet. Sie dienten den Mönchen als Orakel – ihre Reaktionen auf Fragen wurden gedeutet - und wegen ihrer stets erhöhten Körpertemperatur auch als Heilmittel gegen Rheuma und Wärmequelle. Nach welchen Regeln diese Hunde gezüchtet wurden, ist nicht überliefert – es gibt auch keinerlei Hinweise darauf, was mit den behaarten Welpen, die ebenfalls gefallen sein müssen, geschah. Dank der Seefahrer, die ihre Hunde auf ihren Reisen durch die Welt mit sich führten, wurden die Schopfhunde überall bekannt: Ihre Verbindung mit anderen Hunden brachte nämlich unweigerlich haarlose Welpen, da das Gen für Haarlosigkeit dominant ist. Heute sind haarlose Hunde in China extrem selten, da die Kommunisten sie bei der Machtübernahme fast vollständig ausrotteten. Die behaarte Varietät dieser Schopfhunde trägt den Namenszusatz „Powder Puff". Die haarlosen Hunde müssen vor Kälte und Sonneneinstrahung geschützt werden, ansonsten sind sie ebenso robust wie die Powder Puffs.

Charakter: Chinesische Schopfhunde sind lebhaft, fröhlich und sehr liebebedürftig; Fremden gegenüber zurückhaltend.

Erziehung: Sie ist völlig unproblematisch.

FCI-Gruppe 9

Lhasa Apso

Ursprungsland
Tibet

Widerristhöhe
Rüde: etwa 25 cm
Hündin: etwas kleiner

Farbe
Golden, sandfarben, honiggelb, dunkelgrau, schieferfarbig, rauchgrau oder mehrfarbig (schwarz, weiß oder braun)

Haarkleid
Lang, üppig, glatt, dicht, weder wollig noch seidig, sehr pflegeintensiv

Schon seit 2000 Jahren wurden Lhasa Apsos in den Klöstern Tibets gezüchtet. Sie dienten als Gesellschafts- und Wachhunde; man sagt, daß die großen Tibet Mastiffs außerhalb der Häuser und Klöster wachten, während die Lhasa Apsos warnend bellten, falls doch Eindringlinge ins Haus gelangten. Vor allem waren sie aber beliebte Familienhunde, die zudem als Glücksbringer angesehen wurden: Sie sollten Frieden und Wohlstand bringen. Außerdem wurden nach alter Überlieferung tibetanische Priester (Lamas), die nach ihrem Tod nicht das Nirvana erreichten, als Lhasa Apsos wiedergeboren. Dies erklärt, warum diese Hunde stets besonders gut behandelt wurden. Sie waren bei den tibetischen Mönchen beliebte Gastgeschenke; und auf diese Weise gelangten sie auch in den Westen: Die ersten wurden ca. Anfang des 20. Jahrhunderts von Reisenden und Gesandten aus Tibet mitgebracht. Um 1930 hatte sich die Rasse in England etabliert, sie wurde vom englischen Kennel Club 1933 anerkannt. Ungefähr zur selben Zeit kamen das erste Lhasa-Paar als Gastgeschenk des 13. Dalai Lama an amerikanische Besucher in die USA. Lhasa Apsos sind heute weltweit geschätze Haushunde.

Charakter: Lhasas sind robust und anpassungsfähig, sehr menschenbezogen und anhänglich in ihrer Familie, aber reserviert gegenüber Fremden. Sie haben einen stolzen Charakter und können dickköpfig sein.

Erziehung: Der Lhasa benötigt wegen seiner Willenstärke eine feste, aber liebevolle Erziehung.

Der Ursprung des Shih Tzus liegt in Tibet, wo seine Vorfahren als heilige Tempelhunde gehalten wurden. Im Aussehen sollten sie einem Löwen gleichen, dem heiligen Tier der Buddhisten. Der Sage nach besaß Buddha einen kleinen Hund, der sich auf Befehl in einen Löwen verwandelte, auf dem er reiten konnte. Diese Löwenhunde wurden allen chinesichen Kaisern bis 1908, als der Dalai Lama der Kaiserin Tzu-hsi mehrere Hunde brachte, als wertvolle Geschenke überreicht. Sie glichen zunächst eher den heutigen Lhasa Apsos; erst nachdem sie am chinesischen Hof mit Pekingesen gekreuzt wurden, ähnelten sie dem heutigen Shih Tzu. Diese Hunde lebten ein luxuriöses Leben im Palast und gelangten erst nach 1912 an die Öffentlichkeit, als China zur Republik wurde. Nach 1920 gelangte das erste Zuchtpaar nach England. Danach folgten weitere Importe, und die Rasse etablierte sich in Europa, noch bevor die Kommunisten in China die Macht übernahmen. So blieb der Shih Tzu erhalten, obwohl die Kommunisten sämtliche Hunde als unnütze Fresser töteten. In Europa und auch in Übersee genießt die Rasse eine beachtliche Popularität.

Charakter: Shih Tzus sind charmante, robuste Kleinhunde mit viel Temperament, sie sind freundlich, selbstbewußt und willensstark. Es sind anhängliche Familienhunde mit fast arroganter Haltung.

Erziehung: Auf Grund seines unabhängigen Charakters will der Shih Tzu in der Erziehung liebevoll, aber bestimmt überzeugt werden.

FCI-Gruppe 9

9

Shih Tzu

Ursprungsland
Tibet

Anderer Name
Tibet Griffon

Widerristhöhe
Rüde: höchstens 26 cm
Hündin: höchstens 26 cm

Farbe
Alle Farben

Haarkleid
Lang, dicht, aber nicht gelockt, leichte Wellen zulässig, intensive Fellpflege

FCI-Gruppe 9

9

Tibet Spaniel

Ursprungsland
Tibet

Widerristhöhe
Rüde: etwa 27 cm
Hündin: etwa 24 cm

Farbe
Alle Farben

Haarkleid
Mittellang und seidig

Auch der Tibet Spaniel zählte zu den sogenannten Löwenhunden Tibets. Obwohl sein Name dies vermuten läßt, ist er kein Spaniel. Diese Bezeichnung wurde vor allem wegen seiner Ohrhaltung und seines Ohransatzes gewählt, um den Unterschied zum Tibet Terrier deutlich zu machen. Man vermutet, daß der Tibet Spaniel sich aus Pekingesen entwickelte, die als Geschenke aus China nach Tibet gelangten, denn auf alten Darstellungen sahen die Pekingesen in China eher wie heutige Tibet Spaniel aus. In Tibet entwickelten sich diese Hunde völlig anders als in China – in der dünnen Höhenluft hätten extrem kurznasige Hunde große Atemprobleme. Sie wurden als Glücksbringer und Wachhunde vor allem in den Klöstern Tibets gehalten. Mönche trugen sie im Winter unter ihren Kutten – zusätzliche Wärmequelle für beide Seiten. Außerdem durften die schönsten Exemplare die Gebetsmühlen der Mönche treten! Die ersten Exemplare dieser Rasse gelangten in den 1920er Jahren mit heimkehrenden Missionaren nach England, aber erst nach dem 2. Weltkrieg wurden Tibet Spaniels in Europa als Ausstellungs- und Familienhunde beliebter.

Charakter: Der Tibet Spaniel ist ein fröhlicher, lebhafter, selbstbewußter, treuer Familienhund; er ist intelligent, wachsam und robust – sehr liebevoll in seiner Familie, aber eher reserviert bei Fremden.

Erziehung: Die intelligenten Tibet Spaniel sind leicht erziehbar. Ihre Unabhängigkeit erfordert aber Konsequenz.

Der Name des Tibet Terriers ist irreführend: Er ist kein Terrier. Er diente ursprünglich den Bauern und Viehzüchtern Tibets als Arbeitsgefährte bei ihren Herden. Wegen der extremen Klimaverhältnisse und der rauen Lebensbedingungen in ihrer Heimat mußten diese Hunde sehr robust und anpassungsfähig sein. Von Kennern besonders hervorgehoben wurde ihre Fähigkeit, beim Treiben der Herden von den Bergen ins Tal an Engpässen über die Rücken der Schafe nach vorn und wieder zurückzulaufen. Diejenigen, die für diese Arbeit zu klein waren, wurden als Geschenk in die Klöster gegeben, wo sie ihren Beitrag zur Entstehung des Lhasa Apsos leisteten. Schon mit den Magyaren kamen Tibet Terrier nach Europa und trugen zur Entwicklung mancher europäischer Hütehundrasse bei. Anfangs des 20. Jahrhunderts arbeitete die britische Ärztin Dr. Agnes Greig in Indien; zum Dank für eine gelungene Operation bekam sie einen Tibet Terrier als Geschenk. Mit diesem und einem weiteren kehrte sie später nach England zurück. Sie war es, die so den Start der Rasse in der westlichen Welt maßgeblich förderte. Der Tibet Terrier ist heute ein weltweit beliebter Ausstellungs- und Familienhund.

Charakter: Tibet Terrier sind fröhlich, lebhaft verspielt und problemlos mit Kindern. Sie brauchen engen Kontakt zu ihren Menschen, sind Fremden gegenüber aber zurückhaltend.

Erziehung: Auf Grund seiner Intelligenz und Gelehrigkeit ist der Tibet Terrier leicht zu erziehen.

FCI-Gruppe 9

9

Tibet Terrier

Ursprungsland
Tibet

Anderer Name
Tibetan-Terrier, Dhoki Apso

Widerristhöhe
Rüde: 35,6 bis 40,6 cm
Hündin: etwas kleiner

Farbe
Weiß, golden, cremefarbig, grau, schwarz, rauchgrau, zwei-oder dreifarbig

Haarkleid
Lang, üppig, fein, nicht seidig oder wollig, glatt oder gewellt, aber nicht gelockt

FCI-Gruppe 9

Chihuahua

Ursprungsland
Mexiko

Widerristhöhe
Rüde: 16 bis 20 cm
Hündin: 16 bis 20 cm

Farbe
Alle Farben

Haarkleid
Langhaar: lang und gewellt
Kurzhaar: kurz, dicht und glänzend

Chihuahuas gibt es in zwei Haararten: kurzhaarig und langhaarig, wobei die kurzhaarige Varietät als die ursprüngliche anzusehen ist. Über die Entstehung der Rasse gibt es mehrere Theorien: Eine von ihnen besagt, daß ähnliche Hunde in Chihuahua, der größten Provinz Mexikos, zur Zeit der Tolteken eingefangen und domestiziert wurden und später wichtiger Bestandteil religiöser Zeremonien waren. Darstellungen eines Zwerghundes aus jener Zeit, der „Techichi" hieß und in Tula lebte, weisen darauf hin. Andere meinen, die Rasse stamme aus Ägypten und dem Mittelmeerraum und sei mit den spanischen Eroberern im 16. Jahrhundert nach Mexiko gekommen; möglicherweise hat die Rasse ihren Ursprung aber auch in China und wurde von chinesischen Händlern mitgebracht. Wie dem auch sei: Um 1895 wurden diese Hunde von Amerikanern in Mexiko entdeckt; sie brachten einige von ihnen mit in ihre Heimat. Aus diesen ersten Exemplaren erzüchteten Hundeliebhaber – vermutlich unter Zuführung von English Toy Terriern – den Kurzhaarchihuahua, wie wir ihn heute kennen. Man glaubt, daß die langhaarige Varietät erst in den USA durch das Einkreuzen von Papillons und Zwergspitzen entstand.

Charakter: Chihuahuas sind kleine Hunde mit großer Persönlichkeit, sie sind temperamentvoll, flink, aufmerksam und äußerst mutig mit Schutzinstinkt.

Erziehung: Chihuahuas sind intelligent, gelehrig und deshalb leicht zu erziehen – wenn man sie überzeugen kann und konsequent ist.

Schon seit dem 16. Jahrhundert sind kleine Spaniels in Europa bekannt. Die Wiege der heutigen Cavalier King Charles Spaniel stand mit einiger Sicherheit im höfischen England Charles I. und Charles II, aber auch an anderen Adelshöfen wurden „Toy-Spaniel“ als Luxushunde der Damen gehalten; ein Nachweis sind die Darstellungen solcher Hunde auf vielen Bildern alter Meister. Zu der Zeit Charles I. und Charles II. hatten diese Hunde eine solche herausragende Stellung, dass ihnen per Gesetz der Zugang zu allen Räumen des Palastes und sogar ins Parlament gesichert wurde. Mit der Thronbesteigung von Wilhelm von Oranien wurde der Mops zum bevorzugten „Hofhund“, und man nimmt an, dass diese mit den Zwergspaniels gekreuzt wurden – mit der Folge, dass diese eine kürzere Nase und einen stark gewölbten Schädel hatten: Man vermutet, dass so der King Charles Spaniel entstand. Den Bemühungen des Amerikaners Roswell Eldridge ist es zu verdanken, dass der alte Typ zu neuem Leben erweckt wurde. 1945 wurde die Rasse „Cavalier King Charles Spaniel“ offiziell anerkannt. Heute erfreut sich diese Rasse weltweit großer Beliebtheit.

Charakter: Der Cavalier besticht durch seine Freundlichkeit und seinen Charme, er ist äußerst menschenbezogen, fröhlich, robust und nicht streitsüchtig – als sehr guter Familienhund geeignet für Kinder wie für ältere Menschen.

Erziehung: Er ist, nicht zuletzt wegen seiner starken Bindung an „seine“ Menschen leicht zu erziehen.

FCI-Gruppe 9

9

Cavalier King Charles Spaniel

Ursprungsland
Großbritannien

Widerristhöhe
Rüde: 25 bis 34 cm
Hündin: 25 bis 34 cm

Farbe
„King Charles“=black and tan, „Ruby“= kastanienrot, „Blenheim“= weiß mit roten Platten, tricolour= schwarz, weiß und loh

Haarkleid
Lang, seidig, ohne Locken, leicht gewellt, üppige Fransen

FCI-Gruppe 9

King Charles Spaniel

9

Ursprungsland
Großbritannien

Widerristhöhe
Rüde: 26 bis 32 cm
Hündin: 26 bis 32 cm

Farbe
Schwarz und rot mit mahagonifarbenen Abzeichen,
tricolour: schwarz, rot, weiß,
„Blenheim“: weiß mit rote Platten
„Ruby“:kastanienrot

Haarkleid
Lang, seidig, glatt, nie gelockt, üppige Fransen an den Ohren, Läufen und an derRute

Die Geschichte des King Charles Spaniel ist eng verbunden mit der des Cavaliers. Auch er geht auf die an den Königshöfen Englands und des Kontinents als Schoßhunde sehr beliebten Zwergspaniel zurück. Diese Hunde haben verschiedene Jagdhundschläge vom Spanieltyp als Vorfahren, wurden aber vor allem als Gesellschaftshunde gehalten. Sie dienten als „Seelentröster“ und in den zugigen englischen Schlössern sogar als nützliche Fußwärmer! Bekannt wurde der Toy-Spaniel Mary Stuarts, der nach deren Hinrichtung aus ihren Gewändern kroch und nur mit Gewalt von dem Leichnam entfernt werden konnte. Ein großer Förderer der Rasse war Charles II., der ihnen per Gesetz Zugang zu allen Räumen des Palastes und des Parlaments garantierte. Es hieß, dass der König sich mehr um seine Hunde als um die Regierungsgeschäfte kümmerte! Der Hund vom heutigen King Charles Spaniel Typ entstand nach der Thronbesteigung Wilhelms von Oranien, der seine geliebten Möpse mit nach England brachte. Die Kreuzung der alten Zwergspaniel mit dieser neuen Rasse ergab Hunde mit kurzer Nase und deutlich gewölbtem Schädel. Im Gegensatz zum Cavalier ist der King Charles recht selten

Charakter: Der King Charles ist ruhig, friedfertig, sehr anhänglich und menschenbezogen – er ist glücklich, wenn er mit seinem Besitzer zusammen sein darf. Er ist fröhlich und mag die Bewegung im Freien.

Erziehung: Er ist leicht erziehbar, reagiert auf leiseste Ansprache.

Schon seit der Tang-Dynastie im 8. Jahrhundert sind in China Pekingesen-ähnliche Zwerghunde bekannt. In alten Zeiten sollte vermutlich ihr löwenähnliches Aussehen böse Geister abschrecken, und Buddha wurde der Überlieferung nach von Löwenhündchen begleitet, die sich vor Feinden in Löwen verwandelten. Anfang des 19. Jahrhunderts waren die Pekingesen zu Lieblingen des chinesischen Kaiserhofes geworden. Sie wurden sorgfältig gezüchtet; zahlreiche Eunuchen hatten die einzige Aufgabe, die Hunde zu züchten, aufzuziehen und zu pflegen. Die Hunde waren allein dem Adel vorbehalten, und auf den Diebstahl eines Pekingesen stand die Todesstrafe. Vor allem durfte kein Weißer einen solchen Hund besitzen! Als die Engländer 1860 Peking eroberten, gab die kaiserliche Familie deshalb den Befehl, alle Hunde zu töten. Dennoch fanden Soldaten 5 der begehrten Hunde neben dem Körper einer Tante des Kaisers vor, die sich das Leben genommen hatte. Sie brachten sie mit nach England und verschenkten sie: Einen davon erhielt Königin Viktoria. Später folgten weitere Importe und seither ist die Rasse aus England und der übrigen Welt nicht mehr wegzudenken.

Charakter: Pekingesen sind selbstbewusst, eigenwillig und niemals unterwürfig. Sie sind freundlich, anhänglich und verschmust – aber nur, wenn sie wollen; eher Einmannhunde.

Erziehung: Sie sollte mit Einfühlungsvermögen, Hundeverstand und Konsequenz erfolgen. Dieser Hund will überzeugt werden!

FCI-Gruppe 9

9

Pekingese

Ursprungsland
China

Anderer Name
Peking-Palasthund

Widerristhöhe
Rüde: 15 bis 25 cm
Hündin: 15 bis 25 cm

Farbe
Alle Farben außer leberbraun und albino

Haarkleid
Lang, glatt, üppig und sehr aufwendige Fellpflege

FCI-Gruppe 9

Japan Chin

Ursprungsland
Japan

Widerristhöhe
Rüde: etwa 25 cm
Hündin: etwa 25 cm

Farbe
Weiß mit schwarzen oder roten Flecken

Haarkleid
Lang, glatt, üppig und seidig, Fransen an Ohren, Hals, Oberschenkeln und Rute

Auf Grund alter Aufzeichnungen vermutet man, daß der Japan Chin auf Hunde zurückgeht, die sowohl aus Korea als auch aus China an den japanischen Kaiserhof gelangt waren. Ihre Vorfahren sind wohl mit dem Mops und dem Pekingesen verwandt. Sie entwickelten sich in Japan zu den bevorzugten Schoßhunden der Kaiserfamilie und durften nur vom höchsten Adel gehalten werden. Sie wurden nur mit Reis ernährt und bekamen regelmäßig Reiswein, um ihr Wachstum zu hemmen. Einige Exemplare blieben so klein, dass man sie wie Vögel in hängenden Bambuskäfigen hielt, andere wurden in den Ärmeln der seidenen Kimonos umhergetragen. Geschützt wurden die Hunde durch strenge Gesetze, und die alten und kranken erhielten gezielte Pflege und Fürsorge. 1853 brachte Commander Perry, als er Japan dem Westen öffnete, einige dieser Chins mit nach Hause; zwei von ihnen erhielt die hundefreundliche Königin Viktoria. Ihr Erscheinen erregte in Europa Aufsehen, und die Nachfrage führte dazu, dass zahlreiche Hunde die lange Schiffsreise aus dem Orient nach Europa antraten. Heute ist die Rasse auch außerhalb ihrer Heimat zum beliebten Haushund geworden.

Charakter: Japan Chins sind charmante, anpassungsfähige Familienhunde, fröhlich, verspielt, aufgeschlossen und bewegungsfreudig. Sie sind friedlich auch mit Artgenossen und sehr anhänglich.

Erziehung: Dieser Hund ist durch seine Intelligenz und sein Bedürfnis, seinem Herrn Freude zu bereiten, leicht zu erziehen.

Diese Rasse ist bekannt unter den Namen Papillon (Schmetterling, da die großen befransten Ohren wie Schmetterlingsflügel wirken) für die stehohrige Variante und Phalène (Nachtfalter, mit Ohren wie gefaltete Flügel) für diejenige mit Hängeohren, die als die ursprüngliche anzusehen ist, obwohl sie heute sehr selten ist. Zwergspaniels gab es am spanischen Hof schon im 12. Jahrhundert, im 14. und 15. Jahrhundert traf man sie in fast allen europäischen Adelshäusern an, und manche vornehme Dame ließ sich nur mit ihrem kleinen Spaniel portraitieren. Man sieht sie auf Gemälden von Rubens, Rembrandt und anderen großen Meistern. Während der Französischen Revolution wurden sie als Privileg der Begüterten nahezu ausgerottet. Marie Antoinette soll auf ihrem Weg zum Schafott einen ihrer Zwergspaniels bei sich getragen haben! Im 19. Jahrhundert erst entstand die stehorige Varietät, der Papillon, durch Einkreuzungen von Chihuahuas und Zwergspitzen, vornehmlich durch die Bemühungen von belgischen Züchtern. Diese Varietät wurde schnell so bekannt und beliebt, daß die Existenz der Phalènes fast in Vergessenheit geriet. Auch heute sieht man hängeohrige Zwergspaniels nur selten.

Charakter: Zwergspaniels sind robuste, selbstsichere, fröhliche Familienhunde, aber nicht als "Kinderspielzeug" geeignet. Sie sind anpassungsfähig, intelligent und lebhaft.

Erziehung: Die Hunde sind auf Grund ihrer Intelligenz und Menschenbezogenheit leicht erziehbar.

FCI-Gruppe 9

9

Papillon Phalène

Ursprungsland
Frankreich, Belgien
Anderer Name
Kontinentaler Zwergspaniel
Widerristhöhe
Rüde: höchstens 28 cm
Hündin: höchstens 28 cm
Farbe
Alle Farben, Grundfarbe weiß
Haarkleid
Üppig, nicht gewellt, kurz im Gesicht, an der Schnauze und an den Läufen, sonst mittellang, bei einer Länge von 7,5 bis 15 cm

FCI-Gruppe 9

Kromfohrländer

Ursprungsland
Deutschland

Widerristhöhe
Rüde: 38 bis 46 cm
Hündin: 38 bis 46 cm

Farbe
Grundfarbe weiß mit braunen Flecken

Haarkleid
Rauhaar: fest, rau und mittellang
Stockhaar: mittellang und glatt

Der Kromfohrländer ist eine junge deutsche Rasse. Ihre Entstehung ist dokumentiert: Als 1945 amerikanische Soldaten von Frankreich aus in Deutschland einmarschierten, brachte eine Abteilung, die durch Siegen im Sauerland zog, einen kleinen weiß-braunen zottigen Hund vom Typ eines französischen Griffons mit. Dieser Hund blieb zurück und wurde von Frau Ilse Schleifenbaum aufgenommen, die heute als die Schöpferin der Rasse angesehen werden kann. Aus der Verbindung dieses Rüden mit einer Fox Terrier Hündin aus der Nachbarschaft fielen Welpen, die so ausgeglichen und hübsch waren und ein so fröhliches Wesen hatten, daß Frau Schleifenbaum sie alle behielt und beschloß, eine neue Rasse aus ihnen zu züchten. Frau Schleifenbaum wohnte bei Siegen nahe der Gemarkung „krom Fohr", was auf hochdeutsch „krumme Furche" heißt. Damit hatte die neue Rasse auch einen Namen. 1955 erreichte Frau Schleifenbaum nach 10 Jahren streng selektiver Zucht, daß die Rasse zunächst in Deutschland, dann auch international offiziell anerkannt wurde. In Deutschland sind Kromfohrländer auf Ausstellungen regelmäßig – wenn auch nicht in großen Zahlen - anzutreffen, im Ausland sind sie kaum bekannt.

Charakter: Kromfohrländer sind intelligente, ausdauernde Hunde. Sie sind anpassungsfähig und verspielt, in ihrer Familie anhänglich und aufgeschlossen, Fremden gegenüber etwas zurückhaltend.

Erziehung: Kromfohrländer sind sehr lernfähig und leicht zu erziehen.

Diese Rasse geht vermutlich auf English Bulldogs von geringer Größe zurück, die gegen Ende des 19. Jahrhunderts mit den armen englischen Leinenwebern und Spitzenklöpplern, die sich jenseits des Kanals ein besseres Leben erhofften, nach Frankreich gelangten. Dort wurden die kleinen Bulldogs mit kurznasigen, bullenbeißenden Hunden des Kontinents vermischt. Die moderne Französische Bulldogge ist das Ergebnis solcher Kreuzungen, die passionierte Züchter in den Arbeitervierteln von Paris vornahmen. Zunächst war sie der Hund der Lastenträger und der Metzger in den Pariser Markthallen und der Kutscher von Paris, ihr auffälliges Aussehen mit dem gedrungenen Körper, den Fledermausohren und dem vorstehenden Unterkiefer erregte jedoch bald die Aufmerksamkeit der besseren Gesellschaft und der Welt der Künstler. Zudem erwarb der englische König Edward VII. einen solchen Hund, und all das förderte die Verbreitung der Rasse nachhaltig. 1898 schließlich erkannte die Société Centrale Canine die Französische Bulldogge als Rasse offiziell an, und heute ist sie in allen Ländern der Welt bekannt.

Charakter: Die Französische Bulldogge ist intelligent, verschmust, sehr anhänglich, fröhlich und verspielt. Ihr offenes Wesen hält das, was ihr spaßiges Aussehen verspricht. Sie ist wachsam, ohne viel zu kläffen – ein idealer Familienhund.

Erziehung: Dieser Hund sollte mit viel Liebe und Einfühlungsvermögen erzogen werden, dann ordnet er sich gern unter.

FCI-Gruppe 9

9

Französische Bulldogge

Ursprungsland
Frankreich

Widerristhöhe
Rüde: 25 bis 35 cm
Hündin: 25 bis 35 cm

Farbe
Fauve, gestromt oder ungestromt, mit oder ohne Scheckung; falb von rot bis „Milchkaffee“

Haarkleid
Glatt, dicht, weich und glänzend

FCI-Gruppe 9

Mops

Ursprungsland
Großbritannien

Widerristhöhe
Rüde: etwa 30 cm
Hündin: etwa 30 cm

Farbe
Silber, apricot, falb oder schwarz, schwarze Gesichtsmaske, Aalstrich und schwarze Schönheitsflecken auf Stirn und Wangen

Haarkleid
Fein, glatt, weich, kurz, glänzend, weder rau noch wollig

Der Mops hat seinen Ursprung in Ostasien, und zwar vermutlich in China. Dort waren schon lange vor unserer Zeit kleine Hunde mit kurzen, breiten, flachen Köpfen geschätzt. Diese Hunde wurden in den Palästen zumeist von besonders ausgebildeten Eunuchen gezüchtet und galten als kleine Kostbarkeit. Schon im 1. Jahrhundert n. Chr. wurde während der Tang-Dynastie zwischen 8 Rassen unterschieden, darunter der "Lo-Sze", der als Urahn der heutigen Möpse gilt. Nach Europa, und zwar zunächst in die Niederlande, kam der Mops vermutlich nach der Gründung der holländischen East India Company, die im fernen Osten Handel trieb. Wilhelm von Oranien hat nachweislich einen Mops besessen, der ihm in der Schlacht von Hermigny durch sein warnendes Gekläff das Leben rettete. Als sein Urenkel Wilhelm III. zur Thronbesteigung nach England segelte, brachte er mehrere Möpse mit, und so begann der Siegeszug der Rasse auf der Insel. Bis ins 20. Jahrhundert traf man ihn an allen europäischen Fürstenhöfen an – leider zu oft als fettgefütterten Schoßhund älterer Damen. Viele Darstellungen aus allen Epochen zeigen Möpse, die in ihrem Erscheinungsbild den heutigen schon recht nahe kommen.

Charakter: Möpse sind fröhlich, spielfreudig, aufmerksam und intelligent, familienfreundlich, nicht aggressiv und durchaus robust, wenn sie genügend Bewegung haben und wie "echte" Hunde gehalten werden.

Erziehung: Bei den gelehrigen Möpsen völlig unproblematisch.

Das Heimatland des Boston Terriers sind die USA. Trotz seines Namens ist er optisch wenig terrierartig; dieser weist aber auf die Vorfahren des Bostons hin: English Bulldogs und alte weiße English Terrier. Wie alle Bulldog-Kreuzungen wurde auch der Boston Terrier ursprünglich für den Hundekampf gezüchtet, der besonders in der Umgebung der Stadt Boston verbreitet war. Die ersten Bostons waren schwerer und gröber als die Hunde, die wir heute kennen; man vermutet, dass zur Verfeinerung des Typs Französische Bulldoggen eingekreuzt wurden. Obwohl die Rasse älter ist, wurde sie erst 1893 vom amerikanischen Kennel Club anerkannt, nachdem ihr ursprünglicher Name American Bull Terrier – der von den Züchtern des englischen Bull Terriers wegen der Verwechslungsmöglichkeit nie akzeptiert wurde – in Boston Terrier geändert wurde; dies nach der Stadt, in der der erste Club für die Rasse gegründet worden war. Der Boston Terrier ist der Nationalhund Amerikas, dessen Popularität Mitte des 20. Jahrhunderts Spitzenwerte ereichte. Die deutlichen Größenunterschiede beim Boston ergeben sich aus den erlaubten „Gewichtsklassen" von unter 6,8 kg bis maximal 11,3 kg.

Charakter: Der Boston Terrier ist temperamentvoll, intelligent, aufmerksam und mutig; ein angenehmer Familienhund, der seinen Menschen so nahe wie möglich sein möchte.

Erziehung: Der einfühlsame Boston reagiert auf die leiseste Ansprache und ist er leicht erziehbar.

FCI-Gruppe 9

9

Boston Terrier

Ursprungsland
USA

Anderer Name
Boston Bull Terrier

Widerristhöhe
Rüde: 25 bis 40 cm
Hündin: 25 bis 40 cm

Farbe
Gestromt, „seal"=schwarz mit roten Schimmer, schwarz mit weißen Abzeichen

Haarkleid
Kurz, glatt, fein und pflegeleicht

Einleitung FCI-Gruppe 10

Windhunde

Mit derzeit 13 Rassen ist die FCI-Gruppe 10 der Windhunde eine der übersichtlichsten und erscheint auch bei einem Blick auf ihre angesiedelten Rassen als eine der homogensten. Auch wenn man den Irish Wolfhound als die derzeit größte anerkannte FCI-Rasse instinktiv vielleicht nicht als klassischen Windhund eingeordnet hätte, macht seine Abstammung und enge Verwandtschaft zum schottischen Deerhound die Zuordnung plausibel.

Windhunde gehören mit zu den ältesten Rassehunden überhaupt. Ihre Abbildungen zierten bereits die Grabkammern der ägyptischen Pharaonen vor über 4 000 Jahren. Die Vermutung liegt nahe, dass sich irgendwo im mittleren Osten auch die Wiege der Windhund-Zucht befindet und diese erst später auf dem Seeweg über Europa bis nach England und Irland kamen. Windhunde wurden seit jeher auf Schnelligkeit gezüchtet. Ihre Verwendung fanden sie früher bei der Jagd. Dabei verließen sie sich nicht auf ihren Geruchssinn, sondern vertrauten ihren besonders guten Augen. Sie jagten auf Sicht und werden deshalb im englischsprachigen Raum auch als *sighthounds* bezeichnet. Die Windhunde des Orients wie Saluki und Afghane erjagten sogar Gazellen. Die europäischen Windhunde nahmen es trotz ihres eleganten Körperbaus und ihres beinahe noch feineren Ganges sogar mit großem Wild und Wölfen auf! Die Namen Deerhound (*deer* = Hirsch) und Irish Wolfhound erinnern an diese Vergangenheit. Große Geschichten aus seiner Vergangenheit als Wolfjäger formen auch heute noch das Bild des russischen Barsois.

Der Hundefreund der Moderne denkt bei Windhunden wahrscheinlich nicht zuerst an die Jagd, sondern er sieht diese schlanken, eleganten Hunde mit den typischerweise sichtbaren Hüfthöckern ihre Runden auf der Rennbahn drehen. Tatsächlich ist dies der ideale Sport für die rennbegeisterten Hunde. Es gibt keinen Windhund, das kleine italienische Windspiel, welches schon immer mehr ein Schoßhund war, einmal ausgenommen, der sich nicht für die Rennbahn eignet. Erfolge lassen sich allerdings am ehesten mit dem speziell für diesen Sport gezüchteten Greyhound erzielen. Doch auch dem vermeintlich in erster Linie schönen Afghanen steht als einem der schnellsten Hunde der Welt das Prädikat „besonders schnell“ zu. In seiner Klasse fast nicht zu schlagen ist der Whippet, eine von der ärmeren Arbeiterschicht Englands im 19. Jahrhundert gezüchtete Miniaturisierung des Greyhound.

Die Jagdleidenschaft ist allen Windhunden auch heute noch eigen und Voraussetzung für den Rennsport. Auf der Bahn jagen die Hunde einer Hasenattrappe nach, die in entsprechendem Tempo vor der jagenden Meute hergezogen wird. Früher fiel dieses zweifelhafte und fast immer tödlich endende Vergnügen noch einem echten Hasen zu. Eine immer beliebter werdende und dem Jagdverhalten eines Windhundes näher stehende Sportart ist das Coursing, wobei eine Gruppe von Windhunden in der freien Natur (hierzulande) ein künstliches Hetzobjekt verfolgt. Wer sich für einen Windhund entscheidet, muss eine tiefe, auf Respekt aufbauende Freundschaft mit seinem Hund eingehen. Windhunde sind Fremden gegenüber oft unnahbar und wirken faszinierend entrückt. Sie haben ihren eigenen Willen, ihre eigene Gedankenwelt. Wer dies ebenso akzeptiert wie die unbedingte Notwendigkeit des regelmäßigen Auslaufs, am besten auf der Rennbahn, findet hier einen wunderbaren Freund.

Bereits seit Jahrtausenden existieren Windhunde im Gebiet des heutigen Afghanistans. Ihre Verbreitung erstreckte sich schon damals bis zum heutigen Iran. Hunde des Afghanen-Typs sind seit Jahrhunderten bekannt. Sie verschafften den Einwohnern der kargen Region zu Zeiten, da noch nicht mit Schusswaffen gejagt wurde, die eine oder andere Mahlzeit. Dementsprechend hoch war auch der Status eines guten Windhundes. Man kann im Ursprungsgebiet zumindest zwei Schläge des Afghanischen Windhundes unterscheiden: den schlankeren, grazilen, schnellen Steppentyp und den kräftigeren und behaarteren Gebirgstyp, der dem modernen Bild des Afghanen mehr entspricht. Gegen Ende des 19. Jahrhunderts kamen die ersten Afghanen beider Schläge mit britischen Militärs nach Großbritannien. Die auffälligen Hunde fanden schnell Liebhaber in der ganzen Welt. Das lange, seidige Fell ist unter den Windhunden einmalig.

Charakter: Der unaufdringliche Afghane bleibt Fremden gegenüber distanziert, ist aber niemals aggressiv, eher desinteressiert. Die Hunde sind lebhaft und fröhlich. Sie strahlen eine natürliche Würde aus, die manche als Arroganz deuten. Afghanen sind intelligente, selbstbewusste Hunde.

Erziehung: Windhunde vertragen keine Strenge und müssen einfühlsam erzogen werden. Sie benötigen naturgemäß viel Bewegung.

Pflege: Die zeitaufwändige und arbeitsintensive Pflege des langen Fells muss vor der Anschaffung unbedingt berücksichtigt werden.

FCI-Gruppe 10

10

Afghanischer Windhund

Ursprungsland
Afghanistan

Anderer Name
Afghane, Barukzy, Baluchi

Widerristhöhe
Rüde: 69 bis 74 cm
Hündin: 62 bis 69 cm

Farbe
Alle Farben

Haarkleid
Sehr lang, seidig und fein

FCI-Gruppe 10

Saluki

Ursprungsland
Iran

Anderer Name
Persischer Windhund

Widerristhöhe
Rüde: 58,5 bis 71 cm
Hündin: etwas kleiner

Farbe
Alle Farben und Farbkombinationen

Haarkleid
Glatt und seidig, Befederung der Ohren, Rute und Rückseite der Läufe

Die Araber sehen im Saluki, im Gegensatz zu anderen Hunden, die laut Koran unrein sind, ein Geschenk Allahs. Salukis wurden ursprünglich zur Jagd auf Gazellen gezüchtet. Die Hunde mussten für diese Aufgabe sehr schnell und wendig sein. Teils wurden Sie bei ihrer Aufgabe von Falken unterstützt. Im Norden Afrikas, im Vorderen und Mittleren Orient gibt es seit Jahrtausenden viele verschiedene Windhund-Schläge. Schon die alten Ägypter jagten mit Windhunden. Jahrtausende alte Abbildungen zeigen Windhunde mit der typischen Befederung des Saluki. Die moderne Jagd mit Schusswaffen führte zu einem deutlichen Rückgang des Saluki, der seiner eigentlichen Bestimmung beraubt wurde. Doch die Zucht überlebte aus traditionellen Gründen und damit überlebten auch die Hunde. Neben dem befederten Typ gibt es auch einen kurzhaarigen Schlag. Beide Varietäten werden heute gezüchtet. Die ersten Salukis, die in ihrer Heimat Tazi heißen, kamen im frühen 19. Jahrhundert nach Europa, doch findet eine planmäßige Zucht erst seit den 1920er Jahren statt.

Charakter: Der teils als introvertiert beschriebene Saluki zeigt sich liebevoll zu seiner Familie, ohne jedoch ein allzu feste Bindung einzugehen. Fremden gegenüber verhält er sich zurückhaltend. Die Hunde sind niemals aggressiv, besitzen jedoch noch immer ihre Jagdleidenschaft.

Erziehung: Eine einfühlsame Erziehung ist bei diesen sensiblen, intelligenten Hunden sehr wichtig. Sie benötigen viel Bewegung.

Der russische Barsoi ist ein beeindruckender Hund. Nicht allein seine Größe, auch sein schmaler Schädel und sein flacher Körper sind einzigartig. Als Wolfsjäger der russischen Zaren wurde diese Rasse bekannt, doch die Hunde wurden vom russische Adel nachweislich ab dem 14. Jahrhundert auch zur Jagd auf andere Tiere eingesetzt. Erst in der Mitte des 19. Jahrhunderts gelangten die ersten Barsois als Geschenk des Zaren an das englische Königshaus nach Großbritannien. Der Barsoi stammt trotz seines sehr eigenen Aussehens sicher von Windhunden des Orients ab. Der heutige Typ mit der langen, seidigen Behaarung wurde erst zu Beginn des 20. Jahrhunderts gefestigt. Nach der Oktoberrevolution 1917 gab es in Russland fast keinen Barsoi mehr. Schon zuvor war aufgrund moderner Jagdmethoden ein Rückgang der Rasse spürbar. Der Zweite Weltkrieg bedeutete fast das Ende des Barsoi. Der Aufbau eines Zuchtprogramms zur Rettung der Rasse war mühsam, nicht zuletzt aufgrund des staatlichen Engagements aber erfolgreich.

Charakter: Wie alle Windhunde ist auch der Barsoi ein würdevoller Hund mit eigenem Kopf. Er wird sich seinem Halter nie bedingungslos hingeben, liebt aber seine Familie. Die freundlichen, aktiven Hunde werden Fremden gegenüber immer reserviert bleiben.

Erziehung: Die Hunde müssen sehr liebevoll und einfühlsam erzogen werden, denn mit Strenge können sie nichts anfangen. Sie brauchen ihrer Rasse entsprechend täglich viel Auslauf und Bewegung.

FCI-Gruppe 10

10

Barsoi

Ursprungsland
Russland

Anderer Name
Russischer Windhund

Widerristhöhe
Rüde: 70 bis 82 cm
Hündin: 65 bis 77 cm

Farbe
Weiß, gold, silber, loh, schwarz gewolkt mit dunklem Fang, grau, gestromt, einfarbig oder Scheckung auf weißem Grund

Haarkleid
Lang, seidig, gewellt oder in großen Locken

FCI-Gruppe 10

Irish Wolfhound

Ursprungsland
Irland

Anderer Name
Irischer Windhund

Widerristhöhe
Rüde: mind. 79 cm
Hündin: mind. 71 cm

Farbe
Grau, gestromt, rötlich, schwarz, weiß und fahl

Haarkleid
Rau, struppig und pflegeleicht

Wann genau die ersten Hunde vom Typ des Windhundes nach Irland kamen, ist nicht sicher. Es könnten jedoch die Kelten gewesen sein, die sie mit auf die Insel brachten. Raubzüge im Südosten Europas haben dieses Volk sicher in den Besitz von Windhunden gebracht. Die irischen Wolfhunde waren schon früh über die Grenzen bekannt. Als Geschenke für römische Feldherren gelangten sie bis nach Italien, viele kamen auch nach Schottland, was Spekulationen aufkommen ließ, wie viel Wolfhound-Blut im Deerhound fließt. Der Irish Wolfhound wurde tatsächlich zur Jagd auf Wölfe gezüchtet. Als diese zur Mitte des 18. Jahrhunderts nahezu ausgerottet waren, schien auch der Niedergang des Wolfhound besiegelt. Neue Zuchtbemühungen fanden nicht vor 1860 durch Captain George A. Graham statt. Inzwischen gab es, verschärft durch schwere Hungersnöte in Irland, kaum noch typvolle Wolfhounds. Erschwerend kam hinzu, dass kaum Abbildungen dieses Hundes existierten. Bei der Rekonstruktion stützten sich die Züchter auf die Annahme, dass der Deerhound eng mit dem Irish Wolfhound verwandt ist und kreuzten, als sich die Zuchtbasis des Wolfhounds als zu schmal erwies, Deerhounds ein. Deutsche Doggen und vermutlich Barsois verhalfen der Rasse zu ihrer imposanten Größe.

Charakter: Der ruhige, selbstsichere Wolfhound bellt nicht unnötig und ist nicht aggressiv.

Erziehung: Entsprechend der Größe ist guter Gehorsam Voraussetzung und der Umgang mit kleinen Kindern nur bedingt ratsam.

Der Name Deerhound sagt es schon, dieser Hund aus den schottischen Highlands wurde früher zur Jagd auf Hirsche eingesetzt. Seine Ähnlichkeit mit dem modernen Irish Wolfhound sorgt immer wieder für Spekulationen darüber, welche Rasse nun die ältere ist. Eine schlüssige Antwort kann bis heute nicht gegeben werden. Sicher ist nur, dass der moderne Irish Wolfhound mit viel Deerhound-Blut wiederbelebt wurde. Vermutlich ist der schottische Deerhound ein Nachkomme der Hunde, die einst mit den Kelten das Land erreichten. Zum Ende des 18. Jahrhunderts stand es schlecht um den Fortbestand dieser beeindruckenden Rasse, denn veränderte Jagdmethoden mit Schusswaffen, der Rückgang des Wildbestandes und die Rodung der Wälder zum Ausbau von Weide- und Ackerflächen machten die Hunde überflüssig. Auch die Niederlage der Schotten gegen die Engländer 1746 und die damit verbundene Auflösung der Clans, die die Zucht bestimmten, war eine herber Rückschlag. Doch engagierte Züchter nahmen sich der Rasse im frühen 19. Jahrhundert an und konnten sie erhalten.

Charakter: Die friedlichen, zurückhaltenden Deerhounds sind sehr treue Hunde, die ihre Familie lieben, gut mit Kindern umgehen und niemals aggressiv werden. Fremden gegenüber bleiben sie zunächst zurückhaltend, sind aber nicht auf Dauer misstrauisch.

Erziehung: Mit dem notwendigen Einfühlungsvermögen ist der Deerhound gut erziehbar. Er ist gerne im Freien und braucht viel Bewegung.

FCI-Gruppe 10

10

Deerhound

Ursprungsland
Großbritannien

Anderer Name
Schottischer Hirschhund

Widerristhöhe
Rüde: mind. 76 cm
Hündin: mind. 71 cm

Farbe
Dunkles blaugrau, grau, gelb, gestromt, sandfarben und falb mit schwarz an den Läufen, Ohren und Rute

Haarkleid
Struppig, harsch, dicht und pflegeleicht

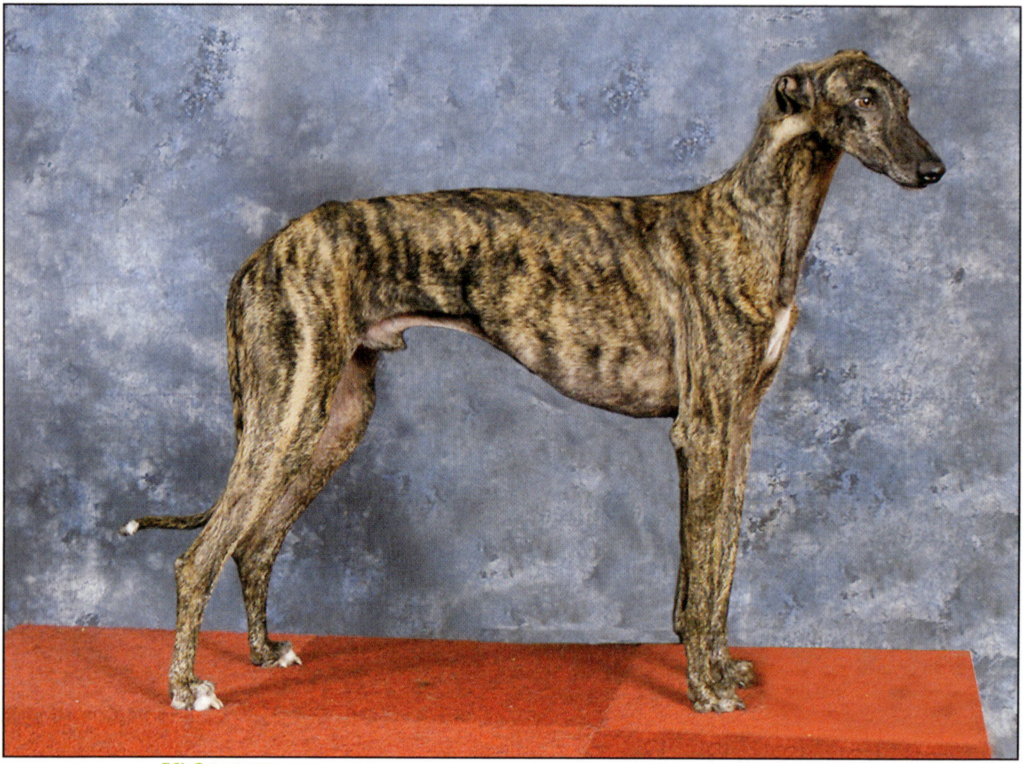

Galgo Español

Ursprungsland
Spanien

Anderer Name
Galgo, Spanischer Windhund

Widerristhöhe
Rüde: 62 bis 70 cm
Hündin: 60 bis 68 cm

Farbe
Falb und mehr oder weniger dunkel gestromt, schwarz, schwarz gefleckt, zimt, gelb, rot, weiß, gescheckt

Haarkleid
Kurz, glatt, fein und dicht

Wahrscheinlich wurden die ersten Windhunde bereits von den Kelten zwischen 600 und 800 v. Chr. auf die iberische Halbinsel gebracht. Die Hunde genossen bis weit über die Grenzen hohes Ansehen und auch den Römern waren sie nicht unbekannt. Das Land wurde, rund 1 500 Jahre nachdem die Kelten dort eingefallen waren, von den Mauren, einem arabischen Volk, erobert. Die Mauren besaßen selbst Windhunde, eine Vermischung mit den ansässigen Keltenhunden ist unbedingt anzunehmen. Wahrscheinlich stammt das raue Haar des Galgo von den keltischen Ahnen, das glatte von den maurischen. Die Hunde wurden auch von der ärmeren Bevölkerung Spaniens gehalten, die sie zur Jagd auf Kaninchen und Hasen nutzten. Der Adel veranstaltete mit den geschätzten Hunden Jagden auf Wild. Als im 20. Jahrhundert die Windhundrennen immer populärer wurden, erwies sich der Galgo als nicht so schnell, weshalb einige Züchter englische Greyhounds einkreuzten. Den Typ-Unterschied bemerkt man; so erkennt die FCI nur reingezüchtete Galgos an, die Dank einiger engagierter Züchter in ausreichender Zahl überlebten.

Charakter: Der Galgo ist etwas ungestümer als andere Windhunde, nicht so zurückhaltend. Er begegnet Fremden noch misstrauischer als andere Hunde.

Erziehung: Der Galgo ist leicht zu erziehen, wobei auf eine sehr gute Sozialisation mit anderen Hunden und Menschen geachtet werden muss, soll er als erwachsener Hund offen auf andere zugehen können.

Um den Titel der ältesten Windhund-Rasse streiten sich viele. Sicher ist der Greyhound nicht die älteste Rasse, denn die Wurzeln aller Windhunde liegen im Orient. Doch finden sich in nahezu 4000 Jahre alten Grabkammern in Ägypten Zeichnungen, die Hunde vom Typ des Greyhound darstellen. Nach England kamen die Hunde wahrscheinlich mit den Kelten. Für viele Menschen ist der Greyhound der Inbegriff des Rennbahn-Hundes schlechthin. Und tatsächlich ist er mit Laufgeschwindigkeiten, die in der Spitze über 70 km/h betragen, nach dem Gepard das schnellste lebende Säugetier.

Im Mittelalter war es normalen Bürgern verboten, diese Hunde zu halten. Es war ein Privileg des Adels, mit Greyhounds zu jagen. Das Töten oder auch nur das Verletzen eines Greyhounds zog ernste Strafen nach sich. Erste Windhund-Rennen, bei denen bereits gewettet wurde, können für das 16. Jahrhundert belegt werden. Der Greyhound ist von allen Windhundrassen der beste Kurzstreckenläufer. Die unterschiedlichen Verwendungen des Greyhounds führten dazu, dass man heute einen Rennhund-, einen Jagdhund- und einen Ausstellungshund-Typ unterscheiden kann.

Charakter: Die ausgeglichenen Hunde sind sehr selbstbewusst, nicht aggressiv, durchaus menschenbezogen, aber nicht unbedingt verschmust.

Erziehung: Der sanfte Greyhound ordnet sich recht gut unter, ist ein kinderlieber Familienhund, der seinen Bewegungsdrang ausleben muss, sonst wird er destruktiv.

FCI-Gruppe 10

10

Greyhound

Ursprungsland
Großbritannien

Anderer Name
Großer Englischer Windhund

Widerristhöhe
Rüde: 71 bis 76 cm
Hündin: 68 bis 71 cm

Farbe
Schwarz, weiß, rot, blau, rotgelb, sandfarben, gestromt oder jede dieser Farben mit weiß

Haarkleid
Kurz, sehr fein, glatt und dicht

FCI-Gruppe 10

Whippet

Ursprungsland
Großbritannien

Widerristhöhe
Rüde: 47 bis 51 cm
Hündin: 44 bis 47 cm

Farbe
Alle Farben

Haarkleid
Kurz, fein und dicht

Der kleine Whippet wurde, darüber gibt es keinen Zweifel, im 19. Jahrhundert in England von hundebegeisterten Arbeitern gezüchtet, die Spaß am Hundesport hatten, sich aber keine großen Windhunde leisten konnten. Ein beliebter „Sport" dieser Zeit war die Kaninchenhetze, bei der die Hunde in einer begrenzten Arena so viele Kaninchen wie möglich töten mussten, ohne dass diese eine Möglichkeit zur Flucht hatten. Whippets sind das Kreuzungsprodukt kleinerer Greyhounds und Terrier. Von letzteren erbten die Hunde die notwendige Zähigkeit und Schärfe, die Windhunde selbst brachten ihre Schnelligkeit und Wendigkeit mit. Von den Terriern erbte der Whippet zudem das raue Fell. Rauhaarige Whippets wurden bis 1960 von der FCI als eigene Rasse anerkannt. Als die brutalen Kaninchenjagden verboten wurden und das Interesse am Rennsport zunahm, wurde der im Unterhalt günstige Whippet auch für die Rennbahn gezüchtet. Spezielle Rennen wurde für diese Rasse veranstaltet, denn sie erreichten bei ihrer Körpergröße natürlich nicht die Geschwindigkeiten ihrer großen Brüder, obwohl auch sie auf kurzen Distanzen bis zu 50km/h laufen!

Charakter: Whippets lebten in beengten Verhätnissen dicht mit ihrem Halter zusamen. Die friedlichen Hunde sind anhänglicher und auch Fremden gegenüber deutlich offener als viele andere Windhund-Rassen.

Erziehung: Die Erziehung ist unkompliziert, den großen Bewegungsdrang muss man fördern!

Die Herkunft und der Körperbau des Italienischen Windspiels belegen eindeutig das Windhund-Erbe dieser Rasse, doch wurde und wird das Windspiel fast ausschließlich als Schoßhund gehalten. Nur selten jagten diese Hunde. Die genaue Herkunft der Rasse ist unbekannt, ihr Ursprung dürfte jedoch nicht, wie es der Name vermuten lässt, in Italien liegen. Wahrscheinlich sind die Vorfahren aus Ägypten nach Rom gekommen. Schon im Mittelalter kannte man diese kleinen Hunde, sie waren beliebt bei den feinen Damen und saßen bereitwillig auf deren Schößen. Auch wenn das Windspiel auf den ersten Blick wie ein miniaturisierter Greyhound oder Whippet aussieht, ist die Rasse doch insgesamt wesentlich filigraner. Einer der berühmtesten Halter von Italienischen Windspielen war Friedrich der Große, der sich häufig zusammen mit seinen Hunden abbilden ließ. Anfangs schien es etwas schwierig, die Rasse klar vom Whippet abzugrenzen, zumal dieser neben Zwergpinschern zum Aufbau der Rasse eingekreuzt wurde. Wie bei vielen Zwerghundrassen litt auch diese unter den Bemühungen der Züchter, immer kleinere, zierlichere Exemplare zu erschaffen.

Charakter: Die geselligen Hunde sind sehr zutraulich und immer fröhlich gelaunt. Sie sind verspielt, lieben es aber auch verschmust auf dem Schoß ihres Halters zu liegen.

Erziehung: Die Erziehung ist völlig unkompliziert, man sollte jedoch nicht zu nachsichtig sein, sonst festigen sich unerwünschte Verhaltensweisen schnell.

FCI-Gruppe 10

10

Italienisches Windspiel

Ursprungsland
Italien

Widerristhöhe
Rüde: 32 bis 38 cm
Hündin: 32 bis 38 cm

Farbe
Schwarz, grau, schiefergrau, gelb in allen Schattierungen, weiß nur an Brust und Pfoten

Haarkleid
Kurz und fein

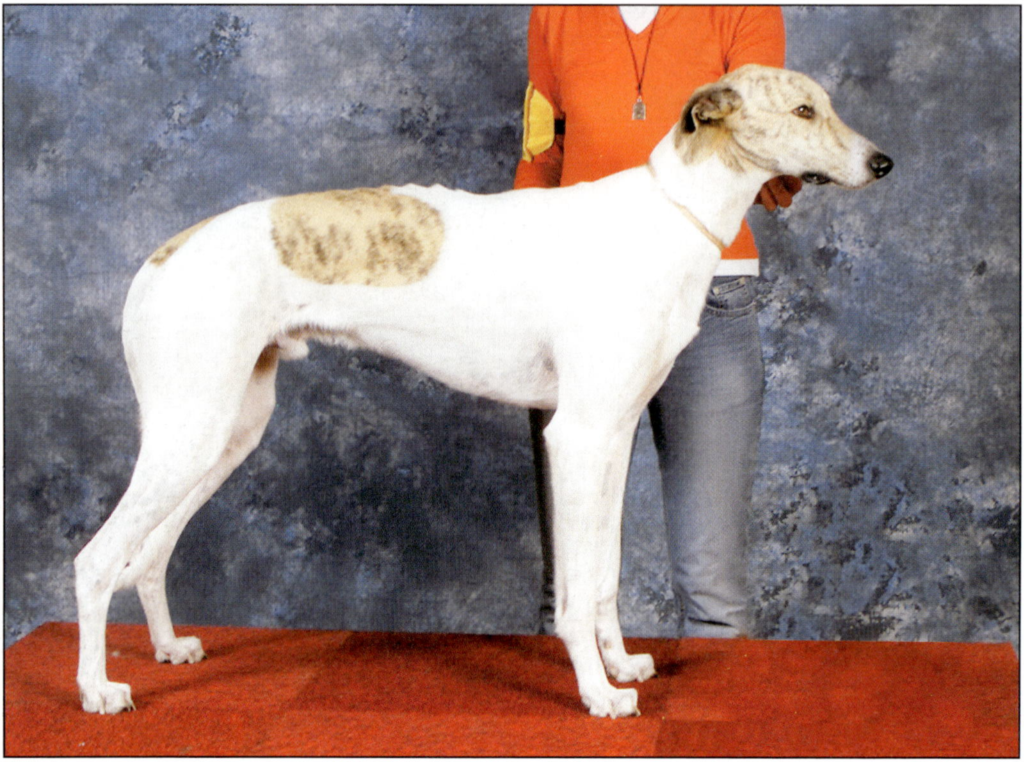

FCI-Gruppe 10

10

Magyar Agar

Ursprungsland
Ungarn

Widerristhöhe
Rüde: 65 bis 70 cm
Hündin: etwas kleiner

Farbe
Alle Farben

Haarkleid
Kurz, glatt, nicht zu fein und im Winter dicht

Auch über den Ursprung des Magyar Agar lassen sich nur Vermutungen anstellen. Wie bei den meisten europäischen Windhunden muss man davon ausgehen, dass sie die Nachkommen der Windhunde sind, die die Kelten von ihren Eroberungszügen mitbrachten. Neben diesen keltischen Windhunden haben vermutlich auch die Magyaren Windhunde mit sich geführt, als sie im neunten Jahrhundert in das Gebiet des heutigen Ungarns einfielen. Später noch brachten auch die Türken ihre Hunde mit in das Land. Der Magyar Agar war in der Hauptsache ein Gemisch dieser Hunde. Der moderne Magyar hingegen trägt eine Menge Greyhound-Blut in sich, ist aber insgesamt massiver. Als zum Ende des 18. Jahrhunderts überall in Europa die Jagd mit Windhunden der mit Schusswaffen weichen musste, war auch der ungarische Windhund vom Aussterben bedroht. Die Leidenschaft für den Rennsport brachte Leben in die Zucht. Der Agar erwies sich jedoch als nicht schnell genug. So kreuzte man kurzerhand vor allem Greyhounds ein. Manche Kynologen behaupten sogar, kein moderner Magyar Agar, dessen Zucht ab 1960 wieder aufgenommen wurde, sei mehr reinrassig. Tatsächlich sind die Unterschiede zum Greyhound äußerst gering.

Charakter: Die Hunde sind ruhig, zeigen die Windhund-typische Zurückhaltung Fremden gegenüber. Sie sind nicht aggressiv.

Erziehung: Die intelligenten Hunde lassen sich leicht erziehen, wenn man von ihnen keinen uneingeschränkten Gehorsam erwartet.

Die Heimat des Azawakh ist die, auch als Sahelzone bekannte, südliche Sahara. Auf die enge Verwandtschaft der verschiedenen Windhunde des Vorderen und Mittleren Ostens mit den afrikanischen Windhundrassen wurde schon mehrfach hingewiesen. So scheint der Azawakh sehr eng mit dem Sloughi verwandt zu sein, unterscheidet sich von diesem aber deutlich durch seine charakteristische, auf hohen Läufen stehende Körperform. Der Azawakh wurde von den Tuareg, einem Nomadenstamm, vor allem für die Jagd auf Gazellen gezüchtet. Er ist aber kein Sprinter, sondern glänzt auf längeren Strecken. Mit ihm jagte man auch Hasen und andere Säuger. Der Azawakh tötet im Gegensatz zu anderen Wind- und Jagdhunden das Tier aber nicht, sondern stellt und verwundet es, bis der Jäger zur Stelle ist, der das verletzte Tier ohne Schusswaffen mit dolchartigen Messern zur Strecke brachte. Ein guter Windhund war hoch angesehen und sein Besitzer hätte sich um kein Geld in der Welt von ihm getrennt. Trotz der langen Geschichte der Windhunde wurde der Azawakh erst 1980 von der FCI als eigenständige Rasse anerkannt.

Charakter: Der Azawakh zeigt sich zurückhaltend, ist nicht aggressiv und bindet sich liebevoll aber nicht bedingungslos an seine Familie.

Erziehung: Die würdevolle Ausstrahlung und der teils eigensinnige Charakter erfordern viel Fingerspitzengefühl bei der Erziehung. Bedingungslos unterordnen wird er sich nie, ein gewisser Gehorsam kann aber verlangt werden.

FCI-Gruppe 10

10

Azawakh

Ursprungsland
Mali, Benin, Burkina Faso

Widerristhöhe
Rüde: 64 bis 74 cm
Hündin: 60 bis 70 cm

Farbe
Sandweiß bis braun über alle Nuancen von gelb bis rot, weiße Abzeichen an Brust, Pfoten und Rute, schwarze Maske möglich

Haarkleid
Kurz, dünn und pflegeleicht

FCI-Gruppe 10

Sloughi

Ursprungsland
Marokko

Anderer Name
Arabischer Windhund

Widerristhöhe
Rüde: 66 bis 72 cm
Hündin: 61 bis 68 cm

Farbe
Alle Schattierungen von hell-sandfarben bis rot-sandfarben mit oder ohne schwarze Maske, Stromung oder Wolkung

Haarkleid
Sehr kurz, dicht und fein

Der Sloughi kam sehr wahrscheinlich aus dem Orient in den Norden Afrikas. Dort wird er bis heute von den Nomaden als Jagdhund gehalten. Wie überall ist jedoch auch hier die Jagd weitgehend limitiert. Ein guter Sloughi ist für seinen Besitzer ein wahrer Schatz, der zumindest früher in der Familie auf dem gleichen Rang wie ein Sohn stand – also noch vor den Frauen und Töchtern! Windhunde sind die einzigen Hunde, die der Islam anerkennt. So darf auch von Sloughis erjagtes Fleisch gegessen werden. Experten der Rasse sind sich bis heute nicht einig darüber, ob Sloughi und Saluki nicht ursprünglich ein und dieselbe Rasse waren. Vieles spricht dafür. Der moderne Sloughi ist jedoch insgesamt größer und kräftger, was natürlich nicht auf alle Rassemitglieder in gleicher Weise zutrifft. Die Unterscheidung zwischen einem Sloughi und einem unbefederten Saluki fällt selbst manchem Rassekenner in einigen Fällen schwer. Unbestritten ist, dass der vom Sloughi, und auch vom Saluki, verkörperte Windhund-Typ bereits seit Jahrtausenden existiert. Dies beweisen Grabmalereien, die man in über 6 000 Jahre alten Pharaonengräbern fand.

Charakter: Sloughis sind sehr auf ihre Familie fixiert. Fremden gegenüber sind sie abweisend, aber nie aggressiv. Sie gewöhnen sich nur schwer an neue Menschen.

Erziehung: Eine gute Sozialisation kann dazu beitragen, dass die Hunde nicht übermäßig fremdeln. Ihre Erziehung ist problemlos, ihrem Halter ordnen sie sich gut, aber nicht bedingungslos unter.

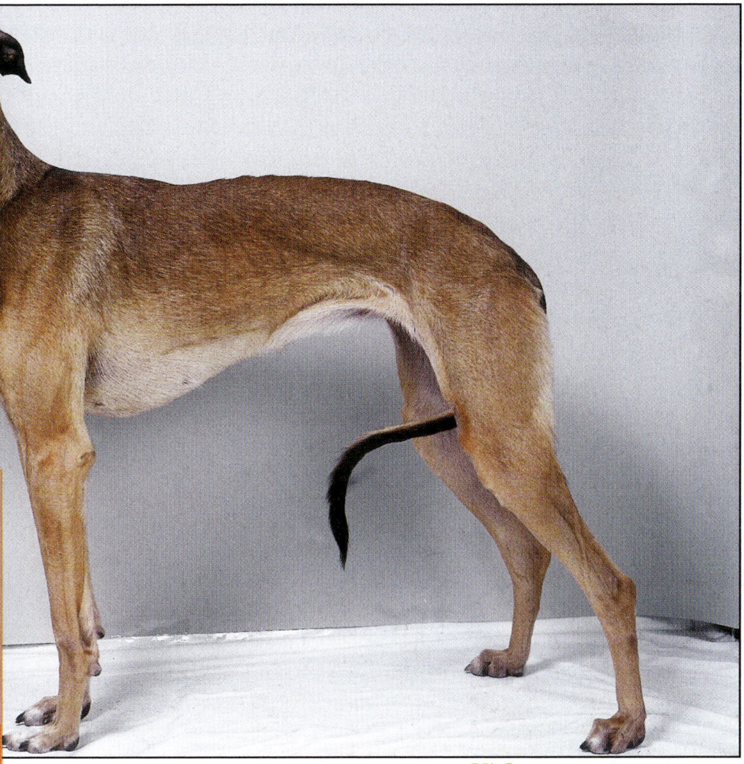

Auch Polen wartet mit einer eigenen Windhundrasse auf, dem Chart Polski, der erst 1992 von der FCI anerkannt wurde. Seine Geschichte soll hingegen sehr alt sein. Einige Kynologen führen ihn auf Saluki-ähnliche Windhunde zurück und datieren sein erstes Erscheinen in Polen auf das 17. manche gar auf das 13. Jahrhundert. Verschiedene frühe Malereien aus dieser Zeit zeigen tatsächlich Windhunde, die dem Chart Polski ähneln. Jedoch trifft dies auf viele Windhunde zu, denn eine enge Verwandtschaft aller Windhunde gilt als sicher. So ist der Chart Polski auch eng mit dem noch nicht FCI-anerkannten russischen Chortaja Borzaja verwandt . Nach dem 2. Weltkrieg schien der Chart Polski ausgestorben zu sein. Die Haltung von Windhunden wurde durch die kommunistische Regierung verboten, was eine Wiederbelebung der Rasse zunächst unmöglich machte. Doch konnten sich vereinzelt in abgelegenen Dörfern einige Exemplare bis in unsere Zeit retten, und der Neuaufbau der Zucht brachte gegen Ende des 20. Jahrhunderts die gewünschten Erfolge und sicherte das Überleben der Rasse.

Charakter: Dieser intelligente, ruhige Windhund ist ausgesprochen anhänglich und ausgeglichen. Eine frühe Sozialisation dieses dominant auftretenden Hundes ist sehr wichtig.

Erziehung: Der Chart Polski zeigt eine für Windhunde erstaunliche Unterordnungsbereitschaft. Er lässt sich gut erziehen, wobei der Halter einfühlsam und bestimmt zugleich auftreten muss.

FCI-Gruppe 10

10

Chart Polski

Ursprungsland
Polen

Widerristhöhe
Rüde: 70 bis 80 cm
Hündin: 68 bis 75 cm

Farbe
Alle Farben

Haarkleid
Sehr hart, weder drahtig noch seidig, länge unterschiedlich, pflegeleicht

Die Grundzüge der Organisation des internationalen Hundewesens zu kennen, ist äußerst hilfreich, um beurteilen zu können, ob man tatsächlich einen Rassehund mit einer FCI-anerkannten Ahnentafel erworben hat. Innerhalb dieser Organisation gelten nämlich durch entsprechende Regularien festgelegte Qualitätsstandards, die die Zucht von gesunden, wesensfesten und im Sinne des jeweiligen Rassestandards schönen und leistungsfähigen Rassehunden fördern und damit dem Erwerber eines Rassehundes auch ein beachtliches Maß an Verbraucherschutz bieten.
Die folgenden Ausführungen sollen deshalb in konzentrierter Form eine Übersicht geben über

- die **F.C.I.** (*Fédération Cynologique Internationale*) als internationale Dachorganisation des Hundewesens mit ihren wichtigsten Aufgaben und Tätigkeiten.
- die der **F.C.I.** angehörenden nationalen Dachverbände des deutschsprachigen Raums, den **VDH** (*Verband für das Deutsche Hundewesen*), den **ÖKV** (*Österreichischer Kynologenverband*), die **SKG** (*Schweizerische Kynologische Gesellschaft*) und die **UCHL** (*Union Cynologique Saint Hubert du Grand Duché du Luxembourg*).

Die F.C.I.
(Fédération Cynologique Internationale)

Die F.C.I. wurde 1911 in Paris von den führenden kynologischen Vereinigungen Belgiens, Deutschlands, Frankreichs, Hollands und Österreichs als internationaler Dachverband gegründet und zählt heute über 80 förderierte und assoziierte Mitglieder. Sie ist in vier Sektionen untergliedert: Europa, Lateinamerika und Karibik, Asien, Australien und Neuseeland: Afrika bildet noch keine eigenständige Sektion und kooperiert mit Europa.

Nur die föderierten Mitglieder sind Vollmitglieder der kynologischen Weltvereinigung; sie erkennen die Statuten der F.C.I. in ihrer jeweils gültigen Form an und haben in der F.C.I.-Generalversammlung, die alle zwei Jahre durchgeführt wird, Sitz und Stimme. Assoziierte Mitglieder der F.C.I. sind nur an die Bestimmungen gebunden, die sie formell anerkannt haben.
Die F.C.I. widmet sich im wesentlichen solchen Aufgaben, deren einheitliche Lösung im internationalen Interesse liegt:

- Regelung des internationalen Zuchtrechts (Internationales Zuchtreglement)
  - Vorgaben für das Führen der Zuchtbücher in den Mitgliedsländern
  - FCI-weiter Schutz von Zwingernamen

- Anerkennung neuer Rassen nach festgelegten Kriterien

- Rassestandards
  - Sicherung der Standardhoheit des Mutterlandes (Ursprungslandes) einer Rasse
  - Überprüfung eingerichteter Rassestandards durch die wissenschaftliche- und die Standard-Kommission
  - Übersetzung der genehmigten Rassestandards in die vier offiziellen FCI - Sprachen (Englisch, Deutsch, Französisch und Spanisch)

- Regelung des internationalen Ausstellungs- und Richterwesens
  - Zuteilung und Terminschutz Internationaler Zuchtschauen und Leistungsprüfungen
  - Vergabe des „Titels“ Internationaler Champion
  - Führen der FCI-Richterliste als Verzeichnis der Richter, die berechtigt sind, Anwartschaften auf den Titel

„Internationaler Schönheits-champion" (CACIB) oder „Internationaler Arbeits-Champion" (CACIT) zu vergeben.

Die FCI hat ihren Sitz in Belgien
13 Place Albert I
B-6530 Thuin

Der VDH (Verband für das Deutsche Hundewesen e. V.)

Der VDH, nationaler Dachverband für das Hundewesen in der Bundesrepublik Deutschland, kann als Rechtsnachfolger des 1906 in Frankfurt gegründeten *Kartells der stammbuchführenden Spezialclubs für Jagd- und Nutzhunde* auf eine bedeutende Tradition zurückblicken.

Die Vereinigung des Hundewesens von BRD und DDR erfolgt im Juni 1990; sie wurde technisch durch den Eintritt der MItglieder von VKSK-, SDG- und OJB-Organisationen in die entsprechenden Vereine des VDH vollzogen. Die über 160 ordentlichen Mitglieder des VDH sind weit überwiegend Rassehundezuchtvereine, die in der Regel eigene Zuchtbücher führen. Hinzu kommen die VDH-Landesverbände sowie Gebrauchs- und Hundesportverbände. Als außerordentliches Mitglied ist der Jagdgebrauchshundverband (JGHV) auf der Grundlage besonderer vertraglicher Vereinbarungen für das jagdliche Prüfungswesen zuständig. Insgesamt repräsentieren die Mitgliedsvereine des VDH eine Mitgliedschaft von über 650 000 Personen.

Von den über 340 F.C.I.-anerkannten Hunderassen sind rund 210 im VDH vertreten. Über 90 000 Welpen werden jährlich in die Zuchtbücher des VDH und seiner Mitgliedsvereine eingetragen. Für 59 Rassen und Varietäten hat Deutschland als Ursprungsland die Standardhoheit; diese deutschen Hunderassen sind vornehmlich im Gebrauchshundewesen führend.

Über den Stand der Rassehundezucht und des Ausstellungswesens in Deutschland informieren regelmäßig 15 Internationale Zuchtschauen, allen voran die beiden Hauptveranstaltungen des VDH, die Bundessieger-Zuchtschau und die VDH-Europasieger-Zuchtschau. Verbandsorgan ist die Fachzeitschrift „Unser Rassehund", die monatlich erscheint.

Von der Geschäftsstelle des VDH,
Westfalendamm 174
44141 Dortmund
Tel. 02 31/5 65 00 00
Fax 02 31/59 24 40
können telefonisch oder schriftlich Informationen über alle Mitgliedsvereine, insbesondere über die Welpenvermittlungsstellen der Rassehundezuchtvereine eingeholt werden.

Nutzen Sie auch die sehr informative Homepage des VDH unter ***www.vdh.de***

Der ÖKV (Österreichischer Kynologenverband)

Der ÖKV wurde 1909 gegründet; er steht indessen in der Kontinuität der *Kynologischen Gesellschaft* von 1876 und des *Österreichischen Hundezuchtvereins* von 1883. Heute umfasst der ÖKV über 90 Verbandskörperschaften. Neben Jagdhundeprüfungsvereinen und Allgemeinvereinen (im wesentlichen Gebrauchshunde- und Hundesportvereine) sind es Spezial-Zuchtvereine für einzelne Rassen oder Rassegruppen mit insgesamt über 40 000 Mitgliedern.

Das Österreichische Hundezuchtbuch (ÖHZB) wird vom ÖKV zentral geführt und herausgegeben. Es werden pro Jahr über 8 000 Rassehunde eingetragen.

Der ebenso reizvollen, wie undankbaren Aufgabe, gegen eine starke Dissidenz die Ideale einer strengen Rassereinzucht durchzusetzen, hat sich die Zuchtbuchführung des ÖKV stets mit großem Geschick und Erfolg gestellt. „Unsere Hunde", die Verbandszeitschrift des ÖKV, und das Kynologische Museum in Wien sind darüber hinaus wirksame Instrumente des ÖKV zur Förderung des Hundewesens.

Beratungen und Auskünfte werden von
der Geschäftsstelle des ÖKV
Johann-Teufel-Gasse 8
A-1238 Wien
Tel. 02 22/88 70 92
kostenlos erteilt.
Auch der ÖKV ist im Internet unter der Adresse ***www.oekv.at*** vertreten.

Die SKG (Schweizerische Kynologische Gesellschaft)

Die Schweizerische Kynologische Gesellschaft wurde 1883 in Zürich gegründet. Ihre Zielsetzung ist die Förderung der Reinzucht, Haltung und Ausbildung von Hunden, wobei der Erhaltung und Förderung der einheimischen Rassen – neben dem Bernhardiner noch vier Sennenhunde- und acht Laufhunde-Rassen – besondere Bedeutung beigemessen wird.
Die SKG besteht aus über 180 Lokalsektionen und 80 Rasse-Spezialklubs mit mehr als 55 000 Mitgliedern.
Während die Rasseklubs die Zucht der von ihnen betreuten Rassen überwachen, wird das Schweizerische Hundestammbuch (SHSB) seit jeher von der SKG geführt. Pro Jahr werden ca. 13 000 Rassehunde in das SHSB eingetragen.
Die 1929 gegründete *Albert-Heim-Stiftung* der SKG liefert beachtliche Beiträge zur Hundeforschung. Anerkannt sind auch die Publikationsorgane der SKG „Hunde-Haltung-Zucht-Sport" und „Cynologie Romande".

Auskünfte erteilt kostenlos das
Zentralsekretariat der SKG
Länggaßstr. 8
CH-3001 Bern
Tel. 0 31/23 58 19
Dort sind auch die Anschriften der Rassespezialklubs der SKG zu errfragen.
Im Internet finden Sie die SKG unter
www.hundeweb.org

Die UCHL (Union Cynologique Saint Hubert du Grand Duché de Luxembourg)

Die UCHL geht auf eine 1925 gegründete Jägervereinigung, den *Club Saint Hubert*, zurück, aus dem 1928 eine *Section Canine* hervorging. Bereits 1929 wurde das Luxemburger Hundestammbuch (LOL) eingeführt, in das gegenwärtig ca. 500 Rassehunde pro Jahr eingetragen werden. Organisatorisch gliedert sich die UCHL in drei Zentralen, denen die einzelnen Rassehundvereine und ein Agility-Club angeschlossen sind:

- *Centrale du Chien d´Agrément et de Comagnie* (Luxus- und Begleithunde)
- *Centrale du Chien de Chasse* (Jagdhunde)
- *Centrale Lexembourgeoise du Sport pour Chiens d´Utllité* (Schutz- und Gebrauchshunde)

Obwohl die UCHL nur von ehrenamtlichen Kräften geführt wird, sind die Internationalen Hundeausstellungen Luxemburgs ein wesentlicher Bestandteil des europäischen Ausstellungskalenders.

Die Verwaltungsanschrift der UCHL lautet:
Boite Postale 69
L-4901 Bascharage
Tel. 0 03 52/50 28 66
Im Internet finden Sie die UCHL unter
www.uchl.lu

Glossar der wichtigsten kynologischen Fachbegriffe

Aalstrich Dunklere Färbung eines schmalen Fellstreifens auf dem Rücken vom Kopf bis zur Rute.

Abzeichen Kleinere oder größere Flecken oder Platten, die sich vom Grundton des Felles farblich absetzen; teils sind dies gewünschte Rassekennzeichen.

Afterkrallen Fast immer stark zurückgebildete fünfte Zehe an der Innenseite der Läufe, manchmal an den Hinterläufen sogar doppelt vorhanden und rassetypisch. Auch Wolfskrallen genannt.

Agility Sportart, bei der die Hunde in möglichst kurzer Zeit einen Hindernisparcours, der aus Tunneln, Hürden, Wippen, Stangen u. a. bestehen kann, meistern.

Ahnentafel Auch als Stammbaum bekannter Abstammungsnachweis, üblicherweise nur von Rassehunden bekannt. Die Ahnentafel allein ist noch keine Garantie für einen guten Hund.

Albinismus Genetisch bedingter Pigmentmangel. Ein echter Albino hat nicht nur weißes Fell, sondern die Pigmente fehlen auch in der Haut (Augenlider, Lippen, etc.).

Alpha-Tier Leittier, ranghöchster Hund eines Rudels.

Ankörung Feststellung der Zuchttauglichkeit eines Hundes gemäß des Rassestandards.

Apfelkopf Runde, apfelförmige Kopfform, vor allem bei Zwergrassen.

Apportieren Das selbstständige oder befohlene Bringen von Gegenständen.

Außenlinie Umriss des Hundes, unterteilt in obere und untere Linie.

Befederung Natürlich längeres Haar an Ohren, Läufen, Bauch, Brust und Rute.

Begleithundprüfung Nachweis der „guten Erziehung". Vor allem die Grundkommandos müssen beherrscht werden.

Behang Fachausdruck für Hängeohren in der Jägersprache.

Black-and-Tan Häufige Zeichnung bei Hunden. Schwarzer Grund mit leuchtendem Brand.

Blesse Ein weißer Streifen von der Nase bis zur Stirn.

Blue Merle Defektgen, der Merle-Faktor, führt zu einer Pigmentverdünnung. Die entstehende, marmorierte Färbung wird auch als Blauschecke bezeichnet.

Brand Hellere (gelbe bis rotbraune) meist sehr regelmäßige Abzeichen dunkler Hunde vor allem an Kopf, Brust und Läufen.

Bringfreude Die angeborene Lust zum Apportieren, sie ist bei vielen Hunden zu finden und lässt sich spielerisch leicht fördern.

Bringselverweiser Der Hund zeigt bei der Rükkehr seinen Fund an, indem er den am Halsband hängenden Bringsel im Fang hält. Klassische Ausbildung bei Jagdhunden.

Bringtreue Zuverlässiges Apportieren.

Buschieren Aufstöbern des Wildes vor dem Schuss, meist durch eine Meute in unübersichtlichem Gelände.

CAC **C**ertificat d'**A**ptitude au **C**hampionat, bezeichnet die Anwartschaft auf einen nationalen Titel, beispielsweise Deutscher Champion. Um diesen Titel tragen zu dürfen, muss der Hund mindestens vier CACs unterschiedlicher Richter sammeln. Zwischen erster und vierter Anwartschaft muss mindestens ein Jahr liegen.

CACIB **C**ertificat d'**A**ptitude au **C**hampionat **I**nternational de **B**eauté, bezeichnet die Anwartschaft auf den Titel Schönheitschampion. Hierbei müssen vier CACIBs in verschiedenen Ländern erworben werden. Zwischen erster und vierter Anwartschaft muss mindestens ein Jahr liegen.

CACIT Certificat d'Aptitude au Championat International de Travail, bezeichnet die Anwartschaft auf den Titel eines Arbeitschampions. Auch dieser Titel muss international bestätigt werden und kann nur von bestimmten Gebrauchshunderassen erzielt werden.

Coursing Verfolgen (eigentlich Hetzen) einer Hasenattrappe durch Windhunde im freien Gelände.

Domestikation Die Haustierwerdung von ehemaligen Wildtieren.

Drahthaar Kurzes, hartes Haar.

Fahne Befederung der Rutenunterseite.

Fang Fachbegriff für die Schnauze des Hundes von der Nase bis zum Stop.

FCI Fédération Cynologique Internationale, großer internationaler Dachverband der Kynologie.

Flyball Beliebte Sportart, bei der die Hunde einen Ball, der ihnen durch eine selbst ausgelöste Maschine zugeworfen wird, über einen Hindernisparcours apportieren.

Gebäude Der Körperbau eines Hundes.

Gebiss Das Hundegebiss besteht aus 42 Zähnen: je 6 Incisivi (Schneidezähne), je 2 Canini (Fangzähne), je 8 Prämolaren (vordere Backenzähne) in Ober- und Unterkiefer, zusätzlich 4 Molaren (hintere Backenzähne) im Ober- und 6 im Unterkiefer. Das Milchgebiss des Welpen hat 28 Zähne.

Gebrauchshund Hunderassen, die für eine spezielle Tätigkeit gezüchtet wurden.

Geläut Oft klangvolles Bellen der Jagdhunde.

Gestromt Mehr oder weniger unterbrochene Streifenzeichnung des Fells.

Glatthaar Auch Kurzhaar, meist sehr kurze, eng anliegende Behaarung mit wenig bis keiner Unterwolle.

Grannenhaar Andere Bezeichnung für Deckhaar.

Handling Vorführen des Hundes im Ring bei einer Zuchtschau.

Harlekin Gescheckte Färbung durch den Merle-Faktor.

Hasenpfote Länglich ovale Pfote mit flachen Zehen, Gegensatz zur Katzenpfote.

HD Hüftgelenksdysplasie, Fehlentwicklung des Hüftgelenks.

Hinterhauptbein Rückwärtige Verlängerung der Scheitelleiste des Schädels.

Hitze Anderer Begriff für Läufigkeit.

Hosen Lange Behaarung an der Rückseite der Oberschenkel (Keulen).

Hundeausstellung Etablierter, aber dennoch missverständlicher Begriff für Zuchtschau.

Hundeführer Derjenige, der den Hund anleitet und die Kommandos gibt.

Hundeführerschein Umgangssprachlicher Ausdruck für die Begleihundeprüfung. Neuerdings auch separate Prüfung der sozialen Verträglichkeit des Hundes.

Inzucht Richtig heißt es Inzestzucht, die Verpaarung nah verwandter Tiere wie Geschwister oder Geschwister mit Eltern. Gute und früher oft praktizierte Möglichkeit, gewollte Eigenschaften schnell zu etablieren. Gefährlich wegen der Förderung genetischer Defekte.

Kaninchen Größenangabe beim Teckel, etwas größer als Zwerge.

Karpfenrücken Stark nach oben gewölbter Rücken, selten erwünscht.

Kastration Komplette Entfernung der Geschlechtzellen. Beim Rüden werden die Hoden, bei der Hündin die Eierstöcke und die Gebärmutter entfernt.

Katzenpfote Im Gegensatz zur Hasenpfote runde, geschlossene Pfotenform mit stark gewölbten Zehen.

Kippohr Stehohr, das nur an der Spitze, maximal im oberen Drittel nach vorne fällt.

Knopfohr Hoch angesetztes Ohr, fällt nach vorne und liegt dicht am Kopf an.

Kraushaar In sich gedrehtes Haar, neigt hierdurch zum Verfilzen.

Kruppe Hintere Teil des Hunderückens zwischen letztem Lendenwirbel und Rutenansatz, Teil der oberen Linie.

Kupieren Das teilweise oder völlige Beschneiden von Ohren und Rute. In Deutschland ist das Kupieren der Ohren seit dem 1.1. 1987 und das der Rute seit dem 1.6.1998 verboten. Ausnahmen gibt es für jagdlich geführte Hunde. Seit September 2001 dürfen kupierte Hunde nur noch unter besonderen Bedingungen ausgestellt werden.

Kynologie Bezeichnet die Wissenschaft von den Hunden.

Langhaar Langes bis sehr langes Deckhaar mit mehr oder weniger dichter Unterwolle.

Läufe Die Vorder- und Hinterläufe sind die Beine des Hundes.

Läufigkeit Die empfängnisbereite Zeit der Hündin, i. d. R. ein- bis zweimal im Jahr.

Lefzen Die Oberlippe des Hundes, die teils rassespezifisch stark vergrößert ist und in den Mundwinkeln herabhängen kann.

Loh Englisch tan; helle, meist regelmäßige Abzeichen im dunklen Fell.

Maske Dunkles Fell um den Fang, oftmals scharf zur übrigen Farbe abgegrenzt.

Merle-Faktor Genetisch angelegte Pigmentverdünnung, die zu gescheckte m und marmoriertem Fell führt. Kann zu Taubheit führen.

Meute Manche Jagdhundrassen jagen und leben in großer Zahl zusammen, die Gemeinschaft wird als Meute bezeichnet. Manche Meuten zählen über hundert Hunde.

Nachsuche Suche von verwundeten Tieren auf der Schweißfährte.

Passgang Fortbewegung, bei die beiden Läufe einer Körperseite immer gleichzeitig vorwärts bewegt werden.

Pigment Farbstoff.

Platten Größere Flecken, die sich farblich vom übrigen Fell absetzen. Auch: Zu Platten verwobene agbestorbene Haare.

Ramsnase Stark gebogener Nasenrücken, bei manchen Rassen edles Merkmal.

Rasse Unterart, die sich in bestimmten Eigenschaften, die im Standard festgeschrieben sind, von den anderen Unterarten abgrenzen lässt.

Raubzeugschärfe Starker Trieb, Raubzeug wie Ratten und Mäuse zu töten. Vor allem bei Terriern und Schnauzern bekannt.

Rauhaar Kurzes bis mittellanges, meist abstehendes, festes Deckhaar.

Reinrassigkeit Ein reinrassiger Hund entspricht in seinem Aussehen und Wesen dem Rassestandard und kann seine Abstammung belegen.

Reizschwelle Ist die Reizschwelle eines Hundes für eine bestimmte Reaktion hoch, so muss ein starker Reiz erfolgen, um diese auszulösen. Häufig im Zusammenhang mit Agression verwandter Begriff. Oft rassetypisch, aber individuell zu betrachten.

Ridge Fellanomalie entlang der Wirbelsäule. Das Fell wächst auf einem schmalen Streifen entgegen der sonstigen Wuchsrichtung.

Ringelrute Mehr oder weniger stark geringelte, über dem Rücken getragene Rute.

Rosenohr Nach hinten gefaltetes, hängendes Ohr, bei dem somit die Innenseite der Ohrmuschel sichtbar ist.

Rückbiss Die Schneidezähne des Unterkiefers stehen deutlich hinter denen des Oberkiefers (falsch: Überbiss).

Rüde Männlicher Hund.

Rudel Sozialer Verband mehrerer Hunde, natürliche Lebensgemeinschaft der Hunde.

Rute Die zum Schwanz verlängerte Wirbelsäule der Hunde.

Schärfe Bereitschaft des Hundes, gegen andere Menschen oder Tiere zu kämpfen.

Scherengebiss Häufigste Gebissform bei Hunden. Die Schneidezähne des Oberkiefers greifen hierbei knapp über die des Unterkiefers.

Schlag Gruppe von Hunden, die sich durch besondere Merkmale von anderen Hunden unterscheidet. Dies kann auch innerhalb einer Rasse vorkommen.

Schnürenhaar Abgestorbene Haare verweben sich mit dem nachwachsenden Haar, wodurch sich lange Schnüre bilden.

Schopf Längeres Haar auf dem Kopf, das meist in Form geschoren wird.

Schur Formgebendes Schneiden des Fells, täuscht manchmal Körperkonturen vor, die nicht der Konstitution des Hundes entsprechen.

Schweiß Das Blut des angeschossenen Tieres in der Jägersprache.

Schweißarbeit Nachsuche des Hundes auf der Schweißfährte des verwundeten Tiers.

Standard Im Standard stehen alle wichtigen körperlichen und charakterlichen Eigenschaften einer Rasse. Jede Rasse hat ihren eigenen Standard. Auf Zuchtschauen werden die Hunde mit diesem Standard verglichen und bewertet. Der Standard darf nur vom Mutterland der Rasse aus gewichtigen Gründen geändert werden.

Stehohr Ursprüngliche, aufrechte Form des Ohres.

Sterilisation Durchtrennen der Eileiter bei der Hündin bzw. der Samenstränge beim Rüden mit dem Ziel der Unfruchtbarkeit. Hunde – auch Hündinnen – werden allerdings meist kastriert.

Stockhaar Die Urform der Hundebehharung bestehend aus dem festen mittellangen Deckhaar und der dichten weichen Unterwolle.

Stöbern Wildsuche, ohne einer speziellen Fährte zu folgen. Der Hund setzt hierbei, im Gegensatz zur Fährtenarbeit, alle seine Sinne ein.

Stop Mehr oder weniger ausgeprägter Stirnabsatz am Ende des Nasenbeins. Er kann bei Hunden wenig bis stark ausgebildet sein, manchen Rassen fehlt er völlig.

Totverbeller Jagdhunde, die beim gefundenen toten Wild Laut geben und dem Jäger so den Fundort anzeigen. Der Hund hört erst auf zu bellen, wenn der Jäger bei ihm ist.

Totverweiser Jagdhunde, die den Jäger zum gefundenen toten Wild führen.

Toy Größenbezeichnung bei einigen Rassehunden für besonders kleine Hunde.

Trimmen Auszupfen abgestorbener Haare, um Verfilzungen zu vermeiden und eine schöne Silhouette zu erhalten.

Trocken Zusatz für enges Anliegen der Haut ohne Faltenbildung, wobei man die Muskeln erkennen kann.

Tulpenohr Stehohren mit einer deutlichen Zuspitzung am Ende.

Unterwolle Dichtes, weiches, isolierendes Haar unter dem Deckhaar. Die Unterwolle schützt vor Kälte, sie ist nicht wasserabweisend.

Varietät Variationen innerhalb einer Rasse, ähnlich Schlag.

VDH Verband für das Deutsche Hundewesen, größter deutscher Dachverband der Hundezüchter, -halter und -freunde, Mitglied der FCI. Ausrichter vieler Zuchtschauen.

Verlorensuche Selbstständige Nachsuche; je nach Möglichkeit apportiert der Hund das gefundene Tier.

Vorbiss Die Schneidezähne des Unterkiefers stehen deutlich vor denen des Oberkiefers (unrichtig: Unterbiss).

Vorstehen Typisches Verhalten der Vorstehhunde: Der Hund verharrt typischerweise mit einem angewinkelten Lauf vor dem aufgestöberten Wild bis der Jäger kommt.

Wamme Faltige, lockere Haut an der Kehle.

Welpe Junghund in den ersten Lebensmonaten.

Wesensfest Der Hund zeigt auch unter Anspannung kein Fehlverhalten, sondern das für seine Rasse typische. Häufige Forderung im Standard, denn ist ein Hund nicht wesensfest, wird er schnell unberechenbar.

Widerrist Punkt des Rückens, der zwischen Schulterblättern liegt.

Widerristhöhe Gängiges Größenmaß bei Hunden, gibt die Höhe des Widerrists über dem Boden an.

Wurf Die Gesamtheit aller Welpen einer Geburt. Die Wurfgröße ist von Rasse zu Rasse sehr unterschiedlich und hängt nicht zwingend mit der Größe der Rasse zusammen.

Zangengebiss Die Schneidezähne von Ober- und Unterkiefer schließen genau ab.

Zotthaar Langes, verfilztes Haar.

Zuchtbuch Jeder Verein führt ein Zuchtbuch, in dem zu jedem Zuchthund des Vereins die Daten seiner Abstammung und ggf. die Ergebnisse vorgeschriebener Gesundheitsuntersuchungen stehen.

Zuchtschauen Der korrekte Begriff für Hundeausstellungen, denn tatsächlich werden die Hunde nicht ausgestellt, sondern ihre Eignung zur Zucht wird bewertet.

Zuchtstätte Der Ort, an dem der Züchter seine Zucht betreibt.

Zwinger Neben der abgeschlossenen Unterbringungsmöglichkeit eines Hundes im Freien, wird mit Zwinger auch die Zuchtstätte eines Züchters bezeichnet.

Zwingername Der geschützte Name der Zuchtstätte. Der Zwingername ist gleichzeitig auch der „Nachname" der dort gezüchteten Welpen.

Clark, Anne R. & Brace, Andrew H. [Hrsg.] 1995. The International Encyclopedia of Dogs. Kynos Großer Hundeführer. Kynos Verlag. Mürlenbach

Kober, U. & Peper, W. 1995. Pareys Hundebuch. Verlag Paul Parey. Hamburg

Krämer, Eva-Maria. 2002. Der neue Kosmos-Hundeführer. Franckh-Kosmos Verlags-GmbH & Co. Stuttgart

Protier CD Rassehunde

Räber, Hans. 2001. Enzyklopädie der Rassehunde. 2 Bände. Franckh-Kosmos Verlags-GmbH & Co. Stuttgart

Wilcox, Bonnie & Walkowicz, Chris. 1990. Hunderassen der Welt. Kynos Verlag. Mürlenbach

Verwendete Literatur aus dem bede-Verlag

Ackerman, L. Dr. med. vet., 1999, Mein gesunder Boxer.

Ackermann, L. Dr. med. vet, 1999, Mein gesunder Cocker Spaniel.

Ackermann, L. Dr. med. vet. 1999, Mein gesunder Collie.

Ackermann, L. Dr. med. vet., 1999, Mein gesunder Dackel.

Ackermann, L. Dr. med. vet., 1999, Mein gesunder Dalmatiner.

Ackermann, L. Dr. med. vet., 1999, Meine gesunde Deutsche Dogge.

Ackermann, L. Dr. med. vet., 1999, Mein gesunder Dobermann.

Ackermann, L. Dr. med. vet., 1999, Mein gesunder Golden Retriever.

Ackermann, L. Dr. med. vet., 1999, Mein gesunder Labrador Retriever.

Ackermann, L. Dr. med. vet., 1999, Mein gesunder Pudel.

Ackermann, L. Dr. med. vet., 1999, Mein gesunder Rottweiler.

Ackermann, L. Dr. med. vet., 1999, Mein gesunder Deutscher Schäferhund.

Ackermann, L. Dr. med. vet., 1999, Mein gesunder Shar Pei.

Ackermann, L. Dr. med. vet., 1999, Mein gesunder Shih Tzu.

Ackermann, L. Dr. med. vet., 1999, Mein gesunder West Highland White Terrier.

Ackermann, L. Dr. med. vet., 1999, Mein gesunder Yorkshire Terrier.

Anderson, Peer, 1999, Mein gesunder Nordischer Schlittenhund.

Andrews, Barbara J., 2002, Praxisratgeber Chihuahua.

Andrews, Barbara J., 2003, Praxisratgeber Riesenschnauzer.

Braun, Gabriele, 2001, Praxisratgeber Bearded Collie.

Chamberlain, Ann, 1999, Mein gesunder Rhodesian Ridgeback.

Chamberlain, Ann & Kossiski, Regina, 2002, Praxisratgeber Rhodesian Ridgeback.

Claaßen, Günther, 1999, Mein gesunder Hovawart.

Cunliffe, Juliette, 2001, Praxisratgeber Cavalier King Charles Spaniel.

Cunliffe, Juliette, 2001, Praxisratgeber Shih Tzu.

Cunliffe, Juliette, 2001, Praxisratgeber Tibet Terrier.

Cunliffe, Juliette, 2001, Praxisratgeber Lhasa Apso.

Cunliffe, Juliette & Vinzelberg, Kirsten, 2001, Praxisratgeber Bichon frisé.

Degen, Daniela, 1999, Mein gesunder Schnauzer.

Dickerson, Michael, 2002, Praxisratgeber Englische Bulldogge.

Fritz, Manuel, 1999, Praxisratgeber Boxer.

Gibson, Bethany, 2001, Praxisratgeber Bull Terrier.

Haas, William S., 2001, Praxisratgeber Deutsche Dogge.

Harper, Lavonia, 2002, Praxisratgeber Weimaraner.

Hogg Frome, Jane, 2000, Praxisratgeber Staffordshire Bull Terrier.

Jamison, Robert, 2000, Praxisratgeber Cairn Terrier.

Janisch, Joseph, 2000, Praxisratgeber Bordeaux Dogge.

Jonas, Wilhelm, 1999, Praxisratgeber Rottweiler.

Kieselbach, Dominik, 1999, Mein gesunder Beagle.

Kieselbach, Dominik, 2001, Mein gesunder Leonberger.

Kieselbach, Dominik, 2001, Mein gesunder Neufundländer und Landseer.

Kieselbach, Dominik, 1999, Mein gesunder Schweizer Sennenhund.

Kossiski, Regina, 2001, Praxisratgeber Dalmatiner.

Maròthy von, Robert, 1999, Praxisratgeber Labrador Retriever.

Paulson, Carol, 2002, Praxisratgeber Mastino Napoletano.

Pfaffenburner, Stefan, 2000, Praxisratgeber Siberian Husky.

Pollet, Dr. Robert, 2002, Praxisratgeber Belgischer Schäferhund.

Ruggles-Smythe, Penelope, 2002, Praxisratgeber Border Terrier.

Samms, Susanne, 1999, Praxisratgeber Deutscher Schäferhund.

Schließer, Rudolf, 2000, Praxisratgeber Yorkshire Terrier.

Schmidt, Iris, 2003, Praxisratgeber Saluki.

Schwab, Martina, 1999, Mein gesunder Setter.

Schwartz, Charlotte, 2003, Praxisratgeber Sheltie.

Sheehan, Lee, 2002, Praxisratgeber Zwergschnauzer.

Stockmann, Thomas, 2001, Praxisratgeber Alaskan Malamute.

Sussam, Stefan, 2000, Praxisratgeber Border Collie.

Wessem van, Haja, 1999, Praxisratgeber Cocker Spaniel.

Wessem van, Haja, 2002, Praxisratgeber English Springer Spaniel.

Williams, Margaret, 2002, Praxisratgeber Irish Setter.

Williams, Robert, 1999, Mein gesunder American Staffordshire Terrier.

Winckelmann, Evelyn, 2003, Praxisratgeber Mops.

Guerra, Zoila Portuondo, 2000, Praxisratgeber Havaneser.

Ausserdem wurden die Internetseiten der betreuenden Vereine im VDH zu Rate gezogen. An dieser Stelle möchten wir uns ausdrücklich bei den zahlreichen ehrenamtlichen Helfern bedanken, die diese – zum Teil hervorragenden – Seiten betreuen.